线性代数学习指导及习题解析

主　编　伊晓玲
副主编　马继丰　杨彦宁　乔宝明

北京理工大学出版社
BEIJING INSTITUTE OF TECHNOLOGY PRESS

内容简介

本书是《线性代数》（乔宝明主编，西安电子科技大学出版社）的配套辅导书. 全书共5章：每章包含内容要点、解题方法、典型例题、习题详解、章节测试5个部分，这5个部分系统、精练地总结了教材各章节的重点、难点问题，并对教材各章后的习题加以详细解析，能帮助学生更快、更好地掌握教材中的知识；同时，增加了一些习题，以供学生巩固所学的知识.

本书内容全面、体系合理、逻辑性强、结构紧凑、文字简洁，可作为高等院校理工类、经管类专业学生学习线性代数的辅导用书，也可作为硕士研究生入学考试的复习用书及教师的教学参考书.

图书在版编目(CIP)数据

线性代数学习指导及习题解析 / 伊晓玲主编. --北京：北京理工大学出版社，2017.8(2025.1重印)

ISBN 978-7-5682-4639-2

Ⅰ.①线…　Ⅱ.①伊…　Ⅲ.①线性代数-高等学校-教学参考资料　Ⅳ.①O151.2

中国版本图书馆CIP数据核字(2017)第199429号

责任编辑：李慧智　　**文案编辑**：孟祥雪
责任校对：孟祥敬　　**责任印制**：施胜娟

出版发行 / 北京理工大学出版社有限责任公司
社　　址 / 北京市丰台区四合庄路6号
邮　　编 / 100070
电　　话 / (010) 68914026（教材售后服务热线）
(010) 63726648（课件资源服务热线）
网　　址 / http://www.bitpress.com.cn

版 印 次 / 2025年1月第1版第4次印刷
印　　刷 / 唐山富达印务有限公司
开　　本 / 787 mm×1092 mm　1/16
印　　张 / 8.25
字　　数 / 195千字
定　　价 / 25.00元

前　言

线性代数作为高等院校理工类和经管类专业学生必修的一门重要基础课,具有不可替代性。要想学好线性代数这门课,在深刻领会教材内容和教师的课堂教学内容的基础上,还要辅以一定量的习题训练,而线性代数的习题计算过程比较烦琐,解题思路灵活多变,不易把握.教材一般只给出答案,并未给出具体的详解过程,造成很多同学对解题过程存在疑惑.为了帮助学生更好地学习这门课程,编者编写了本书,以开阔学生的学习视野,加深学生对教学内容的理解,解答学生在做题过程中产生的疑惑.

根据高等院校理工类、经管类学生特点,编者对全书的内容进行了严格的选择和合理的安排.将所要掌握的内容详细地罗列出来,可使学生全面、直观地厘清全章的结构;将每章所涉及的解题方法进行归纳和总结,可使学生在掌握理论知识的同时,做题有思路;将一些典型的题型进行解释与分析,以便学生学习时对题型融会贯通;将教材各章后的习题进行详细解析,以解决学生在解答习题过程中遇到的各种问题;将教材中缺少的题型进行补充及对各章节所学内容进行有效的检测,以供学生全面了解各种题型及巩固所学知识.

本书由伊晓玲(西安科技大学高新学院)担任主编,乔宝明(西安科技大学)、马继丰(西安科技大学)、杨彦宁(北京市仪器仪表高级技工学校)担任副主编.具体编写分工如下:第1章由乔宝明编写;第2章由马继丰编写;第3章由杨彦宁编写,第4、5章由伊晓玲编写.

本书在编写过程中得到了西安科技大学高新学院的任苗和李航的大力支持与帮助,在此表示深深的谢意.

限于编者水平,书中疏漏之处在所难免,恳请广大读者批评指正.

编　者

目 录

第1章

行列式

行列式是线性代数中的重要工具.掌握行列式的概念和行列式的性质,并会灵活运用各性质计算行列式,提高计算行列式的技巧是本章的主要目的.

第一节　内容要点

1. 二、三阶行列式

1）二阶行列式

$$\begin{vmatrix} a_{11} & a_{12} \\ a_{21} & a_{22} \end{vmatrix} = a_{11}a_{22} - a_{12}a_{21}.$$

二阶线性方程组

$$\begin{cases} a_{11}x_1 + a_{12}x_2 = b_1, & (1) \\ a_{21}x_1 + a_{22}x_2 = b_2. & (2) \end{cases}$$

2）三阶行列式

$$\begin{vmatrix} a_{11} & a_{12} & a_{13} \\ a_{21} & a_{22} & a_{23} \\ a_{31} & a_{32} & a_{33} \end{vmatrix} = a_{11}a_{22}a_{33} + a_{12}a_{23}a_{31} + a_{13}a_{21}a_{32} - a_{13}a_{22}a_{31} - a_{11}a_{23}a_{32} - a_{12}a_{21}a_{33}.$$

三阶行列式有 6 项,每一项均为不同行不同列的三个元素之积再冠以正负号,其运算的规律性可用“对角线法则”或“沙路法则”来表述.

类似于二元线性方程组的讨论,三元线性方程组

$$\begin{cases} a_{11}x_1 + a_{12}x_2 + a_{13}x_3 = b_1, \\ a_{21}x_1 + a_{22}x_2 + a_{23}x_3 = b_2, \\ a_{31}x_1 + a_{32}x_2 + a_{33}x_3 = b_3. \end{cases}$$

记

$$D=\begin{vmatrix}a_{11}&a_{12}&a_{13}\\a_{21}&a_{22}&a_{23}\\a_{31}&a_{32}&a_{33}\end{vmatrix},\quad D_1=\begin{vmatrix}b_1&a_{12}&a_{13}\\b_2&a_{22}&a_{23}\\b_3&a_{32}&a_{33}\end{vmatrix},$$

$$D_2=\begin{vmatrix}a_{11}&b_1&a_{13}\\a_{21}&b_2&a_{23}\\a_{31}&b_3&a_{33}\end{vmatrix},\quad D_3=\begin{vmatrix}a_{11}&a_{12}&b_1\\a_{21}&a_{22}&b_2\\a_{31}&a_{32}&b_3\end{vmatrix}.$$

若系数行列式 $D\neq 0$,则该方程组有唯一解:

$$x_1=\frac{D_1}{D},\quad x_2=\frac{D_2}{D},\quad x_3=\frac{D_3}{D}.$$

2. 排列与逆序

定义 1 由自然数 $1,2,\cdots,n$ 组成的不重复的每一种有确定次序的排列,称为一个 n 级排列(简称为排列).

定义 2 在一个 n 级排列 $(i_1i_2\cdots i_t\cdots i_s\cdots i_n)$ 中,若数 $i_t>i_s$,则称数 i_t 与 i_s 构成一个逆序.一个 n 级排列中逆序的总数称为该排列的逆序数,记为 $N(i_1i_2\cdots i_n)$.

根据上述定义,可按如下方法计算排列的逆序数:

设在一个 n 级排列 $i_1i_2\cdots i_n$ 中,比 $i_t(t=1,2,\cdots,n)$ 大的且排在 i_t 前面的数共有 t_i 个,则 i_t 的逆序的个数为 t_i,而该排列中所有自然数的逆序的个数之和就是这个排列的逆序数.即

$$N(i_1i_2\cdots i_n)=t_1+t_2+\cdots+t_n=\sum_{i=1}^{n}t_i.$$

定义 3 逆序数为奇数的排列称为奇排列,逆序数为偶数的排列称为偶排列.

3. *n* 阶行列式的定义

定义 4 由 n^2 个元素 $a_{ij}(i,j=1,2,\cdots,n)$ 组成的记号

$$\begin{vmatrix}a_{11}&a_{12}&\cdots&a_{1n}\\a_{21}&a_{22}&\cdots&a_{2n}\\\vdots&\vdots&&\vdots\\a_{n1}&a_{n2}&\cdots&a_{nn}\end{vmatrix}$$

称为 n 阶行列式,其中横排称为行,竖排称为列.它表示所有取自不同行、不同列的 n 个元素乘积 $a_{1j_1}a_{2j_2}\cdots a_{nj_n}$ 的代数和,各项的符号是:当该项各元素的行标按自然顺序排列后,若对应的列标构成的排列是偶排列,则取正号;若是奇排列,则取负号.即

$$\begin{vmatrix}a_{11}&a_{12}&\cdots&a_{1n}\\a_{21}&a_{22}&\cdots&a_{2n}\\\vdots&\vdots&&\vdots\\a_{n1}&a_{n2}&\cdots&a_{nn}\end{vmatrix}=\sum_{j_1j_2\cdots j_n}(-1)^{N(j_1j_2\cdots j_n)}a_{1j_1}a_{2j_2}\cdots a_{nj_n}.$$

式中,$\sum\limits_{j_1j_2\cdots j_n}$ 表示对所有 n 级排列 $j_1j_2\cdots j_n$ 求和.行列式有时也简记为 $\det(a_{ij})$ 或 $|a_{ij}|$,这里数 a_{ij} 称为行列式的元素,$(-1)^{N(j_1j_2\cdots j_n)}a_{1j_1}a_{2j_2}\cdots a_{nj_n}$ 称为行列式的一般项.

注:(1) n 阶行列式是 $n!$ 项的代数和,且冠以正号的项和冠以负号的项(不算元素本身所带的符号)各占一半;

(2) $a_{1j_1}a_{2j_2}\cdots a_{nj_n}$ 的符号为 $(-1)^{N(j_1j_2\cdots j_n)}$(不算元素本身所带的符号);

（3）一阶行列式 $|a|=a$，不要与绝对值记号相混淆.

4. 对换

定义 5　在排列中，将任意两个元素对调，其余的元素不动，这种做出新排列的行为称为对换.将两个相邻元素对换，称为相邻对换.

定理 1　任意一个排列经过一个对换后，其奇偶性改变.

推论　奇排列变成自然顺序排列的对换次数为奇数，偶排列变成自然顺序排列的对换次数为偶数.

定理 2　n 个自然数（$n>1$）共有 $n!$ 个 n 级排列，其中奇偶排列各占一半.

定理 3　n 阶行列式也定义为

$$D=\sum(-1)^{S}a_{i_1j_1}a_{i_2j_2}\cdots a_{i_nj_n}.$$

式中，S 为行标与列标排列的逆序数之和，即 $S=N(i_1i_2\cdots i_n)+N(j_1j_2\cdots j_n)$.

推论　n 阶行列式也可定义为

$$D=\sum(-1)^{N(i_1i_2\cdots i_n)}a_{i_11}a_{i_22}\cdots a_{i_nn}.$$

5. 行列式的性质

将行列式 D 的行与列互换后得到的行列式称为 D 的转置行列式，记为 D^{T} 或 D'，即若

$$D=\begin{vmatrix} a_{11} & a_{12} & \cdots & a_{1n}\\ a_{21} & a_{22} & \cdots & a_{2n}\\ \vdots & \vdots & & \vdots\\ a_{n1} & a_{n2} & \cdots & a_{nn}\end{vmatrix},\quad 则\ D^{\mathrm{T}}=\begin{vmatrix} a_{11} & a_{21} & \cdots & a_{n1}\\ a_{12} & a_{22} & \cdots & a_{n2}\\ \vdots & \vdots & & \vdots\\ a_{1n} & a_{2n} & \cdots & a_{nn}\end{vmatrix}.$$

性质 1　行列式与它的转置行列式相等，即 $D=D^{\mathrm{T}}$.

注　由性质 1 知道，行列式中的行与列具有相同的地位，行列式的行具有的性质，它的列也同样具有.

性质 2　交换行列式的两行（列），行列式变号.

推论　若行列式中有两行（列）的对应元素相同，则此行列式为零.

性质 3　用数 k 乘行列式的某一行（列），等于用数 k 乘此行列式，即

$$D_1=\begin{vmatrix} a_{11} & a_{12} & \cdots & a_{1n}\\ \vdots & \vdots & & \vdots\\ ka_{i1} & ka_{i2} & \cdots & ka_{in}\\ \vdots & \vdots & & \vdots\\ a_{n1} & a_{n2} & \cdots & a_{nn}\end{vmatrix}=k\begin{vmatrix} a_{11} & a_{12} & \cdots & a_{1n}\\ \vdots & \vdots & & \vdots\\ a_{i1} & a_{i2} & \cdots & a_{in}\\ \vdots & \vdots & & \vdots\\ a_{n1} & a_{n2} & \cdots & a_{nn}\end{vmatrix}=kD.$$

第 i 行（列）乘以 k，记为 $\gamma_i\times k$（或 $C_i\times k$）.

推论 1　行列式的某一行（列）中所有元素的公因子可以提到行列式符号的外面.

推论 2　行列式中，若有两行（列）元素成比例，则此行列式为零.

性质 4　若行列式的某一行（列）的元素都是两数之和，例如，

$$D=\begin{vmatrix} a_{11} & a_{12} & \cdots & a_{1n}\\ \vdots & \vdots & & \vdots\\ b_{i1}+c_{i1} & b_{i2}+c_{i2} & \cdots & b_{in}+c_{in}\\ \vdots & \vdots & & \vdots\\ a_{n1} & a_{n2} & \cdots & a_{nn}\end{vmatrix},$$

则

$$D=\begin{vmatrix} a_{11} & a_{12} & \cdots & a_{1n} \\ \vdots & \vdots & & \vdots \\ b_{i1} & b_{i2} & \cdots & b_{in} \\ \vdots & \vdots & & \vdots \\ a_{n1} & a_{n2} & \cdots & a_{nn} \end{vmatrix}+\begin{vmatrix} a_{11} & a_{12} & \cdots & a_{1n} \\ \vdots & \vdots & & \vdots \\ c_{i1} & c_{i2} & \cdots & c_{in} \\ \vdots & \vdots & & \vdots \\ a_{n1} & a_{n2} & \cdots & a_{nn} \end{vmatrix}=D_1+D_2.$$

性质 5 将行列式的某一行(列)的所有元素都乘以数 k 后加到另一行(列)对应位置的元素上,行列式不变.

注:以数 k 乘以第 j 行加到第 i 行上,记作 r_i+kr_j;以数 k 乘以第 j 列加到第 i 列上,记作 c_i+kc_j.

6. 行列式按一行(列)展开

定义 6 在 n 阶行列式 D 中,去掉元素 a_{ij}所在的第 i 行和第 j 列后,余下的 $n-1$ 阶行列式,称为 D 中元素 a_{ij}的余子式,记为 M_{ij}.再记

$$A_{ij}=(-1)^{i+j}M_{ij},$$

称 A_{ij}为元素 a_{ij}的代数余子式.

引理 一个 n 阶行列式 D,若其中第 i 行所有元素除 a_{ij}外都为零,则该行列式等于 a_{ij}与它的代数余子式的乘积,即

$$D=a_{ij}A_{ij}.$$

定理 行列式等于它的任一行(列)的各元素与其对应的代数余子式乘积之和,即

$$D=a_{i1}A_{i1}+a_{i2}A_{i2}+\cdots+a_{in}A_{in}\quad(i=1,2,\cdots,n),$$

或

$$D=a_{1j}A_{1j}+a_{2j}A_{2j}+\cdots+a_{nj}A_{nj}\quad(j=1,2,\cdots,n).$$

推论 行列式某一行(列)的元素与另一行(列)的对应元素的代数余子式乘积之和等于零,即

$$a_{i1}A_{j1}+a_{i2}A_{j2}+\cdots+a_{in}A_{jn}=0,\quad i\neq j,$$

或

$$a_{1i}A_{1j}+a_{2i}A_{2j}+\cdots+a_{ni}A_{nj}=0,\quad i\neq j.$$

综上所述,可得到有关代数余子式的一个重要性质:

$$\sum_{k=1}^{n}a_{ki}A_{kj}=D\delta_{ij}=\begin{cases}D, & i=j,\\ 0, & i\neq j;\end{cases}\quad 或\quad \sum_{k=1}^{n}a_{ik}A_{jk}=D\delta_{ij}=\begin{cases}D, & i=j,\\ 0, & i\neq j.\end{cases}$$

式中,$\delta_{ij}=\begin{cases}1, & i=j,\\ 0, & i\neq j.\end{cases}$

7. n 元线性方程组的概念

从三元线性方程组解的讨论出发,对更一般的线性方程组进行探讨.

在引入克莱姆法则之前,我们先介绍有关 n 元线性方程组的概念.

含有 n 个未知数 $x_1,x_2,\cdots,x_n$ 的线性方程组

$$\begin{cases}a_{11}x_1+a_{12}x_2+\cdots+a_{1n}x_n=b_1,\\ a_{21}x_1+a_{22}x_2+\cdots+a_{2n}x_n=b_2,\\ \cdots\quad\cdots\quad\cdots\quad\cdots\\ a_{n1}x_1+a_{n2}x_2+\cdots+a_{nn}x_n=b_n\end{cases}\tag{1}$$

称为 n 元线性方程组.当其右端的常数项 $b_1,b_2,\cdots,b_n$ 不全为零时,线性方程组(1)称为非齐次线性方程组,当 $b_1,b_2,\cdots,b_n$ 全为零时,线性方程组(1)称为齐次线性方程组,即

$$\begin{cases} a_{11}x_1+a_{12}x_2+\cdots+a_{1n}x_n=0, \\ a_{21}x_1+a_{22}x_2+\cdots+a_{2n}x_n=0, \\ \cdots \quad \cdots \quad \cdots \quad \cdots \\ a_{n1}x_1+a_{n2}x_2+\cdots+a_{nn}x_n=0. \end{cases} \tag{2}$$

线性方程组(1)的系数 a_{ij} 构成的行列式称为该方程组的系数行列式 D,即

$$D=\begin{vmatrix} a_{11} & a_{12} & \cdots & a_{1n} \\ a_{21} & a_{22} & \cdots & a_{2n} \\ \vdots & \vdots & & \vdots \\ a_{n1} & a_{n2} & \cdots & a_{nn} \end{vmatrix}.$$

8. 克莱姆法则

定理 1 (克莱姆法则) 若线性方程组(1)的系数行列式 $D\neq 0$,则线性方程组(1)有唯一解,其解为

$$x_j=\frac{D_j}{D} \quad (j=1,2,\cdots,n). \tag{3}$$

式中,$D_j(j=1,2,\cdots,n)$是把 D 中第 j 列元素 $a_{1j},a_{2j},\cdots,a_{nj}$对应换成常数项 $b_1,b_2,\cdots,b_n$,而其余各列保持不变所得到的行列式.

一般来说,用克莱姆法则求线性方程组的解时,计算量是比较大的.对于具体的数字线性方程组,当未知数较多时往往用计算机来求解.用计算机求解线性方程组目前已经有了一整套成熟的方法.

克莱姆法则在一定条件下给出了线性方程组解的存在性、唯一性.与其在计算方面的作用相比,克莱姆法则更具有重大的理论价值.抛开求解公式(3),克莱姆法则可叙述为下面的定理.

定理 2 如果线性方程组(1)的系数行列式 $D\neq 0$,则(1)一定有解,且解是唯一的.在解题或证明中,常用到定理 2 的逆否定理.

定理 2′ 如果线性方程组(1)无解或有两个不同的解,则它的系数行列式必为零.

对于齐次线性方程组(2),易见 $x_1=x_2=\cdots=x_n=0$ 一定为该方程组的解,称为齐次线性方程组(2)的零解.把定理 2 应用于齐次线性方程组(2),可得到下列结论.

定理 3 如果齐次线性方程组(2)的系数行列式 $D\neq 0$,则齐次线性方程组(2)只有零解.

定理 3′ 如果齐次方程组(2)有非零解,则它的系数行列式 $D=0$.

注:在第 3 章中还将进一步证明,如果齐次线性方程组的系数行列式 $D=0$,则齐次线性方程组(2)有非零解.

第二节 解题方法

本章的重点是行列式的计算,除了较简单的行列式可以利用定义直接计算外,一般行列式计算的基本方法是:

(1) 利用行列式的性质对行列式做恒等变形,将其化为上(下)三角形行列式,从而直接求得其值.

化为上三角形行列式的步骤如下:

如果第一列第一个元素为 0,则先将第一行与其他行交换,使第一列第一个元素不为 0;然后把第一行分别乘以适当的数加到其他各行,使第一列除第一个元素外其余元素全为 0;再用

同样的方法处理除去第一行和第一列后余下的低一阶行列式,如此继续下去,直至它成为上三角形行列式,这时主对角线上元素的乘积就是所求行列式的值.

(2) 直接应用按行(列)展开法则计算行列式,运算量较大,尤其是高阶行列式.因此,计算行列式时,一般可先用行列式的性质将行列式中某一行(列)化为仅含有一个非零元素的形式,再按此行(列)展开,化为低一阶的行列式,如此继续下去直到化为三阶或二阶行列式.

注:行列式是代表某个数的一个记号,计算行列式是把这个记号所代表的数具体计算出来.在计算行列式时,应根据行列式的特点和元素的规律性,采取适当的次序和步骤来进行.因此,首先观察和研究行列式元素的规律性是很有必要的.

计算行列式的常用技巧有三角化法、升降法、递推法、数学归纳法等.

第三节 典型例题

例 1 解三元线性方程组 $\begin{cases} x_1 - 2x_2 + x_3 = -2, \\ 2x_1 + x_2 - 3x_3 = 1, \\ -x_1 + x_2 - x_3 = 0. \end{cases}$

解 由于方程组的系数行列式

$$D = \begin{vmatrix} 1 & -2 & 1 \\ 2 & 1 & -3 \\ -1 & 1 & -1 \end{vmatrix}$$

$$= 1\times1\times(-1)+(-2)\times(-3)\times(-1)+1\times2\times1-(-1)\times1\times1-1\times(-3)\times1-(-2)\times2\times(-1)$$

$$= -5 \neq 0,$$

$$D_1 = \begin{vmatrix} -2 & -2 & 1 \\ 1 & 1 & -3 \\ 0 & 1 & -1 \end{vmatrix} = -5, \quad D_2 = \begin{vmatrix} 1 & -2 & 1 \\ 2 & 1 & -3 \\ -1 & 0 & -1 \end{vmatrix} = -10, \quad D_3 = \begin{vmatrix} 1 & -2 & -2 \\ 2 & 1 & 1 \\ -1 & 1 & 0 \end{vmatrix} = -5,$$

故所求方程组的解为:

$$x_1 = \frac{D_1}{D} = 1, \quad x_2 = \frac{D_2}{D} = 2, \quad x_3 = \frac{D_3}{D} = 1.$$

例 2 计算排列 217986354 的逆序数,并讨论其奇偶性.

解 排列 2 1 7 9 8 6 3 5 4

↓ ↓ ↓ ↓ ↓ ↓ ↓ ↓ ↓

逆序 0 1 0 0 1 3 4 4 5

于是题设排列的逆序数为

$$N = 5+4+4+3+1+0+0+1+0 = 18.$$

该排列是偶排列.

例 3 计算上三角形行列式 $\begin{vmatrix} a_{11} & a_{12} & \cdots & a_{1n} \\ 0 & a_{22} & \cdots & a_{2n} \\ \vdots & \vdots & & \vdots \\ 0 & 0 & \cdots & a_{nn} \end{vmatrix} (a_{11}a_{22}\cdots a_{nn} \neq 0)$.

解　行列式的一般项为

$$(-1)^{N(j_1j_2\cdots j_n)}a_{1j_1}a_{2j_2}\cdots a_{nj_n},\ j_n=n,\ j_{n-1}=n-1,\ \cdots,\ j_2=2,\ j_1=1,$$

所以不为零的项只有 $a_{11}a_{12}\cdots a_{nn}$,

即
$$\begin{vmatrix} a_{11} & a_{12} & \cdots & a_{1n} \\ 0 & a_{22} & \cdots & a_{2n} \\ \vdots & \vdots & & \vdots \\ 0 & 0 & \cdots & a_{nn} \end{vmatrix}=(-1)^{N(12\cdots n)}a_{11}a_{12}\cdots a_{nn}.$$

同理,下三角形行列式

$$\begin{vmatrix} a_{11} & 0 & \cdots & 0 \\ a_{21} & a_{22} & \cdots & 0 \\ \vdots & \vdots & & \vdots \\ a_{n1} & a_{n2} & \cdots & a_{nn} \end{vmatrix}=a_{11}a_{22}\cdots a_{nn}.$$

例 4　在六阶行列式中,下列两项各应带什么符号:

(1) $a_{23}a_{31}a_{42}a_{56}a_{14}a_{65}$;

(2) $a_{32}a_{43}a_{14}a_{51}a_{66}a_{25}$.

解　(1) $a_{23}a_{31}a_{42}a_{56}a_{14}a_{65}=a_{14}a_{23}a_{31}a_{42}a_{56}a_{65}$,431265 的逆序数为

$$N=0+1+2+2+0+1=6,$$

所以 $a_{23}a_{31}a_{42}a_{56}a_{14}a_{65}$前应带正号.

(2) $a_{32}a_{43}a_{14}a_{51}a_{66}a_{25}$行标排列 341562 的逆序数为

$$N=0+0+2+0+0+4=6,$$

列标排列 234165 的逆序数为 $N=0+0+0+3+0+1=4$,所以 $a_{32}a_{43}a_{14}a_{51}a_{66}a_{25}$前应带正号.

例 5　设 $\begin{vmatrix} a_{11} & a_{12} & a_{13} \\ a_{21} & a_{22} & a_{23} \\ a_{31} & a_{32} & a_{33} \end{vmatrix}=1$,求 $\begin{vmatrix} 6a_{11} & -2a_{12} & -10a_{13} \\ 3a_{21} & a_{22} & 5a_{23} \\ -3a_{31} & a_{32} & 5a_{33} \end{vmatrix}$.

解　利用行列式性质,有

$$\begin{vmatrix} 6a_{11} & -2a_{12} & -10a_{13} \\ -3a_{21} & a_{22} & 5a_{23} \\ -3a_{31} & a_{32} & 5a_{33} \end{vmatrix}=-2\begin{vmatrix} -3a_{11} & a_{12} & 5a_{13} \\ -3a_{21} & a_{22} & 5a_{23} \\ -3a_{31} & a_{32} & 5a_{33} \end{vmatrix}=-2\cdot(-3)\cdot 5\begin{vmatrix} a_{11} & a_{12} & a_{13} \\ a_{21} & a_{22} & a_{23} \\ a_{31} & a_{32} & a_{33} \end{vmatrix}$$

$$=-2\cdot(-3)\cdot 5\cdot 1=30.$$

例 6　利用行列式性质将下列行列式拆分为两个行列式的和:

(1) $\begin{vmatrix} 2 & 3 \\ 1 & 1 \end{vmatrix}$;　　　(2) $\begin{vmatrix} 1 & 1+\sqrt{2} & 5 \\ 0 & 3-2 & 7 \\ 2 & -1-\sqrt{2} & -1 \end{vmatrix}$.

解　(1) $\begin{vmatrix} 2 & 3 \\ 1 & 1 \end{vmatrix}=\begin{vmatrix} 1+1 & 3+0 \\ 1 & 1 \end{vmatrix}=\begin{vmatrix} 1 & 3 \\ 1 & 1 \end{vmatrix}+\begin{vmatrix} 1 & 0 \\ 1 & 1 \end{vmatrix}$.

(2) $\begin{vmatrix} 1 & 1+\sqrt{2} & 5 \\ 0 & 3-2 & 7 \\ 2 & -1-\sqrt{2} & -1 \end{vmatrix}=\begin{vmatrix} 1 & 1+(\sqrt{2}) & 5 \\ 0 & 3+(-2) & 7 \\ 2 & -1+(-\sqrt{2}) & -1 \end{vmatrix}=\begin{vmatrix} 1 & 1 & 5 \\ 0 & 3 & 7 \\ 2 & -1 & -1 \end{vmatrix}+\begin{vmatrix} 1 & \sqrt{2} & 5 \\ 0 & -2 & 7 \\ 2 & -\sqrt{2} & -1 \end{vmatrix}$.

例 7 证明 $\begin{vmatrix} 3+1 & 2-2 \\ -1+2 & 3+0 \end{vmatrix} \neq \begin{vmatrix} 3 & 2 \\ -1 & 3 \end{vmatrix} + \begin{vmatrix} 1 & -2 \\ 2 & 0 \end{vmatrix}$.

证 因为 $\begin{vmatrix} 3+1 & 2-2 \\ -1+2 & 3+0 \end{vmatrix} = \begin{vmatrix} 4 & 0 \\ 1 & 3 \end{vmatrix} = 12$,而 $\begin{vmatrix} 3 & 2 \\ -1 & 3 \end{vmatrix} + \begin{vmatrix} 1 & -2 \\ 2 & 0 \end{vmatrix} = (9+2)+(0+4)=15$,

所以 $\begin{vmatrix} 3+1 & 2-2 \\ -1+2 & 3+0 \end{vmatrix} \neq \begin{vmatrix} 3 & 2 \\ -1 & 3 \end{vmatrix} + \begin{vmatrix} 1 & -2 \\ 2 & 0 \end{vmatrix}$.

注:一般情况下式是不成立的,即

$$\begin{vmatrix} a_{11}+b_{11} & a_{12}+b_{12} \\ a_{21}+b_{21} & a_{22}+b_{22} \end{vmatrix} \neq \begin{vmatrix} a_{11} & a_{12} \\ a_{21} & a_{22} \end{vmatrix} + \begin{vmatrix} b_{11} & b_{12} \\ b_{21} & b_{22} \end{vmatrix}.$$

例 8 计算 $D=\begin{vmatrix} 3 & 1 & -1 & 2 \\ -5 & 1 & 3 & -4 \\ 2 & 0 & 1 & -1 \\ 1 & -5 & 3 & -3 \end{vmatrix}$.

解 $$D \xlongequal{c_1 \leftrightarrow c_2} -\begin{vmatrix} 1 & 3 & -1 & 2 \\ 1 & -5 & 3 & -4 \\ 0 & 2 & 1 & -1 \\ -5 & 1 & 3 & -3 \end{vmatrix} \xlongequal[r_4+5r_1]{r_2-r_1} -\begin{vmatrix} 1 & 3 & -1 & 2 \\ 0 & -8 & 4 & -6 \\ 0 & 2 & 1 & -1 \\ 0 & 16 & -2 & 7 \end{vmatrix}$$

$$\xlongequal{r_2 \leftrightarrow r_3} \begin{vmatrix} 1 & 3 & -1 & 2 \\ 0 & 2 & 1 & -1 \\ 0 & -8 & 4 & -6 \\ 0 & 16 & -2 & 7 \end{vmatrix} \xlongequal[r_4-8r_2]{r_3+4r_2} \begin{vmatrix} 1 & 3 & -1 & 2 \\ 0 & 2 & 1 & -1 \\ 0 & 0 & 8 & -10 \\ 0 & 0 & -10 & 15 \end{vmatrix}$$

$$\xlongequal{r_4+\frac{5}{4}r_3} \begin{vmatrix} 1 & 3 & -1 & 2 \\ 0 & 2 & 1 & -1 \\ 0 & 0 & 8 & -10 \\ 0 & 0 & 0 & 5/2 \end{vmatrix} = 40.$$

例 9 计算 $\begin{vmatrix} a_1 & -a_1 & 0 & 0 \\ 0 & a_2 & -a_2 & 0 \\ 0 & 0 & a_3 & -a_3 \\ 1 & 1 & 1 & 1 \end{vmatrix}$.

解 根据行列式的特点,可将第 1 列加至第 2 列,然后将第 2 列加至第 3 列,再将第 3 列加至第 4 列,目的是使 D_4 中的零元素增多.

$$D \xlongequal{c_2+c_1} \begin{vmatrix} a_1 & 0 & 0 & 0 \\ 0 & a_2 & -a_2 & 0 \\ 0 & 0 & a_3 & -a_3 \\ 1 & 2 & 1 & 1 \end{vmatrix} \xlongequal{c_3+c_2} \begin{vmatrix} a_1 & 0 & 0 & 0 \\ 0 & a_2 & 0 & 0 \\ 0 & 0 & a_3 & -a_3 \\ 1 & 2 & 3 & 1 \end{vmatrix} \xlongequal{c_4+c_3} \begin{vmatrix} a_1 & 0 & 0 & 0 \\ 0 & a_2 & 0 & 0 \\ 0 & 0 & a_3 & 0 \\ 1 & 2 & 3 & 4 \end{vmatrix} = 4a_1a_2a_3.$$

例 10 试按第三列展开计算行列式 $D=\begin{vmatrix} 1 & 2 & 3 & 4 \\ 1 & 0 & 1 & 2 \\ 3 & -1 & -1 & 0 \\ 1 & 2 & 0 & -5 \end{vmatrix}$.

解　将 D 按第三列展开,则有

$D=a_{13}A_{13}+a_{23}A_{23}+a_{33}A_{33}+a_{43}A_{43}$,其中 $a_{13}=3,a_{23}=1,a_{33}=-1,a_{43}=0$,

$$A_{13}=(-1)^{1+3}\begin{vmatrix}1&0&2\\3&-1&0\\1&2&-5\end{vmatrix}=19,\quad A_{33}=(-1)^{3+3}\begin{vmatrix}1&2&4\\1&0&2\\1&2&-5\end{vmatrix}=18,$$

$$A_{23}=(-1)^{2+3}\begin{vmatrix}1&2&4\\3&-1&0\\1&2&-5\end{vmatrix}=-63,\quad A_{43}=(-1)^{4+3}\begin{vmatrix}1&2&4\\1&0&2\\3&-1&0\end{vmatrix}=-10,$$

所以 $D=3\times19+1\times(-63)+(-1)\times18+0\times(-10)=-24.$

例 11　计算行列式 $D=\begin{vmatrix}1&2&3&4\\1&0&1&2\\3&-1&-1&0\\1&2&0&-5\end{vmatrix}$.

解　$$D=\begin{vmatrix}1&2&3&4\\1&0&1&2\\3&-1&-1&0\\1&2&0&-5\end{vmatrix}\xlongequal[r_4+2r_3]{r_1+2r_3}\begin{vmatrix}7&0&1&4\\1&0&1&2\\3&-1&-1&0\\7&0&-2&-5\end{vmatrix}$$

$$=(-1)\times(-1)^{3+2}\begin{vmatrix}7&1&4\\1&1&2\\7&-2&-5\end{vmatrix}\xlongequal[r_3+2r_2]{r_1-r_2}\begin{vmatrix}6&0&2\\1&1&2\\9&0&-1\end{vmatrix}$$

$$=1\times(-1)^{2+2}\begin{vmatrix}6&2\\9&-1\end{vmatrix}=-6-18=-24.$$

例 12　求证 $\begin{vmatrix}1&2&3&4&\cdots&n\\1&1&2&3&\cdots&n-1\\1&x&1&2&\cdots&n-2\\1&x&x&1&\cdots&n-3\\\vdots&\vdots&\vdots&\vdots&&\vdots\\1&x&x&x&\cdots&2\\1&x&x&x&\cdots&1\end{vmatrix}=(-1)^{n+1}x^{n-2}.$

证　$$D\xlongequal[\substack{r_3-r_4\\\cdots\\r_{n-1}-r_n}]{\substack{r_1-r_2\\r_2-r_3}}\begin{vmatrix}0&1&1&1&\cdots&1&1\\0&1-x&1&1&\cdots&1&1\\0&0&1-x&1&\cdots&1&1\\0&0&0&1-x&\cdots&1&1\\\vdots&\vdots&\vdots&\vdots&&\vdots&1\\0&0&0&0&\cdots&1-x&1\\1&x&x&x&\cdots&1&1\end{vmatrix}$$

$$=(-1)^{n+1}\begin{vmatrix}1&1&1&\cdots&1&1\\1-x&1&1&\cdots&1&1\\0&1-x&1&\cdots&1&1\\0&0&1-x&\cdots&1&1\\\vdots&\vdots&\vdots&&\vdots&\vdots\\0&0&0&\cdots&1-x&1\end{vmatrix}$$

$$\xlongequal[r_{n-1}-r_n]{\substack{r_1-r_2\\ r_2-r_3\\ r_3-r_4\\ \cdots}}(-1)^{n+1}\begin{vmatrix} x & 0 & 0 & \cdots & 0 & 0 \\ 1-x & x & 0 & \cdots & 0 & 0 \\ 0 & 1-x & x & \cdots & 0 & 0 \\ 0 & 0 & 1-x & \cdots & 0 & 0 \\ \vdots & \vdots & \vdots & & \vdots & \vdots \\ 0 & 0 & 0 & \cdots & x & 0 \\ 0 & 0 & 0 & \cdots & 1-x & 1 \end{vmatrix}=(-1)^{n+1}x^{n-2}.$$

例 13 用克莱姆法则求解线性方程组:

$$\begin{cases} 2x_1+3x_2+5x_3=2, \\ x_1+2x_2 \qquad =5, \\ \qquad 3x_2+5x_3=4. \end{cases}$$

解 $D=\begin{vmatrix} 2 & 3 & 5 \\ 1 & 2 & 0 \\ 0 & 3 & 5 \end{vmatrix}\xlongequal{r_1-r_3}\begin{vmatrix} 2 & 0 & 0 \\ 1 & 2 & 0 \\ 0 & 3 & 5 \end{vmatrix}=2\begin{vmatrix} 2 & 0 \\ 3 & 5 \end{vmatrix}=2\times2\times5=20,$

$$D_1=\begin{vmatrix} 2 & 3 & 5 \\ 5 & 2 & 0 \\ 4 & 3 & 5 \end{vmatrix}\xlongequal{r_1-r_3}\begin{vmatrix} -2 & 0 & 0 \\ 5 & 2 & 0 \\ 4 & 3 & 5 \end{vmatrix}=(-2)\times2\times5=-20,$$

$$D_2=\begin{vmatrix} 2 & 2 & 5 \\ 1 & 5 & 0 \\ 0 & 4 & 5 \end{vmatrix}\xlongequal{r_1-2r_2}\begin{vmatrix} 0 & -8 & 5 \\ 1 & 5 & 0 \\ 0 & 4 & 5 \end{vmatrix}\xlongequal{r_1\leftrightarrow r_2}-\begin{vmatrix} 1 & 5 & 0 \\ 0 & -8 & 5 \\ 0 & 4 & 5 \end{vmatrix}=-\begin{vmatrix} -8 & 5 \\ 4 & 5 \end{vmatrix}=60,$$

$$D_3=\begin{vmatrix} 2 & 3 & 2 \\ 1 & 2 & 5 \\ 0 & 3 & 4 \end{vmatrix}\xlongequal{r_1-2r_2}\begin{vmatrix} 0 & -1 & -8 \\ 1 & 2 & 5 \\ 0 & 3 & 4 \end{vmatrix}\xlongequal{r_1\leftrightarrow r_2}-\begin{vmatrix} 1 & 2 & 5 \\ 0 & -1 & -8 \\ 0 & 3 & 4 \end{vmatrix}=-\begin{vmatrix} -1 & -8 \\ 3 & 4 \end{vmatrix}=-20.$$

由克莱姆法则,

$$x_1=\frac{D_1}{D}=-1,\quad x_2=\frac{D_2}{D}=3,\quad x_3=\frac{D_3}{D}=-1.$$

例 14 设曲线 $y=a_0+a_1x+a_2x^2+a_3x^3$ 通过四点(1,3)、(2,4)、(3,3)、(4,-3),求系数 a_0, a_1, a_2, a_3.

解 把四个点的坐标代入曲线方程,得线性方程组

$$\begin{cases} a_0+a_1+a_2+a_3=3, \\ a_0+2a_1+4a_2+8a_3=4, \\ a_0+3a_1+9a_2+27a_3=3, \\ a_0+4a_1+16a_2+64a_3=-3. \end{cases}$$

其系数行列式 $D=\begin{vmatrix} 1 & 1 & 1 & 1 \\ 1 & 2 & 4 & 8 \\ 1 & 3 & 9 & 27 \\ 1 & 4 & 16 & 64 \end{vmatrix}=1\cdot2\cdot3\cdot1\cdot2\cdot1=12,$

而 $D_1=\begin{vmatrix}3&1&1&1\\4&2&4&8\\3&3&9&27\\-3&4&16&64\end{vmatrix}\xlongequal[c_1-3c_2]{\substack{c_4-c_3\\c_3-c_2}}\begin{vmatrix}0&1&0&0\\-2&2&2&4\\-6&3&6&18\\-15&4&12&48\end{vmatrix}=(-1)^3\begin{vmatrix}-2&2&4\\-6&6&18\\-15&12&48\end{vmatrix}$

$$\xlongequal{c_1+c_2}-\begin{vmatrix}0&2&4\\0&6&18\\-3&12&48\end{vmatrix}=-(-3)\begin{vmatrix}2&4\\6&18\end{vmatrix}=36.$$

类似地,

$$D_2=\begin{vmatrix}1&3&1&1\\1&4&4&8\\1&3&9&27\\1&-3&16&64\end{vmatrix}=-18;\quad D_3=\begin{vmatrix}1&1&3&1\\1&2&4&8\\1&3&3&27\\1&4&-3&64\end{vmatrix}=24;$$

$$D_4=\begin{vmatrix}1&1&1&3\\1&2&4&4\\1&3&9&3\\1&4&16&-3\end{vmatrix}=-6.$$

由克莱姆法则,得唯一解

$$a_0=3,\quad a_1=-3/2,\quad a_2=2,\quad a_3=-1/2,$$

即曲线方程为

$$y=3-\frac{3}{2}x+2x^2-\frac{1}{2}x^3.$$

例 15　设方程组 $\begin{cases}x+\ y+\ z=a+b+c,\\ax+by+cz=a^2+b^2+c^2,\\bcx+cay+abz=3abc.\end{cases}$

试问 a、b、c 满足什么条件时,方程组有唯一解,并求出唯一解.

解　$D=\begin{vmatrix}1&1&1\\a&b&c\\bc&ca&ab\end{vmatrix}\xlongequal{\substack{c_1-c_2\\c_2-c_3}}\begin{vmatrix}0&0&1\\a-b&b-c&c\\c(b-a)&a(c-b)&ab\end{vmatrix}$

$$\xlongequal{\substack{c_1\div(a-b)\\c_2\div(b-c)}}(a-b)(b-c)\begin{vmatrix}0&0&1\\1&1&c\\-c&-a&ab\end{vmatrix}=(a-b)(b-c)\begin{vmatrix}1&1\\-c&-a\end{vmatrix}$$

$$=(a-b)(b-c)(c-a).$$

显然,当 a、b、c 互不相等时,$D\neq0$,该方程组有唯一解.又

$$D_1=\begin{vmatrix}a+b+c&1&1\\a^2+b^2+c^2&b&c\\3abc&ca&ab\end{vmatrix}\xlongequal{c_1-bc_2-cc_3}\begin{vmatrix}a&1&1\\a^2&b&c\\abc&ca&ab\end{vmatrix}\xlongequal{c_1\div a}a\begin{vmatrix}1&1&1\\a&b&c\\bc&ca&ab\end{vmatrix}=aD.$$

同理可得 $D_2=bD$,$D_3=cD$,于是

$$x=\frac{D_1}{D}=a,\quad y=\frac{D_2}{D}=b,\quad z=\frac{D_3}{D}=c.$$

第四节 习题详解

1. 确定下列排列的逆序数,并指出它们是奇排列还是偶排列.

(1) 41253; (2) 654321; (3) $n(n-1)(n-2)\cdots321$.

解 (1) $\tau(41253)=0+1+1+0+2=4$,偶排列.

(2) $\tau(654321)=0+1+2+3+4+5=15$,奇排列.

(3) $\tau=[n(n-1)(n-2)\cdots321]=0+1+2+\cdots+(n-1)=\dfrac{(n-1)n}{2}$,当 $n=4k$ 或 $4k+1$ 时,为偶排列,当 $n=4k+2$ 或 $4k+3$ 时,为奇排列.

2. 计算下列行列式:

(1) $\begin{vmatrix}3&5&2\\4&2&3\\-1&2&4\end{vmatrix}$; (2) $\begin{vmatrix}a_{11}&a_{12}&a_{13}\\a_{21}&a_{22}&0\\a_{31}&0&0\end{vmatrix}$; (3) $\begin{vmatrix}1&-2&1&0\\0&3&-2&-1\\4&-1&0&-3\\1&2&-6&3\end{vmatrix}$;

(4) $\begin{vmatrix}0&0&0&a_{14}\\0&0&a_{23}&a_{24}\\0&a_{32}&a_{33}&a_{34}\\a_{41}&a_{42}&a_{43}&a_{44}\end{vmatrix}$; (5) $\begin{vmatrix}a&1&0&0\\-1&b&1&0\\0&-1&c&1\\0&0&-1&d\end{vmatrix}$; (6) $\begin{vmatrix}0&a&b&a\\a&0&a&b\\b&a&0&a\\a&b&a&0\end{vmatrix}$;

(7) $\begin{vmatrix}1+x&1&1&1\\1&1-x&1&1\\1&1&1+y&1\\1&1&1&1-y\end{vmatrix}$.

解 (1) $$\begin{vmatrix}3&5&2\\4&2&3\\-1&2&4\end{vmatrix}\xlongequal{r_1\leftrightarrow r_3}-\begin{vmatrix}-1&2&4\\4&2&3\\3&5&2\end{vmatrix}\xlongequal[r_3+3r_1]{r_2+4r_1}-\begin{vmatrix}-1&2&4\\0&10&19\\0&11&14\end{vmatrix}=\begin{vmatrix}10&19\\11&14\end{vmatrix}=140-209=-69;$$

(2) $$\begin{vmatrix}a_{11}&a_{12}&a_{13}\\a_{21}&a_{22}&0\\a_{31}&0&0\end{vmatrix}=(-1)^{\tau(321)}a_{13}a_{22}a_{31}=-a_{13}a_{22}a_{31};$$

(3) $$\begin{vmatrix}1&-2&1&0\\0&3&-2&-1\\4&-1&0&-3\\1&2&-6&3\end{vmatrix}\xlongequal[r_4-r_1]{r_3-4r_1}\begin{vmatrix}1&-2&1&0\\0&3&-2&-1\\0&7&-4&-3\\0&4&-7&3\end{vmatrix}=\begin{vmatrix}3&-2&-1\\7&-4&-3\\4&-7&3\end{vmatrix}\xlongequal[c_2-2c_3]{c_1+3c_3}\begin{vmatrix}0&0&-1\\-2&2&-3\\13&-13&3\end{vmatrix}=$$
$$-\begin{vmatrix}-2&2\\13&-13\end{vmatrix}=0;$$

(4) $$\begin{vmatrix}0&0&0&a_{14}\\0&0&a_{23}&a_{24}\\0&a_{32}&a_{33}&a_{34}\\a_{41}&a_{42}&a_{43}&a_{44}\end{vmatrix}=(-1)^{\tau(4321)}a_{14}a_{23}a_{32}a_{41}=a_{14}a_{23}a_{32}a_{41};$$

(5) $\begin{vmatrix} a & 1 & 0 & 0 \\ -1 & b & 1 & 0 \\ 0 & -1 & c & 1 \\ 0 & 0 & -1 & d \end{vmatrix} \xlongequal{r_1 \leftrightarrow r_2} - \begin{vmatrix} -1 & b & 1 & 0 \\ a & 1 & 0 & 0 \\ 0 & -1 & c & 1 \\ 0 & 0 & -1 & d \end{vmatrix} \xlongequal{r_2+ar_1} - \begin{vmatrix} -1 & b & 1 & 0 \\ 0 & 1+ab & a & 0 \\ 0 & -1 & c & 1 \\ 0 & 0 & -1 & d \end{vmatrix} \xlongequal{r_2 \leftrightarrow r_3}$

$\begin{vmatrix} -1 & b & 1 & 0 \\ 0 & -1 & c & 1 \\ 0 & 1+ab & a & 0 \\ 0 & 0 & -1 & d \end{vmatrix} \xlongequal{r_3+(1+ab)r_2} \begin{vmatrix} -1 & b & 1 & 0 \\ 0 & -1 & c & 1 \\ 0 & 0 & a+c(1+ab) & 1+ab \\ 0 & 0 & -1 & d \end{vmatrix} \xlongequal{r_3 \leftrightarrow r_4}$

$-\begin{vmatrix} -1 & b & 1 & 0 \\ 0 & -1 & c & 1 \\ 0 & 0 & -1 & d \\ 0 & 0 & a+c+abc & 1+ab \end{vmatrix} \xlongequal{r_4+(a+c+abc)r_3} - \begin{vmatrix} -1 & b & 1 & 0 \\ 0 & -1 & c & 1 \\ 0 & 0 & -1 & d \\ 0 & 0 & 0 & (1+ab)+d(a+c+abc) \end{vmatrix}$

$= 1+ab+ad+cd+abcd$;

(6) $\begin{vmatrix} 0 & a & b & a \\ a & 0 & a & b \\ b & a & 0 & a \\ a & b & a & 0 \end{vmatrix} \xlongequal{r_1+r_2+r_3+r_4} \begin{vmatrix} 2a+b & 2a+b & 2a+b & 2a+b \\ a & 0 & a & b \\ b & a & 0 & a \\ a & b & a & 0 \end{vmatrix} \xlongequal[r_4-ar_1]{r_2-ar_1,\ r_3-br_1}$

$(2a+b)\begin{vmatrix} 1 & 1 & 1 & 1 \\ 0 & -a & 0 & b-a \\ 0 & a-b & -b & a-b \\ 0 & b-a & 0 & -a \end{vmatrix} \xlongequal[r_3+r_2]{r_4+r_3} (2a+b)\begin{vmatrix} 1 & 1 & 1 & 1 \\ 0 & -a & 0 & b-a \\ 0 & -b & -b & 0 \\ 0 & 0 & -b & -b \end{vmatrix} =$

$(2a+b)b^2\begin{vmatrix} 1 & 1 & 1 & 1 \\ 0 & -a & 0 & b-a \\ 0 & 1 & 1 & 0 \\ 0 & 0 & 1 & 1 \end{vmatrix} \xlongequal[r_3 \leftrightarrow r_4]{r_2 \leftrightarrow r_3} (2a+b)b^2\begin{vmatrix} 1 & 1 & 1 & 1 \\ 0 & 1 & 1 & 0 \\ 0 & 0 & 1 & 1 \\ 0 & -a & 0 & b-a \end{vmatrix} \xlongequal{r_4+ar_2}$

$(2a+b)b^2\begin{vmatrix} 1 & 1 & 1 & 1 \\ 0 & 1 & 1 & 0 \\ 0 & 0 & 1 & 1 \\ 0 & 0 & a & b-a \end{vmatrix} \xlongequal{r_4-ar_3} (2a+b)b^2\begin{vmatrix} 1 & 1 & 1 & 1 \\ 0 & 1 & 1 & 0 \\ 0 & 0 & 1 & 1 \\ 0 & 0 & 0 & b-2a \end{vmatrix} = (b^2-4a^2)b^2$;

(7) $\begin{vmatrix} 1+x & 1 & 1 & 1 \\ 1 & 1-x & 1 & 1 \\ 1 & 1 & 1+y & 1 \\ 1 & 1 & 1 & 1-y \end{vmatrix} = \begin{vmatrix} 1 & 1 & 1 & 1 \\ 1 & 1-x & 1 & 1 \\ 1 & 1 & 1+y & 1 \\ 1 & 1 & 1 & 1-y \end{vmatrix} + \begin{vmatrix} x & 1 & 1 & 1 \\ 0 & 1-x & 1 & 1 \\ 0 & 1 & 1+y & 1 \\ 0 & 1 & 1 & 1-y \end{vmatrix} =$

$\begin{vmatrix} 1 & 1 & 1 & 1 \\ 0 & -x & 0 & 0 \\ 0 & 0 & y & 0 \\ 0 & 0 & 0 & -y \end{vmatrix} + x\begin{vmatrix} 1-x & 1 & 1 \\ 1 & 1+y & 1 \\ 1 & 1 & 1-y \end{vmatrix} = xy^2 + x\left(\begin{vmatrix} 1 & 1 & 1 \\ 1 & 1+y & 1 \\ 1 & 1 & 1-y \end{vmatrix} + \begin{vmatrix} -x & 1 & 1 \\ 0 & 1+y & 1 \\ 0 & 1 & 1-y \end{vmatrix}\right) =$

$xy^2 + x\left(\begin{vmatrix} 1 & 1 & 1 \\ 0 & y & 0 \\ 0 & 0 & -y \end{vmatrix} + (-x)\begin{vmatrix} 1+y & 1 \\ 1 & 1-y \end{vmatrix}\right) =$

$xy^2-xy^2-x^2(-y^2)=x^2y^2.$

3. 证明：

(1) $\begin{vmatrix} a^2 & ab & b^2 \\ 2a & a+b & 2b \\ 1 & 1 & 1 \end{vmatrix}=(a-b)^3$;

(2) $\begin{vmatrix} ax+by & ay+bz & az+bx \\ ay+bz & az+bx & ax+by \\ az+bx & ax+by & ay+bz \end{vmatrix}=(a^3+b^3)\begin{vmatrix} x & y & z \\ y & z & x \\ z & x & y \end{vmatrix}$;

(3) $\begin{vmatrix} a^2 & (a+1)^2 & (a+2)^2 & (a+3)^2 \\ b^2 & (b+1)^2 & (b+2)^2 & (b+3)^2 \\ c^2 & (c+1)^2 & (c+2)^2 & (c+3)^2 \\ d^2 & (d+1)^2 & (d+2)^2 & (d+3)^2 \end{vmatrix}=0$;

(4) $\begin{vmatrix} 1 & 1 & 1 & 1 \\ a & b & c & d \\ a^2 & b^2 & c^2 & d^2 \\ a^4 & b^4 & c^4 & d^4 \end{vmatrix}=(a-b)(a-c)(a-d)(b-c)(b-d)(c-d)(a+b+c+d).$

(1) 证　左$=\begin{vmatrix} a^2 & ab & b^2 \\ 2a & a+b & 2b \\ 1 & 1 & 1 \end{vmatrix}\overset{c_2-c_1}{\underset{c_3-c_1}{=\!=\!=}}\begin{vmatrix} a^2 & ab-a^2 & b^2-a^2 \\ 2a & b-a & 2b-2a \\ 1 & 0 & 0 \end{vmatrix}$

$=(b-a)^2\begin{vmatrix} a^2 & a & b+a \\ 2a & 1 & 2 \\ 1 & 0 & 0 \end{vmatrix}=(b-a)^2\begin{vmatrix} a & b+a \\ 1 & 2 \end{vmatrix}=-(b-a)^3=(a-b)^3=$右；

(2) 证　左$=\begin{vmatrix} ax+by & ay+bz & az+bx \\ ay+bz & az+bx & ax+by \\ az+bx & ax+by & ay+bz \end{vmatrix}=\begin{vmatrix} ax & ay & az \\ ay & az & ax \\ az & ax & ay \end{vmatrix}+\begin{vmatrix} ax & bz & az \\ ay & bx & ax \\ az & by & ay \end{vmatrix}+\begin{vmatrix} ax & ay & bx \\ ay & az & by \\ az & ax & bz \end{vmatrix}+$

$\begin{vmatrix} ax & bz & bx \\ ay & bx & by \\ az & by & bz \end{vmatrix}+\begin{vmatrix} by & ay & az \\ bz & az & ax \\ bx & ax & ay \end{vmatrix}+\begin{vmatrix} by & ay & bx \\ bz & az & by \\ bx & ax & bz \end{vmatrix}+\begin{vmatrix} by & bz & az \\ bz & bx & ax \\ bx & by & ay \end{vmatrix}+\begin{vmatrix} by & bz & bx \\ bz & bx & by \\ bx & by & bz \end{vmatrix}$

$=a^3\begin{vmatrix} x & y & z \\ y & z & x \\ z & x & y \end{vmatrix}+b^3\begin{vmatrix} y & z & x \\ z & x & y \\ x & y & z \end{vmatrix}=(a^3+b^3)\begin{vmatrix} x & y & z \\ y & z & x \\ z & x & y \end{vmatrix}=$右；

(3) 证　左$=\begin{vmatrix} a^2 & (a+1)^2 & (a+2)^2 & (a+3)^2 \\ b^2 & (b+1)^2 & (b+2)^2 & (b+3)^2 \\ c^2 & (c+1)^2 & (c+2)^2 & (c+3)^2 \\ d^2 & (d+1)^2 & (d+2)^2 & (d+3)^2 \end{vmatrix}\overset{\substack{c_2-c_1 \\ c_3-c_1 \\ c_4-c_1}}{=\!=\!=}\begin{vmatrix} a^2 & 2a+1 & 4a+4 & 6a+9 \\ b^2 & 2b+1 & 4b+4 & 6b+9 \\ c^2 & 2c+1 & 4c+4 & 6c+9 \\ d^2 & 2d+1 & 4d+4 & 6d+9 \end{vmatrix}$

$\overset{\substack{c_3-2c_2 \\ c_4-3c_2}}{=\!=\!=}\begin{vmatrix} a^2 & 2a+1 & 2 & 6 \\ b^2 & 2b+1 & 2 & 6 \\ c^2 & 2c+1 & 2 & 6 \\ d^2 & 2d+1 & 2 & 6 \end{vmatrix}=0=$右；

（4）**证** 左$=\begin{vmatrix}1&1&1&1\\a&b&c&d\\a^2&b^2&c^2&d^2\\a^4&b^4&c^4&d^4\end{vmatrix}\xlongequal[c_4-c_1]{c_2-c_1,\ c_3-c_1}\begin{vmatrix}1&0&0&0\\a&b-a&c-a&d-a\\a^2&b^2-a^2&c^2-a^2&d^2-a^2\\a^4&b^4-a^4&c^4-a^4&d^4-a^4\end{vmatrix}$

$$=(b-a)(c-a)(d-a)\begin{vmatrix}1&0&0&0\\a&1&1&1\\a^2&b+a&c+a&d+a\\a^4&(b+a)(b^2+a^2)&(c+a)(c^2+a^2)&(d+a)(d^2+a^2)\end{vmatrix}$$

$$\xlongequal[c_4-c_2]{c_3-c_2}(b-a)(c-a)(d-a)\begin{vmatrix}1&0&0&0\\a&1&0&0\\a^2&b+a&c-b&d-b\\a^4&(b+a)(b^2+a^2)&(c-b)\begin{pmatrix}a^2+b^2+\\c^2+ab+\\ac+bc\end{pmatrix}&(d-b)\begin{pmatrix}a^2+b^2+\\d^2+ab+\\ad+bd\end{pmatrix}\end{vmatrix}$$

$$=(b-a)(c-a)(d-a)(c-b)(d-b)\begin{vmatrix}1&0&0&0\\a&1&0&0\\a^2&b+a&1&1\\a^4&(b+a)(b^2+a^2)&\begin{pmatrix}a^2+b^2+\\c^2+ab+\\ac+bc\end{pmatrix}&\begin{pmatrix}a^2+b^2+\\d^2+ab+\\ad+bd\end{pmatrix}\end{vmatrix}$$

$$\xlongequal{c_4-c_3}(b-a)(c-a)(d-a)(c-b)(d-b)\begin{vmatrix}1&0&0&0\\a&1&0&0\\a^2&b+a&1&0\\a^4&(b+a)(b^2+a^2)&\begin{pmatrix}a^2+b^2+c^2+\\ab+ac+bc\end{pmatrix}&(d-c)(a+b+c+d)\end{vmatrix}$$

$=(a-b)(a-c)(a-d)(b-c)(b-d)(c-d)(a+b+c+d)=$ 右.

4. 已知$\begin{vmatrix}x&y&z\\0&2&3\\1&1&1\end{vmatrix}=1$,求下列各行列式的值.

（1）$\begin{vmatrix}\frac{1}{3}x&\frac{1}{3}y&\frac{1}{3}z\\0&2&3\\1&1&1\end{vmatrix}$； （2）$\begin{vmatrix}x-1&y-1&z-1\\1&3&4\\1&1&1\end{vmatrix}$； （3）$\begin{vmatrix}x&y&z\\3x&3y+4&3z+6\\x+1&y+1&z+1\end{vmatrix}$.

解 （1）$\begin{vmatrix}\frac{1}{3}x&\frac{1}{3}y&\frac{1}{3}z\\0&2&3\\1&1&1\end{vmatrix}=\frac{1}{3}\begin{vmatrix}x&y&z\\0&2&3\\1&1&1\end{vmatrix}=\frac{1}{3}$；

(2) $\begin{vmatrix} x-1 & y-1 & z-1 \\ 1 & 3 & 4 \\ 1 & 1 & 1 \end{vmatrix} = \begin{vmatrix} x & y & z \\ 1 & 3 & 4 \\ 1 & 1 & 1 \end{vmatrix} + \begin{vmatrix} -1 & -1 & -1 \\ 1 & 3 & 4 \\ 1 & 1 & 1 \end{vmatrix} = \begin{vmatrix} x & y & z \\ 0 & 2 & 3 \\ 1 & 1 & 1 \end{vmatrix} + 0 = 1$;

(3) $\begin{vmatrix} x & y & z \\ 3x & 3y+4 & 3z+6 \\ x+1 & y+1 & z+1 \end{vmatrix} \xlongequal[r_3-r_1]{r_2-3r_1} \begin{vmatrix} x & y & z \\ 0 & 4 & 6 \\ 1 & 1 & 1 \end{vmatrix} = 2\begin{vmatrix} x & y & z \\ 0 & 2 & 3 \\ 1 & 1 & 1 \end{vmatrix} = 2.$

5. n 阶行列式 $D_n = \begin{vmatrix} a_{11} & a_{12} & a_{13} & \cdots & a_{1n} \\ a_{21} & a_{22} & a_{23} & \cdots & a_{2n} \\ a_{31} & a_{32} & a_{33} & \cdots & a_{3n} \\ \vdots & \vdots & \vdots & & \vdots \\ a_{n1} & a_{n2} & a_{n3} & \cdots & a_{nn} \end{vmatrix}$ 中,若 $a_{ij}=-a_{ji}(i,j=1,2,\cdots,n)$,则称 D_n 为 n 阶反对称行列式.证明:奇数阶反对称行列式等于零.

解 $D_n^{\mathrm{T}} = \begin{vmatrix} a_{11} & a_{21} & a_{31} & \cdots & a_{n1} \\ a_{12} & a_{22} & a_{32} & \cdots & a_{n2} \\ a_{13} & a_{23} & a_{33} & \cdots & a_{n3} \\ \vdots & \vdots & \vdots & & \vdots \\ a_{1n} & a_{2n} & a_{3n} & \cdots & a_{nn} \end{vmatrix} = \begin{vmatrix} -a_{11} & -a_{12} & -a_{13} & \cdots & -a_{1n} \\ -a_{21} & -a_{22} & -a_{23} & \cdots & -a_{2n} \\ \vdots & \vdots & \vdots & & \vdots \\ -a_{n1} & -a_{n2} & -a_{n3} & \cdots & -a_{nn} \end{vmatrix} = (-1)^n D_n$,

又因为 $D_n^{\mathrm{T}}=D_n$,若 $-D_n^{\mathrm{T}}=D_n$,
则当 n 为奇数时,有 $-D_n=D_n$,所以 $D_n=0$.

6. 设四阶行列式 $D=\begin{vmatrix} -1 & 3 & 2 & 5 \\ 12 & 7 & 0 & 6 \\ -4 & 3 & 11 & 9 \\ 16 & 23 & 14 & 19 \end{vmatrix}$,试求:$A_{14},A_{22},A_{32}$.

解 $A_{14}=(-1)^{1+4}\begin{vmatrix} 12 & 7 & 0 \\ -4 & 3 & 11 \\ 16 & 23 & 14 \end{vmatrix} \xlongequal[r_3+4r_2]{r_1+3r_2} -\begin{vmatrix} 0 & 16 & 33 \\ -4 & 3 & 11 \\ 0 & 35 & 58 \end{vmatrix} = -4\begin{vmatrix} 16 & 33 \\ 35 & 58 \end{vmatrix} = 908$;

$A_{22}=(-1)^{2+2}\begin{vmatrix} -1 & 2 & 5 \\ -4 & 11 & 9 \\ 16 & 14 & 19 \end{vmatrix} \xlongequal[r_3+16r_1]{r_2-4r_1} \begin{vmatrix} -1 & 2 & 5 \\ 0 & 3 & -11 \\ 0 & 46 & 99 \end{vmatrix} = -\begin{vmatrix} 3 & -11 \\ 46 & 99 \end{vmatrix} = -803$;

$A_{32}=(-1)^{3+2}\begin{vmatrix} -1 & 2 & 5 \\ 12 & 0 & 6 \\ 16 & 14 & 19 \end{vmatrix} \xlongequal[r_3+16r_1]{r_2+12r_1} -\begin{vmatrix} -1 & 2 & 5 \\ 0 & 24 & 66 \\ 0 & 46 & 99 \end{vmatrix} = \begin{vmatrix} 24 & 66 \\ 46 & 99 \end{vmatrix} = -660.$

7. 设四阶行列式 $D=\begin{vmatrix} 1 & 2 & 4 & -1 \\ 1 & 1 & 1 & 1 \\ -2 & 5 & 6 & 8 \\ 3 & 1 & -5 & -2 \end{vmatrix}$,试求 $A_{41}+A_{42}+A_{43}+A_{44}$.

解
$$\begin{aligned} A_{41}+A_{42}+A_{43}+A_{44} &= 1\times A_{41}+1\times A_{42}+1\times A_{43}+1\times A_{43} \\ &= a_{21}A_{41}+a_{22}A_{42}+a_{23}A_{43}+a_{24}A_{44} \\ &= 0. \end{aligned}$$

8. 计算下列 n 阶行列式：

(1) $\begin{vmatrix} 0 & 0 & \cdots & 0 & 1 \\ 0 & 0 & \cdots & 2 & 0 \\ \vdots & \vdots & & \vdots & \vdots \\ 0 & n-1 & \cdots & 0 & 0 \\ n & 0 & \cdots & 0 & 0 \end{vmatrix}$；　(2) $\begin{vmatrix} 0 & 1 & 0 & \cdots & 0 \\ 0 & 0 & 2 & \cdots & 0 \\ \vdots & \vdots & \vdots & & \vdots \\ 0 & 0 & 0 & \cdots & n-1 \\ n & 0 & 0 & \cdots & 0 \end{vmatrix}$；

(3) $\begin{vmatrix} x & y & \cdots & 0 & 0 \\ 0 & x & \cdots & 0 & 0 \\ \vdots & \vdots & & \vdots & \vdots \\ 0 & 0 & \cdots & x & y \\ y & 0 & \cdots & 0 & x \end{vmatrix}$；　(4) $\begin{vmatrix} x_1-m & x_2 & \cdots & x_n \\ x_1 & x_2-m & \cdots & x_n \\ \vdots & \vdots & & \vdots \\ x_1 & x_2 & \cdots & x_n-m \end{vmatrix}$；

(5) $\begin{vmatrix} 1 & 2 & 3 & \cdots & n-1 & n \\ 1 & -1 & 0 & \cdots & 0 & 0 \\ 0 & 2 & -2 & \cdots & 0 & 0 \\ \vdots & \vdots & \vdots & & \vdots & \vdots \\ 0 & 0 & 0 & \cdots & n-1 & 1-n \end{vmatrix}$；　(6) $\begin{vmatrix} 1+a_1 & 1 & 1 & \cdots & 1 \\ 1 & 1+a_2 & 1 & \cdots & 1 \\ 1 & 1 & 1+a_3 & \cdots & 1 \\ \vdots & \vdots & \vdots & & \vdots \\ 1 & 1 & 1 & \cdots & 1+a_n \end{vmatrix}$；

(7) $\begin{vmatrix} a_0 & 1 & 1 & \cdots & 1 \\ 1 & a_1 & 0 & \cdots & 0 \\ 1 & 0 & a_2 & \cdots & 0 \\ \vdots & \vdots & \vdots & & \vdots \\ 1 & 0 & 0 & \cdots & a_{n-1} \end{vmatrix}$ $(a_1 \cdot a_2 \cdot \cdots \cdot a_n \neq 0)$.

解　(1) $\begin{vmatrix} 0 & 0 & \cdots & 0 & 1 \\ 0 & 0 & \cdots & 2 & 0 \\ \vdots & \vdots & & \vdots & \vdots \\ 0 & n-1 & \cdots & 0 & 0 \\ n & 0 & \cdots & 0 & 0 \end{vmatrix} = (-1)^{\tau(n(n-1)\cdots 21)} n! = (-1)^{\frac{n(n-1)}{2}} n!$；

(2) $\begin{vmatrix} 0 & 1 & 0 & \cdots & 0 \\ 0 & 0 & 2 & \cdots & 0 \\ \vdots & \vdots & \vdots & & \vdots \\ 0 & 0 & 0 & \cdots & n-1 \\ n & 0 & 0 & \cdots & 0 \end{vmatrix} = n(-1)^{n+1} \begin{vmatrix} 1 & & & \\ & 2 & & \\ & & \ddots & \\ & & & n-1 \end{vmatrix} = (-1)^{n+1} n!$；

(3) $\begin{vmatrix} x & y & \cdots & 0 & 0 \\ 0 & x & \cdots & 0 & 0 \\ \vdots & \vdots & & \vdots & \vdots \\ 0 & 0 & \cdots & x & y \\ y & 0 & \cdots & 0 & x \end{vmatrix} = x(-1)^{1+1} \begin{vmatrix} x & y & \cdots & 0 & 0 \\ 0 & x & \cdots & 0 & 0 \\ \vdots & \vdots & & \vdots & \vdots \\ 0 & 0 & \cdots & x & y \\ 0 & 0 & \cdots & 0 & x \end{vmatrix} +$

$$y(-1)^{1+n}\begin{vmatrix} y & 0 & \cdots & 0 & 0 \\ x & y & \cdots & 0 & 0 \\ \vdots & \vdots & & \vdots & \vdots \\ 0 & 0 & \cdots & y & 0 \\ 0 & 0 & \cdots & x & y \end{vmatrix}=x^n+(-1)^{n+1}y^n;$$

(4) $$\begin{vmatrix} x_1-m & x_2 & \cdots & x_n \\ x_1 & x_2-m & \cdots & x_n \\ \vdots & \vdots & & \vdots \\ x_1 & x_2 & \cdots & x_n-m \end{vmatrix} \xlongequal{r_i-r_1(i=2,3,\cdots,n)} \begin{vmatrix} x_1-m & x_2 & x_3 & \cdots & x_n \\ m & -m & 0 & \cdots & 0 \\ m & 0 & -m & \cdots & 0 \\ \vdots & \vdots & \vdots & & \vdots \\ m & 0 & 0 & \cdots & -m \end{vmatrix}$$

$$=m^{n-1}\begin{vmatrix} x_1-m & x_2 & x_3 & \cdots & x_n \\ 1 & -1 & 0 & \cdots & 0 \\ 1 & 0 & -1 & \cdots & 0 \\ \vdots & \vdots & \vdots & & \vdots \\ 1 & 0 & 0 & \cdots & -1 \end{vmatrix}=m^{n-1}\left(\begin{vmatrix} x_1 & x_2 & x_3 & \cdots & x_n \\ 0 & -1 & 0 & \cdots & 0 \\ 0 & 0 & -1 & \cdots & 0 \\ \vdots & \vdots & \vdots & & \vdots \\ 0 & 0 & 0 & \cdots & -1 \end{vmatrix}+\begin{vmatrix} -m & x_2 & x_3 & \cdots & x_n \\ 1 & -1 & 0 & \cdots & 0 \\ 1 & 0 & -1 & \cdots & 0 \\ \vdots & \vdots & \vdots & & \vdots \\ 1 & 0 & 0 & \cdots & -1 \end{vmatrix}\right)$$

$$=m^{n-1}\left((-1)^{n-1}x_1+\begin{vmatrix} \sum\limits_{i=2}^{n}x_i-m & x_2 & x_3 & \cdots & x_n \\ 0 & -1 & 0 & \cdots & 0 \\ 0 & 0 & -1 & \cdots & 0 \\ \vdots & \vdots & \vdots & & \vdots \\ 0 & 0 & 0 & \cdots & -1 \end{vmatrix}\right)=m^{n-1}\left[(-1)^{n-1}x_1+(-1)^{n-1}\left(\sum_{i=2}^{n}x_i-m\right)\right]$$

$$=(-m)^{n-1}\left(\sum_{i=1}^{n}x_i-m\right);$$

(5) $$\begin{vmatrix} 1 & 2 & 3 & \cdots & n-1 & n \\ 1 & -1 & 0 & \cdots & 0 & 0 \\ 0 & 2 & -2 & \cdots & 0 & 0 \\ \vdots & \vdots & \vdots & & \vdots & \vdots \\ 0 & 0 & 0 & \cdots & n-1 & 1-n \end{vmatrix} \xlongequal{c_1+c_i(i=2,3,\cdots,n)} \begin{vmatrix} \frac{n(n+1)}{2} & 2 & 3 & \cdots & n-1 & n \\ 0 & -1 & 0 & \cdots & 0 & 0 \\ 0 & 2 & -2 & \cdots & 0 & 0 \\ \vdots & \vdots & \vdots & & \vdots & \vdots \\ 0 & 0 & 0 & \cdots & n-1 & 1-n \end{vmatrix}$$

$$=\frac{n(n+1)}{2}(-1)^{1+1}\begin{vmatrix} -1 & 0 & \cdots & 0 & 0 \\ 2 & -2 & \cdots & 0 & 0 \\ \vdots & \vdots & & \vdots & \vdots \\ 0 & 0 & \cdots & n-1 & 1-n \end{vmatrix}$$

$$=\frac{n(n+1)}{2}\cdot(-1)^{n-1}(n-1)!$$

$$=(-1)^{n-1}\cdot\frac{1}{2}(n+1)!;$$

（6）
$$\begin{vmatrix} 1+a_1 & 1 & 1 & \cdots & 1 \\ 1 & 1+a_2 & 1 & \cdots & 1 \\ 1 & 1 & 1+a_3 & \cdots & 1 \\ \vdots & \vdots & \vdots & & \vdots \\ 1 & 1 & 1 & \cdots & 1+a_n \end{vmatrix} \xlongequal{r_i-r_1(i=2,3,\cdots,n)} \begin{vmatrix} 1+a_1 & 1 & 1 & \cdots & 1 \\ -a_1 & a_2 & 0 & \cdots & 0 \\ -a_1 & 0 & a_3 & \cdots & 0 \\ \vdots & \vdots & \vdots & & \vdots \\ -a_1 & 0 & 0 & \cdots & a_n \end{vmatrix}$$

$$= \begin{vmatrix} 1 & 1 & 1 & \cdots & 1 \\ 0 & a_2 & 0 & \cdots & 0 \\ 0 & 0 & a_3 & \cdots & 0 \\ \vdots & \vdots & \vdots & & \vdots \\ 0 & 0 & 0 & \cdots & a_n \end{vmatrix} + a_1 \begin{vmatrix} 1 & 1 & 1 & \cdots & 1 \\ -1 & a_2 & 0 & \cdots & 0 \\ -1 & 0 & a_3 & \cdots & 0 \\ \vdots & \vdots & \vdots & & \vdots \\ -1 & 0 & 0 & \cdots & a_n \end{vmatrix}$$

$$= \prod_{i=2}^{n} a_i + a_1 \begin{vmatrix} 1+\sum_{i=2}^{n}\frac{1}{a_i} & 1 & 1 & \cdots & 1 \\ 0 & a_2 & 0 & \cdots & 0 \\ 0 & 0 & a_3 & \cdots & 0 \\ \vdots & \vdots & \vdots & & \vdots \\ 0 & 0 & 0 & \cdots & a_n \end{vmatrix}$$

$$= \prod_{i=2}^{n} a_i + a_1\left(1+\sum_{i=1}^{n}\frac{1}{a_i}\right)a_2\cdots a_n$$

$$= \left(1+\sum_{i=1}^{n}\frac{1}{a_i}\right)\prod_{i=1}^{n} a_i;$$

（7）
$$\begin{vmatrix} a_0 & 1 & 1 & \cdots & 1 \\ 1 & a_1 & 0 & \cdots & 0 \\ 1 & 0 & a_2 & \cdots & 0 \\ \vdots & \vdots & \vdots & & \vdots \\ 1 & 0 & 0 & \cdots & a_{n-1} \end{vmatrix} \xlongequal{c_1-\frac{1}{a_i}c_i(i=2,3,\cdots,n)} \begin{vmatrix} a_0-\sum_{i=1}^{n-1}\frac{1}{a_i} & 1 & 1 & \cdots & 1 \\ 0 & a_1 & 0 & \cdots & 0 \\ 0 & 0 & a_2 & \cdots & 0 \\ \vdots & \vdots & \vdots & & \vdots \\ 0 & 0 & 0 & \cdots & a_{n-1} \end{vmatrix}$$

$$= \left(a_0-\sum_{i=1}^{n-1}\frac{1}{a_i}\right)\prod_{i=1}^{n-1} a_i.$$

9. 证明：

（1）
$$\begin{vmatrix} x & -1 & 0 & \cdots & 0 & 0 \\ 0 & x & -1 & \cdots & 0 & 0 \\ \vdots & \vdots & \vdots & & \vdots & \vdots \\ 0 & 0 & 0 & \cdots & x & -1 \\ a_n & a_{n-1} & a_{n-2} & \cdots & a_2 & x+a_1 \end{vmatrix} = x^n+a_1x^{n-1}+a_2x^{n-2}+\cdots+a_{n-1}x+a_n;$$

(2) $\begin{vmatrix} \cos\alpha & 1 & 0 & \cdots & 0 & 0 \\ 1 & 2\cos\alpha & 1 & \cdots & 0 & 0 \\ 0 & 0 & 2\cos\alpha & \cdots & 0 & 0 \\ \vdots & \vdots & \vdots & & \vdots & \vdots \\ 0 & 0 & 0 & \cdots & 1 & 2\cos\alpha \end{vmatrix} = \cos(na)$.

(3) $\begin{vmatrix} a_1+x_1 & a_2 & a_3 & \cdots & a_{n-1} & a_n \\ -x_1 & x_2 & 0 & \cdots & 0 & 0 \\ 0 & -x_2 & x_3 & \cdots & 0 & 0 \\ \vdots & \vdots & \vdots & & \vdots & \vdots \\ 0 & 0 & 0 & \cdots & x_{n-1} & 0 \\ 0 & 0 & 0 & \cdots & -x_{n-1} & x_n \end{vmatrix} = x_1\cdots x_n\left(1+\sum_{i=1}^{n}\frac{a_i}{x_i}\right)(x_1\cdot x_2\cdot x_3\cdot\cdots\cdot x_n\neq 0)$.

(4) $\begin{vmatrix} a+b & ab & 0 & \cdots & 0 & 0 \\ 1 & a+b & ab & \cdots & 0 & 0 \\ 0 & 1 & a+b & \cdots & 0 & 0 \\ \vdots & \vdots & \vdots & & \vdots & \vdots \\ 0 & 0 & 0 & \cdots & 1 & a+b \end{vmatrix} = \frac{a^{n+1}-b^{n+1}}{a-b}\quad(a\neq b)$.

证 (1) 从最后一列开始,依次将每列乘 x 后加到前一列,即

$$左=\begin{vmatrix} x & -1 & 0 & \cdots & 0 & 0 \\ 0 & x & -1 & \cdots & 0 & 0 \\ \vdots & \vdots & \vdots & & \vdots & \vdots \\ 0 & 0 & 0 & \cdots & x & -1 \\ a_n & a_{n-1} & a_{n-2} & \cdots & a_2 & x+a_1 \end{vmatrix}$$

$$=\begin{vmatrix} 0 & -1 & 0 & \cdots & 0 & 0 \\ 0 & 0 & -1 & \cdots & 0 & 0 \\ 0 & 0 & 0 & \cdots & 0 & 0 \\ \vdots & \vdots & \vdots & & \vdots & \vdots \\ 0 & 0 & 0 & \cdots & 0 & -1 \\ \begin{matrix}(a_n+a_{n-1}x+\\ a_{n-2}x^2+\cdots+\\ a_1x^{n-1}+x^n)\end{matrix} & \begin{matrix}(a_{n-1}+a_{n-2}x+\\ a_{n-3}x^2+\cdots+\\ a_1x^{n-2}+x^{n-1})\end{matrix} & \begin{matrix}(a_{n-2}+a_{n-3}x+\\ a_{n-4}x^2+\cdots+\\ a_1x^{n-3}+x^{n-2})\end{matrix} & \cdots & a_2+a_1x+x^2 & a_1+x \end{vmatrix}$$

$=(a_n+a_{n-1}x+\cdots+a_1x^{n-1}+x^n)(-1)^{n+1}(-1)^{n-1}=x^n+a_1x^{n-1}+\cdots+a_{n-1}x+a_n=$右;

(2) 数学归纳法:

① 当 $n=1$ 时,$D_1=\cos\alpha$,成立;

② 当 $n=2$ 时,$D_2=\begin{vmatrix} \cos\alpha & 1 \\ 1 & 2\cos\alpha \end{vmatrix}=2\cos^2\alpha-1=\cos 2\alpha$,成立;

③ 设当 $n=k$ 时成立,即 $D_k=\cos k\alpha$;

④ 当 $n=k+1$ 时,

$$D_{k+1}=\begin{vmatrix} \cos\alpha & 1 & 0 & \cdots & 0 & 0 & 0 \\ 1 & 2\cos\alpha & 1 & \cdots & 0 & 0 & 0 \\ 0 & 1 & 2\cos\alpha & \cdots & 0 & 0 & 0 \\ \vdots & \vdots & \vdots & & \vdots & \vdots & \vdots \\ 0 & 0 & 0 & \cdots & 2\cos\alpha & 1 & 0 \\ 0 & 0 & 0 & \cdots & 1 & 2\cos\alpha & 1 \\ 0 & 0 & 0 & \cdots & 0 & 1 & 2\cos\alpha \end{vmatrix}$$

$$=1\times(-1)^{k+k+1}\begin{vmatrix} \cos\alpha & 1 & 0 & \cdots & 0 & 0 \\ 1 & 2\cos\alpha & 1 & \cdots & 0 & 0 \\ 0 & 1 & 2\cos\alpha & \cdots & 0 & 0 \\ \vdots & \vdots & \vdots & & \vdots & \vdots \\ 0 & 0 & 0 & \cdots & 2\cos\alpha & 1 \\ 0 & 0 & 0 & \cdots & 0 & 1 \end{vmatrix}+2\cos\alpha\times(-1)^{k+1+k+1}D_k$$

$$=(-1)\times1\times(-1)^{k+k}D_{k-1}+2\cos\alpha_k$$

$$=2\cos\alpha D_k-D_{k-1}$$

$$=2\cos\alpha\cdot\cos k\alpha-\cos(k-1)\alpha$$

$$=2\cos\alpha\cdot\cos k\alpha-(\cos k\alpha\cos\alpha+\sin k\alpha\sin\alpha)$$

$$=\cos\alpha\cos k\alpha-\sin k\alpha\sin\alpha$$

$$=\cos(k+1)\alpha,$$

所以该证明成立.

(3) 从最后一列开始,依次将每一行加到前一行,即

$$左=\begin{vmatrix} a_1 & a_2 & a_3 & \cdots & a_{n-1} & a_n+x_n \\ -x_1 & 0 & 0 & \cdots & 0 & x_n \\ 0 & -x_2 & 0 & \cdots & 0 & x_n \\ \vdots & \vdots & \vdots & & \vdots & \vdots \\ 0 & 0 & 0 & \cdots & 0 & x_n \\ 0 & 0 & 0 & \cdots & -x_{n-1} & x_n \end{vmatrix}$$

$$=\begin{vmatrix} a_1 & a_2 & a_3 & \cdots & a_{n-1} & a_n+x_n+\sum_{i=1}^{n-1}\frac{x_na_i}{x_i} \\ -x_1 & 0 & 0 & \cdots & 0 & 0 \\ 0 & -x_2 & 0 & \cdots & 0 & 0 \\ \vdots & \vdots & \vdots & & \vdots & \vdots \\ 0 & 0 & 0 & \cdots & -x_{n-1} & 0 \end{vmatrix}$$

$$=\left(a_n+x_n+x_n\sum_{i=1}^{n-1}\frac{a_i}{x_i}\right)\cdot(-1)^{1+n}\begin{vmatrix} -x_1 & & & \\ & -x_2 & & \\ & & \ddots & \\ & & & -x_{n-1} \end{vmatrix}$$

$$=\left(a_n+x_n+x_n\sum_{i=1}^{n-1}\frac{a_i}{x_i}\right)(-1)^{1+n}\cdot(-1)^{n-1}x_1x_2\cdots x_{n-1}x_n$$

$$=\left(1+\sum_{i=1}^{n}\frac{a_i}{x_i}\right)x_1x_2\cdots x_n=\text{右}.$$

(4) 左 $=D_n=\begin{vmatrix} a+b & ab & 0 & \cdots & 0 & 0\\ 1 & a+b & ab & \cdots & 0 & 0\\ 0 & 1 & a+b & \cdots & 0 & 0\\ \vdots & \vdots & \vdots & & \vdots & \vdots\\ 0 & 0 & 0 & \cdots & 1 & a+b\end{vmatrix}$

$$=(a+b)D_{n-1}+1\times(-1)^{2+1}\begin{vmatrix} ab & 0 & 0 & \cdots & 0 & 0\\ 1 & a+b & ab & \cdots & 0 & 0\\ \vdots & \vdots & \vdots & & \vdots & \vdots\\ 0 & 0 & 0 & \cdots & 1 & a+b\end{vmatrix}$$

$$=(a+b)D_{n-1}-abD_{n-2}.$$

由 $D_n=(a+b)D_{n-1}-abD_{n-2}$,

得 $D_n-aD_{n-1}=b(D_{n-1}-aD_{n-2})=b^2(D_{n-2}-aD_{n-3})=\cdots=b^{n-2}(D_2-aD_1)$

$$=b^{n-2}\left(\begin{vmatrix} a+b & ab\\ 1 & a+b\end{vmatrix}-a(a+b)\right)=b^n.$$

又得 $D_n-bD_{n-1}=a(D_{n-1}-bD_{n-2})=a^2(D_{n-2}-bD_{n-3})=\cdots=a^{n-2}(D_2-bD_1)$

$=a^n$.

由
$$\begin{cases} D_n-aD_{n-1}=b^n,\\ D_n-bD_{n-1}=a^n.\end{cases}$$

$$\begin{cases} bD_n-abD_{n-1}=b^{n+1},\\ aD_n-abD_{n-1}=a^{n+1}.\end{cases}$$

解得
$$D_n=\frac{a^{n+1}-b^{n+1}}{a-b}.$$

10. 利用范德蒙德行列式计算:

(1) $\begin{vmatrix} 1 & 1 & 1 & 1\\ 4 & 3 & 7 & -5\\ 16 & 9 & 49 & 25\\ 64 & 27 & 343 & -125\end{vmatrix}$; (2) $\begin{vmatrix} 1 & 1 & 1 & 1\\ 2 & 3 & 4 & 5\\ 1 & 4 & 9 & 16\\ 1 & 8 & 27 & 64\end{vmatrix}$;

解 (1) $x_1=4,x_2=3,x_3=7,x_4=-5$,

原式 $=(-5-4)(-5-3)(-5-7)(7-4)(7-3)(3-4)=10\,368$;

(2) $\begin{vmatrix} 1 & 1 & 1 & 1\\ 2 & 3 & 4 & 5\\ 1 & 4 & 9 & 16\\ 1 & 8 & 27 & 64\end{vmatrix}=\begin{vmatrix} 1 & 1 & 1 & 1\\ 1 & 1 & 1 & 1\\ 1 & 4 & 9 & 16\\ 1 & 8 & 27 & 64\end{vmatrix}+\begin{vmatrix} 1 & 1 & 1 & 1\\ 1 & 2 & 3 & 4\\ 1 & 4 & 9 & 16\\ 1 & 8 & 27 & 64\end{vmatrix}$

$=(4-1)(4-2)(4-3)(3-1)(3-2)(2-1)=12.$

11. 用克拉默法则解下列线性方程组：

(1) $\begin{cases} 2x_1+x_2-5x_3+x_4=8, \\ x_1-3x_2-6x_4=8, \\ 2x_2-x_3+2x_4=-5, \\ x_1+4x_2-7x_3+6x_4=0. \end{cases}$　　(2) $\begin{cases} 2x_1+5x_2-3x_3+2x_4=3, \\ -x_1-3x_2+2x_3-x_4=-1, \\ -3x_1+4x_2+8x_3-2x_4=-5, \\ 6x_1-x_2-6x_3+4x_4=2. \end{cases}$

解　(1) $D=\begin{vmatrix} 2 & 1 & -5 & 1 \\ 1 & -3 & 0 & -6 \\ 0 & 2 & -1 & 2 \\ 1 & 4 & -7 & 6 \end{vmatrix}=27,$

$$D_1=\begin{vmatrix} 8 & 1 & -5 & 1 \\ 8 & -3 & 0 & -6 \\ -5 & 2 & -1 & 2 \\ 0 & 4 & -7 & 6 \end{vmatrix}=9, D_2=\begin{vmatrix} 2 & 8 & -5 & 1 \\ 1 & 8 & 0 & -6 \\ 0 & -5 & -1 & 2 \\ 1 & 0 & -7 & 6 \end{vmatrix}=-115,$$

$$D_3=\begin{vmatrix} 2 & 1 & 8 & 1 \\ 1 & -3 & 8 & -6 \\ 0 & 2 & -5 & 2 \\ 1 & 4 & 0 & 6 \end{vmatrix}=-19, D_4=\begin{vmatrix} 2 & 1 & -5 & 8 \\ 1 & -3 & 0 & 8 \\ 0 & 2 & -1 & -5 \\ 1 & 4 & -7 & 0 \end{vmatrix}=38.$$

$$x_1=\frac{1}{3}, x_2=-\frac{115}{27}, x_3=-\frac{19}{27}, x_4=\frac{38}{27}.$$

(2) $D=\begin{vmatrix} 2 & 5 & -3 & 2 \\ -1 & -3 & 2 & -1 \\ -3 & 4 & 8 & -2 \\ 6 & -1 & -6 & 4 \end{vmatrix}=17,$

$$D_1=\begin{vmatrix} 3 & 5 & -3 & 2 \\ -1 & -3 & 2 & -1 \\ -5 & 4 & 8 & -2 \\ 2 & -1 & -6 & 4 \end{vmatrix}=-133, D_2=\begin{vmatrix} 2 & 3 & -3 & 2 \\ -1 & -1 & 2 & -1 \\ -3 & -5 & 8 & -2 \\ 6 & 2 & -6 & 4 \end{vmatrix}=-18,$$

$$D_3=\begin{vmatrix} 2 & 5 & 3 & 2 \\ -1 & -3 & -1 & -1 \\ -3 & 4 & -5 & -2 \\ 6 & -1 & 2 & 4 \end{vmatrix}=-1, D_4=\begin{vmatrix} 2 & 5 & -3 & 3 \\ -1 & -3 & 2 & -1 \\ -3 & 4 & 8 & -5 \\ 6 & -1 & -6 & 2 \end{vmatrix}=202$$

$$x_1=-\frac{133}{17}, x_2=-\frac{18}{17}, x_3=-\frac{1}{17}, x_4=\frac{202}{17}.$$

12. 求 k 的值，使方程组 $\begin{cases} kx+y+z=0, \\ x+ky-z=0, \\ 2x-y+z=0 \end{cases}$ 有非零解.

解　$D=\begin{vmatrix} k & 1 & 1 \\ 1 & k & -1 \\ 2 & -1 & 1 \end{vmatrix}=k^2-1-2-2k-k-1=k^3-3k-4=0,$

$(k-4)(k+1)=0\Rightarrow k=4$ 或 $k=-1$.

13. 设方程组 $\begin{cases} x+\ y+\ z=1, \\ ax+by+cz=d, \\ a^3x+b^3y+c^3z=d^3. \end{cases}$

求它能用克拉默法则求解的条件,并求出解.

解 $D=\begin{vmatrix} 1 & 1 & 1 \\ a & b & c \\ a^3 & b^3 & c^3 \end{vmatrix} \xlongequal[r_3-a^3r_1]{r_2-ar_1} \begin{vmatrix} 1 & 1 & 1 \\ 0 & b-a & c-a \\ 0 & b^3-a^3 & c^3-a^3 \end{vmatrix} = \begin{vmatrix} b-a & c-a \\ b^3-a^3 & c^3-a^3 \end{vmatrix}$

$=(b-a)(c-a)\begin{vmatrix} 1 & 1 \\ b^2+a^2+ab & c^2+a^2+ac \end{vmatrix}=(b-a)(c-a)(c^2-b^2+ac-ab)$

$=(b-a)(c-a)(c-b)(a+b+c)$.

当 $D\neq0$ 时有解.

$D_1=\begin{vmatrix} 1 & 1 & 1 \\ d & b & c \\ d^3 & b^3 & c^3 \end{vmatrix}=(b-d)(c-d)(c-b)(d+b+c)$,

$D_2=\begin{vmatrix} 1 & 1 & 1 \\ a & d & c \\ a^3 & d^3 & c^3 \end{vmatrix}=(d-a)(c-a)(c-d)(a+d+c)$,

$D_3=\begin{vmatrix} 1 & 1 & 1 \\ a & b & d \\ a^3 & b^3 & d^3 \end{vmatrix}=(b-a)(d-a)(d-b)(a+b+d)$.

$x=\dfrac{D_1}{D}=\dfrac{(b-d)(c-d)(d+b+c)}{(b-a)(c-a)(a+b+c)}$,

$y=\dfrac{D_2}{D}=\dfrac{(d-a)(c-d)(a+d+c)}{(b-a)(c-b)(a+b+c)}$,

$z=\dfrac{D_3}{D}=\dfrac{(d-a)(d-b)(a+b+d)}{(c-a)(c-b)(a+b+c)}$.

第五节 章节测试

1. 计算下列二阶行列式:

(1) $\begin{vmatrix} a & b \\ a^2 & b^2 \end{vmatrix}$;　　(2) $\begin{vmatrix} \dfrac{1-t^2}{1+t^2} & \dfrac{2t}{1+t^2} \\ \dfrac{-2t}{1+t^2} & \dfrac{1-t^2}{1+t^2} \end{vmatrix}$.

2. 计算下列三阶行列式:

(1) $\begin{vmatrix} 1 & 2 & 3 \\ 3 & 1 & 2 \\ 2 & 3 & 1 \end{vmatrix}$;　　(2) $\begin{vmatrix} 1 & 1 & 1 \\ a & b & c \\ a^2 & b^2 & c^2 \end{vmatrix}$.

3. 当 x 取何值时，$\begin{vmatrix} 3 & 1 & x \\ 4 & x & 0 \\ 1 & 0 & x \end{vmatrix} \neq 0$.

4. 求下列排列的逆序数：

(1) 36715284；

(2) $13\cdots(2n-1)(2n)(2n-2)\cdots 2$.

5. 在六阶行列式 $|a_{ij}|$ 中，下列各元素应取什么符号？

(1) $a_{15}a_{23}a_{32}a_{44}a_{51}a_{66}$；

(2) $a_{11}a_{26}a_{32}a_{44}a_{53}a_{65}$.

6. 用行列式的定义计算下列行列式：

(1) $\begin{vmatrix} a_{11} & a_{12} & a_{13} & a_{14} & a_{15} \\ a_{21} & a_{22} & a_{23} & a_{24} & a_{25} \\ a_{31} & a_{32} & 0 & 0 & 0 \\ a_{41} & a_{42} & 0 & 0 & 0 \\ a_{51} & a_{52} & 0 & 0 & 0 \end{vmatrix}$；　(2) $\begin{vmatrix} 0 & 0 & 1 & 0 \\ 0 & 1 & 0 & 0 \\ 0 & 0 & 0 & 1 \\ 1 & 0 & 0 & 0 \end{vmatrix}$.

7. 计算下列行列式：

(1) $\begin{vmatrix} -2 & 2 & -4 & 0 \\ 4 & -1 & 3 & 5 \\ 3 & 1 & -2 & -3 \\ 2 & 0 & 5 & 1 \end{vmatrix}$；　(2) $\begin{vmatrix} 1 & 2 & 3 & 4 \\ 2 & 3 & 4 & 1 \\ 3 & 4 & 1 & 2 \\ 4 & 1 & 2 & 3 \end{vmatrix}$；

(3) $\begin{vmatrix} x & a & \cdots & a \\ a & x & \cdots & a \\ \vdots & \vdots & & \vdots \\ a & a & \cdots & x \end{vmatrix}$；　(4) $\begin{vmatrix} 1 & a_1 & a_2 & \cdots & a_n \\ 1 & a_1+b_1 & a_2 & \cdots & a_n \\ 1 & a_1 & a_2+b_2 & \cdots & a_n \\ \vdots & \vdots & \vdots & & \vdots \\ 1 & a_1 & a_2 & \cdots & a_n+b_n \end{vmatrix}$.

8. 解下列方程：

$$\begin{vmatrix} 1 & 1 & 1 & \cdots & 1 & 1 \\ 1 & 1-x & 1 & \cdots & 1 & 1 \\ 1 & 1 & 1-x & \cdots & 1 & 1 \\ \vdots & \vdots & \vdots & & \vdots & \vdots \\ 1 & 1 & 1 & \cdots & (n-2)-x & 1 \\ 1 & 1 & 1 & \cdots & 1 & (n-1)-x \end{vmatrix} = 0.$$

9. 求行列式 $\begin{vmatrix} -3 & 0 & 4 \\ 5 & 0 & 3 \\ 2 & -2 & 1 \end{vmatrix}$ 中元素 2 和 −2 的代数余子式.

10. 按第三列展开下列行列式，并计算其值.

$$\begin{vmatrix} 1 & 0 & a & 1 \\ 0 & -1 & b & -1 \\ -1 & -1 & c & -1 \\ -1 & 1 & d & 0 \end{vmatrix}.$$

11. 已知四阶行列式 D 中第 1 行的元素分别为 1、2、0、-4，第 3 行的元素的余子式依次为 6、x、19、2，求 x 的值.

12. 用克莱姆法则解下列方程组：

$$\begin{cases}2x_1+3x_2+11x_3+5x_4=6,\\ x_1+x_2+5x_3+2x_4=2,\\ 2x_1+x_2+3x_3+4x_4=2,\\ x_1+x_2+3x_3+4x_4=2.\end{cases}$$

13. 问 λ、μ 取何值时，齐次线性方程组有非零解.

$$\begin{cases}\lambda x_1+x_2+x_3=0,\\ x_1+\mu x_2+x_3=0,\\ x_1+2\mu x_2+x_3=0.\end{cases}$$

附：章节测试答案

1. (1) $ab(b-a)$； (2) 1.
2. (1) 18； (2) $(a-b)(b-c)(c-a)$.
3. $x\neq 0$ 且 $x\neq 2$.
4. (1) 13； (2) $n(n-1)$.
5. (1) 正； (2) 负.
6. (1) 0； (2) 1.
7. (1) -270； (2) 160；
   (3) $[x+(n-1)a](x-a)^{n-1}$； (4) $b_1b_2\cdots b_n$.
8. $x_1=0, x_2=1, \cdots, x_{n-2}=n-3, x_{n-1}=n-2$.
9. 0,29.
10. $a+b+d$.
11. $x=7$.
12. $x_1=0, x_2=2, x_3=0, x_4=0$.
13. $\mu=0$ 或 $\lambda=1$.

第2章

矩阵及其运算

矩阵是线性代数中一个很重要的概念,几乎贯穿线性代数的始终,所以我们对矩阵的理解与掌握要扎实深入.

本章应重点掌握矩阵的概念和矩阵的各种运算,特别是矩阵的乘法、矩阵的转置、逆矩阵、方阵的行列式等.掌握矩阵的初等变换、初等方阵,以及初等变换与初等方阵的关系,会用初等变换求矩阵的秩、逆矩阵等.

第一节 内容要点

1. 矩阵的概念

定义 1 由 $m\times n$ 个数 $a_{ij}(i=1,2,\cdots,m;j=1,2,\cdots,n)$ 排成的 m 行 n 列的数表

$$\begin{matrix} a_{11} & a_{12} & \cdots & a_{1n} \\ a_{21} & a_{22} & \cdots & a_{2n} \\ \vdots & \vdots & & \vdots \\ a_{m1} & a_{m2} & \cdots & a_{mn} \end{matrix}$$

称为 m 行 n 列矩阵,简称 $m\times n$ 矩阵.为表示它是一个整体,总是加一个括弧,并用大写黑体字母表示它,记为

$$\boldsymbol{A}=\begin{pmatrix} a_{11} & a_{12} & \cdots & a_{1n} \\ a_{21} & a_{22} & \cdots & a_{2n} \\ \vdots & \vdots & & \vdots \\ a_{m1} & a_{m2} & \cdots & a_{mn} \end{pmatrix} \tag{1}$$

这 $m\times n$ 个数称为矩阵 $\boldsymbol{A}$ 的元素,a_{ij}称为矩阵 $\boldsymbol{A}$ 的第 i 行第 j 列元素.一个 $m\times n$ 矩阵 $\boldsymbol{A}$ 也可简记为

$$\boldsymbol{A}=\boldsymbol{A}_{m\times n}=(a_{ij})_{m\times n} \quad 或 \quad \boldsymbol{A}=(a_{ij}).$$

元素是实数的矩阵称为实矩阵,元素是复数的矩阵称为复矩阵,本书中的矩阵都指实矩阵(除非有特殊说明).

所有元素均为零的矩阵称为零矩阵,记为 $\boldsymbol{O}$.

所有元素均为非负数的矩阵称为非负矩阵.

若矩阵 $\boldsymbol{A}=(a_{ij})$ 的行数与列数都等于 n,则称 $\boldsymbol{A}$ 为 n 阶方阵,记为 $\boldsymbol{A}_n$.

如果两个矩阵具有相同的行数与相同的列数,则称这两个矩阵为同型矩阵.

定义 如果矩阵 $\boldsymbol{A}$、$\boldsymbol{B}$ 是同型矩阵,且对应元素均相等,则称矩阵 $\boldsymbol{A}$ 与矩阵 $\boldsymbol{B}$ 相等,记为 $\boldsymbol{A}=\boldsymbol{B}$.

2. 几种特殊矩阵

只有一行的矩阵

$$\boldsymbol{A}=(a_1 \quad a_2 \quad \cdots \quad a_n)$$

称为行矩阵或行向量.为避免元素间的混淆,行矩阵也记作

$$\boldsymbol{A}=(a_1,a_2,\cdots,a_n).$$

只有一列的矩阵

$$\boldsymbol{B}=\begin{pmatrix} b_1 \\ b_2 \\ \vdots \\ b_m \end{pmatrix}$$

称为列矩阵或列向量.

n 阶方阵

$$\begin{pmatrix} \lambda_1 & 0 & \cdots & 0 \\ 0 & \lambda_2 & \cdots & 0 \\ \vdots & \vdots & & \vdots \\ 0 & 0 & \cdots & \lambda_n \end{pmatrix}$$

称为 n 阶对角矩阵,对角矩阵也记为

$$\boldsymbol{A}=\mathrm{diag}(\lambda_1,\lambda_2,\cdots,\lambda_n).$$

n 阶方阵

$$\begin{pmatrix} 1 & 0 & \cdots & 0 \\ 0 & 1 & \cdots & 0 \\ \vdots & \vdots & & \vdots \\ 0 & 0 & \cdots & 1 \end{pmatrix}$$

称为 n 阶单位矩阵,n 阶单位矩阵也记为

$$\boldsymbol{E}=\boldsymbol{E}_n \quad (\text{或 } \boldsymbol{I}=\boldsymbol{I}_n).$$

当一个 n 阶对角矩阵 $\boldsymbol{A}$ 的对角元素全部相等且等于某一数 a 时,称 $\boldsymbol{A}$ 为 n 阶数量矩阵,即

$$\boldsymbol{A}=\begin{pmatrix} a & 0 & \cdots & 0 \\ 0 & a & \cdots & 0 \\ \vdots & \vdots & & \vdots \\ 0 & 0 & \cdots & a \end{pmatrix}.$$

3. 矩阵的线性运算

定义 1　设有两个 $m\times n$ 矩阵 $\boldsymbol{A}=(a_{ij})$ 和 $\boldsymbol{B}=(b_{ij})$，矩阵 $\boldsymbol{A}$ 与 $\boldsymbol{B}$ 的和记作 $\boldsymbol{A}+\boldsymbol{B}$，规定为

$$\boldsymbol{A}+\boldsymbol{B}=(a_{ij}+b_{ij})_{m\times n}=\begin{bmatrix} a_{11}+b_{11} & a_{12}+b_{12} & \cdots & a_{1n}+b_{1n} \\ a_{21}+b_{21} & a_{22}+b_{22} & \cdots & a_{2n}+b_{2n} \\ \vdots & \vdots & & \vdots \\ a_{m1}+b_{m1} & a_{m2}+b_{m2} & \cdots & a_{mn}+b_{mn} \end{bmatrix}.$$

注：只有两个矩阵是同型矩阵时，才能进行矩阵的加法运算.两个同型矩阵的和，即为两个矩阵对应位置元素相加得到的矩阵.

设矩阵 $\boldsymbol{A}=(a_{ij})$，记

$$-\boldsymbol{A}=(-a_{ij}),$$

称 $-\boldsymbol{A}$ 为矩阵 $\boldsymbol{A}$ 的负矩阵，显然有

$$\boldsymbol{A}+(-\boldsymbol{A})=\boldsymbol{O}.$$

由此规定矩阵的**减法**为

$$\boldsymbol{A}-\boldsymbol{B}=\boldsymbol{A}+(-\boldsymbol{B}).$$

定义 2　数 k 与矩阵 $\boldsymbol{A}$ 的乘积记作 $k\boldsymbol{A}$ 或 $\boldsymbol{A}k$，规定为

$$k\boldsymbol{A}=\boldsymbol{A}k=(ka_{ij})=\begin{pmatrix} ka_{11} & ka_{12} & \cdots & ka_{1n} \\ ka_{21} & ka_{22} & \cdots & ka_{2n} \\ \vdots & \vdots & & \vdots \\ ka_{m1} & ka_{m2} & \cdots & ka_{mn} \end{pmatrix}.$$

数与矩阵的乘积运算称为数乘运算.

矩阵的加法与矩阵的数乘两种运算统称为矩阵的线性运算.它满足下列运算规律：

设 $\boldsymbol{A}$、$\boldsymbol{B}$、$\boldsymbol{C}$、$\boldsymbol{O}$ 都是同型矩阵，k、l 是常数，则

(1) $\boldsymbol{A}+\boldsymbol{B}=\boldsymbol{B}+\boldsymbol{A}$；

(2) $(\boldsymbol{A}+\boldsymbol{B})+\boldsymbol{C}=\boldsymbol{A}+(\boldsymbol{B}+\boldsymbol{C})$；

(3) $\boldsymbol{A}+\boldsymbol{O}=\boldsymbol{A}$；

(4) $\boldsymbol{A}+(-\boldsymbol{A})=\boldsymbol{O}$；

(5) $1\boldsymbol{A}=\boldsymbol{A}$；

(6) $k(l)\boldsymbol{A}=(kl\boldsymbol{A})$；

(7) $(k+l)\boldsymbol{A}=k\boldsymbol{A}+l\boldsymbol{A}$；

(8) $k(\boldsymbol{A}+\boldsymbol{B})=k\boldsymbol{A}+k\boldsymbol{B}$.

注：在数学中，把满足上述 8 条规律的运算称为线性运算.

4. 矩阵的乘法

定义 3　设

$$\boldsymbol{A}=(a_{ij})_{m\times s}=\begin{pmatrix} a_{11} & a_{12} & \cdots & a_{1s} \\ a_{2s} & a_{2s} & \cdots & a_{2s} \\ \vdots & \vdots & & \vdots \\ a_{m1} & a_{m2} & \cdots & a_{ms} \end{pmatrix},\quad \boldsymbol{B}=(b_{ij})_{s\times n}=\begin{pmatrix} b_{11} & b_{12} & \cdots & b_{1n} \\ b_{21} & b_{22} & \cdots & b_{2n} \\ \vdots & \vdots & & \vdots \\ b_{s1} & b_{s2} & \cdots & b_{sn} \end{pmatrix}.$$

矩阵 $\boldsymbol{A}$ 与矩阵 $\boldsymbol{B}$ 的乘积记作 $\boldsymbol{AB}$，规定为

$$AB=(c_{ij})_{m\times n}=\begin{pmatrix} c_{11} & c_{12} & \cdots & c_{1n} \\ c_{21} & c_{22} & \cdots & c_{2n} \\ \vdots & \vdots & & \vdots \\ c_{m1} & c_{m2} & \cdots & c_{mn} \end{pmatrix},$$

式中，$c_{ij}=a_{i1}b_{1j}+a_{i2}b_{2j}+\cdots+a_{is}b_{sj}=\sum\limits_{k=1}^{s}a_{ik}b_{kj},(i=1,2,\cdots,m;j=1,2,\cdots,n)$.

记号 $\boldsymbol{AB}$ 常读作 $\boldsymbol{B}$ 左乘 $\boldsymbol{A}$ 或 $\boldsymbol{A}$ 右乘 $\boldsymbol{B}$.

注:只有当左边矩阵的列数等于右边矩阵的行数时,两个矩阵才能进行乘法运算.

若 $\boldsymbol{C}=\boldsymbol{AB}$,则矩阵 $\boldsymbol{C}$ 的元素 c_{ij} 即为矩阵 $\boldsymbol{A}$ 的第 i 行元素与矩阵 $\boldsymbol{B}$ 的第 j 列对应元素乘积的和.即

$$C_{ij}=(a_{i1},a_{i2},\cdots,a_{is})\begin{pmatrix} b_{1j} \\ b_{2j} \\ \vdots \\ b_{sj} \end{pmatrix}=a_{i1}b_{1j}+a_{i2}b_{2j}+\cdots+a_{is}b_{sj}.$$

矩阵的乘法满足下列运算规律(假定运算都是可行的):

(1) $(\boldsymbol{AB})\boldsymbol{C}=\boldsymbol{A}(\boldsymbol{BC})$;

(2) $(\boldsymbol{A}+\boldsymbol{B})\boldsymbol{C}=\boldsymbol{AC}+\boldsymbol{BC}$;

(3) $\boldsymbol{C}(\boldsymbol{A}+\boldsymbol{B})=\boldsymbol{CA}+\boldsymbol{CB}$;

(4) $k(\boldsymbol{AB})=(k\boldsymbol{A})\boldsymbol{B}=\boldsymbol{A}(k\boldsymbol{B})$.

注:矩阵的乘法一般不满足交换律,即 $\boldsymbol{AB}\neq\boldsymbol{BA}$;

例如,设 $\boldsymbol{A}=\begin{pmatrix} -2 & 4 \\ 1 & -2 \end{pmatrix}$,$\boldsymbol{B}=\begin{pmatrix} 2 & 4 \\ -3 & -6 \end{pmatrix}$,则

$$\boldsymbol{AB}=\begin{pmatrix} -2 & 4 \\ 1 & -2 \end{pmatrix}\begin{pmatrix} 2 & 4 \\ -3 & -6 \end{pmatrix}=\begin{pmatrix} -16 & -32 \\ 8 & 16 \end{pmatrix},$$

而

$$\boldsymbol{BA}=\begin{pmatrix} 2 & 4 \\ -3 & -6 \end{pmatrix}\begin{pmatrix} -2 & 4 \\ 1 & -2 \end{pmatrix}=\begin{pmatrix} 0 & 0 \\ 0 & 0 \end{pmatrix},$$

于是 $\boldsymbol{AB}\neq\boldsymbol{BA}$;且 $\boldsymbol{BA}=\boldsymbol{O}$.

从上例还可看出:两个非零矩阵相乘,可能是零矩阵,故不能从 $\boldsymbol{AB}=\boldsymbol{O}$ 必然推出 $\boldsymbol{A}=\boldsymbol{O}$ 或 $\boldsymbol{B}=\boldsymbol{O}$.

此外,矩阵乘法一般也不满足消去律,即不能从 $\boldsymbol{AC}=\boldsymbol{BC}$ 必然推出 $\boldsymbol{A}=\boldsymbol{B}$.例如,设

$$\boldsymbol{A}=\begin{pmatrix} 1 & 2 \\ 0 & 3 \end{pmatrix},\quad \boldsymbol{B}=\begin{pmatrix} 1 & 0 \\ 0 & 4 \end{pmatrix},\quad \boldsymbol{C}=\begin{pmatrix} 1 & 1 \\ 0 & 0 \end{pmatrix},$$

则

$$\boldsymbol{AC}=\begin{pmatrix} 1 & 2 \\ 0 & 3 \end{pmatrix}\begin{pmatrix} 1 & 1 \\ 0 & 0 \end{pmatrix}=\begin{pmatrix} 1 & 1 \\ 0 & 0 \end{pmatrix}=\begin{pmatrix} 1 & 0 \\ 0 & 4 \end{pmatrix}\begin{pmatrix} 1 & 1 \\ 0 & 0 \end{pmatrix}=\boldsymbol{BC},$$

但 $\boldsymbol{A}\neq\boldsymbol{B}$.

定义 4 如果两矩阵相乘,有

$$\boldsymbol{AB}=\boldsymbol{BA},$$

则称矩阵 $\boldsymbol{A}$ 与矩阵 $\boldsymbol{B}$ 可交换,简称 $\boldsymbol{A}$ 与 $\boldsymbol{B}$ 可换.

注:对于单位矩阵 $\boldsymbol{E}$,容易证明

$$E_m A_{m\times n}=A_{m\times n}, \quad A_{m\times n}E_n=A_{m\times n}.$$

或简写成

$$EA=AE=A.$$

可见,单位矩阵 E 在矩阵的乘法中的作用类似于数 1.

命题 1　设 B 是一个 n 阶矩阵,则 B 是一个数量矩阵的充分必要条件是 B 与任何 n 阶矩阵 A 可换.

命题 2　设 A、B 均为 n 阶矩阵,则下列命题等价:

(1) $AB=BA$;

(2) $(A+B)^2=A^2+2AB+B^2$;

(3) $(A-B)^2=A^2-2AB+B^2$;

(4) $(A+B)(A-B)=(A-B)(A+B)=A^2-B^2$.

5. 矩阵的转置

定义 5　把矩阵 A 的行换成同序数的列得到的新矩阵,称为 A 的转置矩阵,记作 A^{T}(或 A').即若

$$A=\begin{pmatrix} a_{11} & a_{12} & \cdots & a_{1n} \\ a_{21} & a_{22} & \cdots & a_{2n} \\ \vdots & \vdots & & \vdots \\ a_{m1} & a_{m2} & \cdots & a_{mn} \end{pmatrix},$$

则

$$A^{\mathrm{T}}=\begin{pmatrix} a_{11} & a_{21} & \cdots & a_{m1} \\ a_{12} & a_{22} & \cdots & a_{m2} \\ \vdots & \vdots & & \vdots \\ a_{1n} & a_{2n} & \cdots & a_{mn} \end{pmatrix}.$$

矩阵的转置满足以下运算规律(假设运算都是可行的):

(1) $(A^{\mathrm{T}})^{\mathrm{T}}=A$;

(2) $(A+B)^{\mathrm{T}}=A^{\mathrm{T}}+B^{\mathrm{T}}$;

(3) $(kA)^{\mathrm{T}}=kA^{\mathrm{T}}$;

(4) $(AB)^{\mathrm{T}}=B^{\mathrm{T}}A^{\mathrm{T}}$.

6. 方阵的幂

定义 6　设方阵 $A=(a_{ij})_{n\times n}$,规定

$$A^0=E, \quad A^k=\overbrace{A\cdot A\cdot\cdots\cdot A}^{k个}, \quad k 为自然数.$$

A^k 称为 A 的 k 次幂.

方阵的幂满足以下运算规律(假设运算都是可行的):

(1) $A^mA^n=A^{m+n}$　(m、n 为非负整数);

(2) $(A^m)^n=A^{mn}$.

注:一般地,$(AB)^m\neq A^mB^m$,m 为自然数.

命题 3　设 A、B 均为 n 阶矩阵,$AB=BA$,则有 $(AB)^m=A^mB^m$,m 为自然数,反之不成立.

7. 方阵的行列式

定义 7 由 n 阶方阵 $\boldsymbol{A}$ 的元素所构成的行列式(各元素的位置不变),称为方阵 $\boldsymbol{A}$ 的行列式,记作 $|\boldsymbol{A}|$ 或 $\det\boldsymbol{A}$.

注:方阵与行列式是两个不同的概念,n 阶方阵是 n^2 个数按一定方式排成的数表,而 n 阶行列式则是这些数按一定的运算法则所确定的一个数值(实数或复数).

方阵 $\boldsymbol{A}$ 的行列式 $|\boldsymbol{A}|$ 满足以下运算规律(设 $\boldsymbol{A}$、$\boldsymbol{B}$ 为 n 阶方阵,k 为常数):

(1) $|\boldsymbol{A}^{\mathrm{T}}|=|\boldsymbol{A}|$(行列式性质 1);

(2) $|k\boldsymbol{A}|=k^n|\boldsymbol{A}|$;

(3) $|\boldsymbol{AB}|=|\boldsymbol{A}||\boldsymbol{B}|$.进一步 $|\boldsymbol{A}||\boldsymbol{B}|=|\boldsymbol{AB}|=|\boldsymbol{B}||\boldsymbol{A}|$.

8. 对称矩阵

定义 8 设 $\boldsymbol{A}$ 为 n 阶方阵,如果 $\boldsymbol{A}^{\mathrm{T}}=\boldsymbol{A}$,即

$$a_{ij}=a_{ji}\quad(i,j=1,2,\cdots,n),$$

则称 $\boldsymbol{A}$ 为对称矩阵.

显然,对称矩阵 $\boldsymbol{A}$ 的元素关于主对角线对称.例如

$$\begin{pmatrix}0&-1\\-1&0\end{pmatrix},\quad\begin{pmatrix}8&6&1\\6&9&0\\1&0&5\end{pmatrix}$$

均为对称矩阵.

如果 $\boldsymbol{A}^{\mathrm{T}}=-\boldsymbol{A}$,则称 $\boldsymbol{A}$ 为反对称矩阵.

9. 共轭矩阵

定义 9 设 $\boldsymbol{A}=(a_{ij})$ 为复(数)矩阵,记

$$\overline{\boldsymbol{A}}=(\overline{a_{ij}}).$$

式中,$\overline{a_{ij}}$ 表示 a_{ij} 的共轭复数,称 $\overline{\boldsymbol{A}}$ 为 $\boldsymbol{A}$ 的共轭矩阵.

共轭矩阵满足以下运算规律(设 $\boldsymbol{A}$、$\boldsymbol{B}$ 为复矩阵,k 为复数,且运算都是可行的):

(1) $\overline{\boldsymbol{A}+\boldsymbol{B}}=\overline{\boldsymbol{A}}+\overline{\boldsymbol{B}}$;

(2) $\overline{\lambda\boldsymbol{A}}=\overline{\lambda}\,\overline{\boldsymbol{A}}$;

(3) $\overline{\boldsymbol{AB}}=\overline{\boldsymbol{A}}\,\overline{\boldsymbol{B}}$.

10. 逆矩阵的概念

在数的运算中,对于数 $a\neq0$,总存在唯一一个数 a^{-1},使得

$$a\cdot a^{-1}=a^{-1}\cdot a=1.$$

数的逆在解方程中起着重要作用,例如,解一元线性方程

$$ax=b.$$

当 $a\neq0$ 时,其解为

$$x=a^{-1}b.$$

对一个矩阵 $\boldsymbol{A}$,是否也存在类似的运算?在回答这个问题之前,我们先引入可逆矩阵与逆矩阵的概念.

定义 10 对于 n 阶矩阵 $\boldsymbol{A}$,如果存在一个 n 阶矩阵 $\boldsymbol{B}$,使得

$$\boldsymbol{AB}=\boldsymbol{BA}=\boldsymbol{E},$$

则称矩阵 $\boldsymbol{A}$ 为可逆矩阵,而矩阵 $\boldsymbol{B}$ 称为 $\boldsymbol{A}$ 的逆矩阵.

命题　若矩阵 $\boldsymbol{A}$ 是可逆的,则 $\boldsymbol{A}$ 的逆矩阵是唯一的.

定义 11　如果 n 阶矩阵 $\boldsymbol{A}$ 的行列式 $|\boldsymbol{A}|\neq 0$,则称 $\boldsymbol{A}$ 为非奇异的,否则称为奇异的.

11. 伴随矩阵及其与逆矩阵的关系

定义 12　行列式 $|\boldsymbol{A}|$ 的各个元素的代数余子式 $\boldsymbol{A}_{ij}$ 所构成的矩阵

$$\boldsymbol{A}^* = \begin{pmatrix} \boldsymbol{A}_{11} & \boldsymbol{A}_{21} & \cdots & \boldsymbol{A}_{n1} \\ \boldsymbol{A}_{12} & \boldsymbol{A}_{22} & \cdots & \boldsymbol{A}_{n2} \\ \vdots & \vdots & & \vdots \\ \boldsymbol{A}_{1n} & \boldsymbol{A}_{2n} & \cdots & \boldsymbol{A}_{nn} \end{pmatrix}.$$

称为矩阵 $\boldsymbol{A}$ 的伴随矩阵.

定理 1　n 阶矩阵 $\boldsymbol{A}$ 可逆的充分必要条件是其行列式 $|\boldsymbol{A}|\neq 0$.且当 $\boldsymbol{A}$ 可逆时,有

$$\boldsymbol{A}^{-1}=\frac{1}{|\boldsymbol{A}|}\boldsymbol{A}^*,$$

式中,$\boldsymbol{A}^*$ 为 $\boldsymbol{A}$ 的伴随矩阵.

由定理证明得伴随矩阵的一个基本性质:

$$\boldsymbol{A}\boldsymbol{A}^*=\boldsymbol{A}^*\boldsymbol{A}=|\boldsymbol{A}|\boldsymbol{E}.$$

推论　若 $\boldsymbol{AB}=\boldsymbol{E}$(或 $\boldsymbol{BA}=\boldsymbol{E}$),则 $\boldsymbol{B}=\boldsymbol{A}^{-1}$.

12. 逆矩阵的运算性质

(1) 若矩阵 $\boldsymbol{A}$ 可逆,则 $\boldsymbol{A}^{-1}$ 也可逆,且 $(\boldsymbol{A}^{-1})^{-1}=\boldsymbol{A}$;

(2) 若矩阵 $\boldsymbol{A}$ 可逆,数 $k\neq 0$,则 $(k\boldsymbol{A})^{-1}=\frac{1}{k}\boldsymbol{A}^{-1}$;

(3) 若两个同阶 $\boldsymbol{A}$、$\boldsymbol{B}$ 矩阵可逆,则矩阵的乘积是可逆矩阵,且

$$(\boldsymbol{AB})^{-1}=\boldsymbol{B}^{-1}\boldsymbol{A}^{-1};$$

(4) 若矩阵 $\boldsymbol{A}$ 可逆,则 $\boldsymbol{A}^{\mathrm{T}}$ 也可逆,且有 $(\boldsymbol{A}^{\mathrm{T}})^{-1}=(\boldsymbol{A}^{-1})^{\mathrm{T}}$;

(5) 若矩阵 $\boldsymbol{A}$ 可逆,则 $|\boldsymbol{A}^{-1}|=|\boldsymbol{A}|^{-1}$.

13. 矩阵方程

对标准矩阵方程

$$\boldsymbol{AX}=\boldsymbol{B}, \tag{1}$$

$$\boldsymbol{XA}=\boldsymbol{B}, \tag{2}$$

$$\boldsymbol{AXB}=\boldsymbol{C}, \tag{3}$$

利用矩阵乘法的运算规律和逆矩阵的运算性质,通过在方程两边左乘或右乘相应的矩阵的逆矩阵,可求出其解分别为

$$\boldsymbol{X}=\boldsymbol{A}^{-1}\boldsymbol{B}, \tag{1'}$$

$$\boldsymbol{X}=\boldsymbol{B}\boldsymbol{A}^{-1}, \tag{2'}$$

$$\boldsymbol{X}=\boldsymbol{A}^{-1}\boldsymbol{C}\boldsymbol{B}^{-1}, \tag{3'}$$

而其他形式的矩阵方程,则可通过矩阵的有关运算性质转化为标准矩阵方程后进行求解.

14. 分块矩阵的概念

对于行数和列数较高的矩阵,为了简化运算,经常采用分块法,使大矩阵的运算化成若干小矩阵间的运算,同时也使原矩阵的结构显得简单而清晰.具体做法是:将大矩阵用若干条纵线和

横线分成多个小矩阵,每个小矩阵称为 $\boldsymbol{A}$ 的子块,以子块为元素的形式上的矩阵称为分块矩阵.

矩阵的分块有多种方式,可根据具体需要而定.

注:一个矩阵也可看作以 $m\times n$ 个元素为 1 阶子块的分块矩阵.

15. 分块矩阵的运算

分块矩阵的运算与普通矩阵的运算规则相似.分块时要注意,运算的两矩阵按块能运算,并且参与运算的子块也能运算,即内外都能运算.

(1) 设矩阵 $\boldsymbol{A}$ 与 $\boldsymbol{B}$ 的行数相同、列数相同,采用相同的分块法,若

$$\boldsymbol{A}=\begin{pmatrix}\boldsymbol{A}_{11} & \cdots & \boldsymbol{A}_{1t}\\ \vdots & & \vdots\\ \boldsymbol{A}_{s1} & \cdots & \boldsymbol{A}_{st}\end{pmatrix},\quad \boldsymbol{B}=\begin{pmatrix}\boldsymbol{B}_{11} & \cdots & \boldsymbol{B}_{1t}\\ \vdots & & \vdots\\ \boldsymbol{B}_{s1} & \cdots & \boldsymbol{B}_{st}\end{pmatrix},$$

式中,$\boldsymbol{A}_{ij}$ 与 $\boldsymbol{B}_{ij}$ 的行数相同、列数相同,则

$$\boldsymbol{A}+\boldsymbol{B}=\begin{pmatrix}\boldsymbol{A}_{11}+\boldsymbol{B}_{11} & \cdots & \boldsymbol{A}_{1t}+\boldsymbol{B}_{1t}\\ \vdots & & \vdots\\ \boldsymbol{A}_{s1}+\boldsymbol{B}_{s1} & \cdots & \boldsymbol{A}_{st}+\boldsymbol{B}_{st}\end{pmatrix}.$$

(2) 设 $\boldsymbol{A}=\begin{pmatrix}\boldsymbol{A}_{11} & \cdots & \boldsymbol{A}_{1t}\\ \vdots & & \vdots\\ \boldsymbol{A}_{s1} & \cdots & \boldsymbol{A}_{st}\end{pmatrix}$,$k$ 为数,则 $k\boldsymbol{A}=\begin{pmatrix}k\boldsymbol{A}_{11} & \cdots & k\boldsymbol{A}_{1t}\\ \vdots & & \vdots\\ k\boldsymbol{A}_{s1} & \cdots & k\boldsymbol{A}_{st}\end{pmatrix}$.

(3) 设 $\boldsymbol{A}$ 为 $m\times l$ 矩阵,$\boldsymbol{B}$ 为 $l\times n$ 矩阵,分块成

$$\boldsymbol{A}=\begin{pmatrix}\boldsymbol{A}_{11} & \cdots & \boldsymbol{A}_{1t}\\ \vdots & & \vdots\\ \boldsymbol{A}_{s1} & \cdots & \boldsymbol{A}_{st}\end{pmatrix},\quad \boldsymbol{B}=\begin{pmatrix}\boldsymbol{B}_{11} & \cdots & \boldsymbol{B}_{1r}\\ \vdots & & \vdots\\ \boldsymbol{B}_{t1} & \cdots & \boldsymbol{B}_{tr}\end{pmatrix},$$

式中,$\boldsymbol{A}_{p1},\boldsymbol{A}_{p2},\cdots,\boldsymbol{A}_{pt}$ 的列数分别等于 $\boldsymbol{B}_{1q},\boldsymbol{B}_{2q},\cdots,\boldsymbol{B}_{tq}$ 的行数,则

$$\boldsymbol{AB}=\begin{pmatrix}\boldsymbol{C}_{11} & \cdots & \boldsymbol{C}_{1r}\\ \vdots & & \vdots\\ \boldsymbol{C}_{s1} & \cdots & \boldsymbol{C}_{sr}\end{pmatrix},$$

式中,$\boldsymbol{C}_{pq}=\sum\limits_{k=1}^{t}\boldsymbol{A}_{pk}\boldsymbol{B}_{kq}(p=1,2,\cdots,s;q=1,2,\cdots,r)$.

(4) 分块矩阵的转置.

设 $\boldsymbol{A}=\begin{pmatrix}\boldsymbol{A}_{11} & \cdots & \boldsymbol{A}_{1t}\\ \vdots & & \vdots\\ \boldsymbol{A}_{s1} & \cdots & \boldsymbol{A}_{st}\end{pmatrix}$,则 $\boldsymbol{A}^{\mathrm{T}}=\begin{pmatrix}\boldsymbol{A}_{11}^{\mathrm{T}} & \cdots & \boldsymbol{A}_{s1}^{\mathrm{T}}\\ \vdots & & \vdots\\ \boldsymbol{A}_{1t}^{\mathrm{T}} & \cdots & \boldsymbol{A}_{st}^{\mathrm{T}}\end{pmatrix}$.

(5) 设 $\boldsymbol{A}$ 为 n 阶矩阵,若 $\boldsymbol{A}$ 的分块矩阵只有在对角线上有非零子块,其余子块都为零矩阵,且在对角线上的子块都是方阵,即

$$\boldsymbol{A}=\begin{pmatrix}\boldsymbol{A}_1 & & & \boldsymbol{O}\\ & \boldsymbol{A}_2 & & \\ & & \ddots & \\ \boldsymbol{O} & & & \boldsymbol{A}_s\end{pmatrix},$$

式中,$\boldsymbol{A}_i(i=1,2,\cdots,s)$ 都是方阵,则称 $\boldsymbol{A}$ 为分块对角矩阵.

分块对角矩阵具有以下性质：

① 若 $|\boldsymbol{A}_i|\neq 0(i=1,2,\cdots,s)$，则 $|\boldsymbol{A}|\neq 0$，且 $|\boldsymbol{A}|=|\boldsymbol{A}_1||\boldsymbol{A}_2|\cdots|\boldsymbol{A}_s|$；

② 若 $\boldsymbol{A}_i$ 可逆 $(i=1,2,\cdots,s)$，则 $\boldsymbol{A}^{-1}=\begin{pmatrix}\boldsymbol{A}_1^{-1} & & & \boldsymbol{O}\\ & \boldsymbol{A}_2^{-1} & & \\ & & \ddots & \\ \boldsymbol{O} & & & \boldsymbol{A}_s^{-1}\end{pmatrix}$.

③ 同结构的对角分块矩阵的和、差、积、商仍是对角分块矩阵，且运算表现为对应子块的运算.

(6) 形如

$$\begin{pmatrix}\boldsymbol{A}_{11} & \boldsymbol{A}_{12} & \cdots & \boldsymbol{A}_{1s}\\ \boldsymbol{O} & \boldsymbol{A}_{22} & \cdots & \boldsymbol{A}_{2s}\\ \vdots & \vdots & & \vdots\\ \boldsymbol{O} & \boldsymbol{O} & \cdots & \boldsymbol{A}_{ss}\end{pmatrix} \text{ 或 } \begin{pmatrix}\boldsymbol{A}_{11} & \boldsymbol{O} & \cdots & \boldsymbol{O}\\ \boldsymbol{A}_{21} & \boldsymbol{A}_{22} & \cdots & \boldsymbol{O}\\ \vdots & \vdots & & \vdots\\ \boldsymbol{A}_{s1} & \boldsymbol{A}_{s2} & \cdots & \boldsymbol{A}_{ss}\end{pmatrix}$$

的分块矩阵，分别称为上三角分块矩阵或下三角分块矩阵，其中 $\boldsymbol{A}_{pp}(p=1,2,\cdots,s)$ 是方阵.

同结构的上(下)三角分块矩阵的和、差、积、商仍是上(下)三角分块矩阵.

第二节　解题方法

1. 求方阵 A 的高次幂

求 n 阶方阵 $\boldsymbol{A}$ 的 k 次幂常采用如下方法：

(1) 数学归纳法.计算 $\boldsymbol{A}^2$、$\boldsymbol{A}^3$ 等，从中发现 $\boldsymbol{A}^k$ 的元素的规律，再用数学归纳法证明.

(2) 利用二项展开公式.将矩阵 $\boldsymbol{A}$ 分解成 $\boldsymbol{A}=\boldsymbol{B}+\boldsymbol{C}$，这里要求矩阵 $\boldsymbol{B}$ 和 $\boldsymbol{C}$ 的方幂容易求出，且满足 $\boldsymbol{BC}=\boldsymbol{CB}$（即 $\boldsymbol{B}$、$\boldsymbol{C}$ 相乘满足交换律，否则二项展开公式不成立），则有

$$\boldsymbol{A}^k=(\boldsymbol{B}+\boldsymbol{C})^k=\boldsymbol{B}^k+\mathrm{C}_k^1\boldsymbol{B}^{k-1}\boldsymbol{C}+\mathrm{C}_k^2\boldsymbol{B}^{k-2}\boldsymbol{C}^2+\cdots+\mathrm{C}_k^{k-1}\boldsymbol{B}\boldsymbol{C}^{k-1}+\boldsymbol{C}^k.$$

(3) 分块对角阵求方幂.对于分块对角矩阵

$$\boldsymbol{A}=\begin{pmatrix}\boldsymbol{A}_1 & & & \\ & \boldsymbol{A}_2 & & \\ & & \ddots & \\ & & & \boldsymbol{A}_s\end{pmatrix},\quad \text{有 } \boldsymbol{A}^k=\begin{pmatrix}\boldsymbol{A}_1^k & & & \\ & \boldsymbol{A}_2^k & & \\ & & \ddots & \\ & & & \boldsymbol{A}_s^k\end{pmatrix}.$$

2. 求逆矩阵

求元素为具体数字的矩阵的逆矩阵时，常采用如下方法：

(1) 公式法(伴随矩阵).

$$\boldsymbol{A}^{-1}=\frac{1}{|\boldsymbol{A}|}\boldsymbol{A}^*.$$

注：该方法常用于求 2 阶方阵的逆矩阵.对 2 阶方阵来说，伴随矩阵具有“主对角线换位置，副对角线填负号”的规律，这样很方便求解，但对分块矩阵不用套用公式.

(2) 初等变换法.

$$(\boldsymbol{A}\quad \boldsymbol{E})\xrightarrow{\text{初等行变换}}(\boldsymbol{E}\quad \boldsymbol{A}^{-1})\ (\text{见第三章}).$$

注:对于阶数 $n(n\geqslant 3)$ 矩阵,采用初等行变换求逆矩阵一般比用伴随矩阵简便,但在用上述方法求逆矩阵时,只允许采用初等行变换.

(3) 分块对角阵求逆.对于分块对角(或副对角)矩阵求逆,可利用如下公式:

$$\begin{pmatrix}\boldsymbol{A}_1 & & \\ & \ddots & \\ & & \boldsymbol{A}_s\end{pmatrix}^{-1}=\begin{pmatrix}\boldsymbol{A}_1^{-1} & & \\ & \ddots & \\ & & \boldsymbol{A}_s^{-1}\end{pmatrix}\quad\text{或}\quad\begin{pmatrix} & & \boldsymbol{A}_1\\ & \iddots & \\ \boldsymbol{A}_s & & \end{pmatrix}^{-1}=\begin{pmatrix} & & \boldsymbol{A}_s^{-1}\\ & \iddots & \\ \boldsymbol{A}_1^{-1} & & \end{pmatrix}.$$

式中,$\boldsymbol{A}_i(i=1,2,\cdots,s)$ 均为可逆矩阵.

对于元素未具体给出的抽象矩阵 $\boldsymbol{A}$,判断其可逆及求逆矩阵常利用如下结论:

结论 设 $\boldsymbol{A}$ 为 n 阶方阵,若存在 n 阶方阵 $\boldsymbol{B}$,使得 $\boldsymbol{AB}=\boldsymbol{E}$(或 $\boldsymbol{BA}=\boldsymbol{E}$),则 $\boldsymbol{A}$ 可逆,且 $\boldsymbol{A}^{-1}=\boldsymbol{B}$.

注:对于需要证 $\boldsymbol{A}$ 可逆又要求出 $\boldsymbol{A}^{-1}$ 的题目,利用上述结论就可将两个问题都解决了,即不必先证 $|\boldsymbol{A}|\neq 0$ 来说明 $\boldsymbol{A}$ 可逆.

第三节 典型例题

例 1 设 $\boldsymbol{A}=\begin{pmatrix}1 & 2-x & 3\\ 2 & 6 & 5z\end{pmatrix}$,$\boldsymbol{B}=\begin{pmatrix}1 & x & 3\\ y & 6 & z-8\end{pmatrix}$,已知 $\boldsymbol{A}=\boldsymbol{B}$,求 x,y,z.

解 因为 $2-x=x,2=y,5z=z-8$,所以 $x=1,y=2,z=-2$.

例 2 已知 $\boldsymbol{A}=\begin{pmatrix}-1 & 2 & 3 & 1\\ 0 & 3 & -2 & 1\\ 4 & 0 & 3 & 2\end{pmatrix}$,$\boldsymbol{B}=\begin{pmatrix}4 & 3 & 2 & -1\\ 5 & -3 & 0 & 1\\ 1 & 2 & -5 & 0\end{pmatrix}$,求 $3\boldsymbol{A}-2\boldsymbol{B}$.

解 $$3\boldsymbol{A}-2\boldsymbol{B}=3\begin{pmatrix}-1 & 2 & 3 & 1\\ 0 & 3 & -2 & 1\\ 4 & 0 & 3 & 2\end{pmatrix}-2\begin{pmatrix}4 & 3 & 2 & -1\\ 5 & -3 & 0 & 1\\ 1 & 2 & -5 & 0\end{pmatrix}=\begin{pmatrix}-3-8 & 6-6 & 9-4 & 3+2\\ 0-10 & 9+6 & -6-0 & 3-2\\ 12-2 & 0-4 & 9+10 & 6-0\end{pmatrix}$$

$$=\begin{pmatrix}-11 & 0 & 5 & 5\\ -10 & 15 & -6 & 1\\ 10 & -4 & 19 & 6\end{pmatrix}.$$

例 3 若 $\boldsymbol{A}=\begin{pmatrix}2 & 3\\ 1 & -2\\ 3 & 1\end{pmatrix}$,$\boldsymbol{B}=\begin{pmatrix}1 & -2 & -3\\ 2 & -1 & 0\end{pmatrix}$,求 $\boldsymbol{AB}$.

解 $$\boldsymbol{AB}=\begin{pmatrix}2 & 3\\ 1 & -2\\ 3 & 1\end{pmatrix}\begin{pmatrix}1 & -2 & -3\\ 2 & -1 & 0\end{pmatrix}=\begin{pmatrix}2\times1+3\times2 & 2\times(-2)+3\times(-1) & 2\times(-3)+3\times0\\ 1\times1+(-2)\times2 & 1\times(-2)+(-2)\times(-1) & 1\times(-3)+(-2)\times0\\ 3\times1+1\times2 & 3\times(-2)+1\times(-1) & 3\times(-3)+1\times0\end{pmatrix}$$

$$=\begin{pmatrix}8 & -7 & -6\\ -3 & 0 & -3\\ 5 & -7 & -9\end{pmatrix}.$$

就此例可继续求解 $\boldsymbol{BA}$.

$$BA=\begin{pmatrix}1 & -2 & -3\\ 2 & -1 & 0\end{pmatrix}\begin{pmatrix}2 & 3\\ 1 & -2\\ 3 & 1\end{pmatrix}=\begin{pmatrix}1\times2+(-2)\times1+(-3)\times3 & 1\times3+(-2)\times(-2)+(-3)\times1\\ 2\times2+(-1)\times1+0\times3 & 2\times3+(-1)\times(-2)+0\times1\end{pmatrix}$$

$$=\begin{pmatrix}-9 & 4\\ 3 & 8\end{pmatrix}.$$

显然 $AB\neq BA$.

例 4　设 $A=(1,0,4)$，$B=\begin{pmatrix}1\\1\\0\end{pmatrix}$.$A$ 是 1×3 矩阵，B 是 3×1 矩阵，因此 AB 有意义，BA 也有意义；但

$$AB=(1,0,4)\begin{pmatrix}1\\1\\0\end{pmatrix}=1\times1+0\times1+4\times0=1,$$

$$BA=\begin{pmatrix}1\\1\\0\end{pmatrix}(1,0,4)=\begin{pmatrix}1\times1 & 1\times0 & 1\times4\\ 1\times1 & 1\times0 & 1\times4\\ 0\times1 & 0\times0 & 0\times4\end{pmatrix}=\begin{pmatrix}1 & 0 & 4\\ 1 & 0 & 4\\ 0 & 0 & 0\end{pmatrix}.$$

例 5　证明：如果 $CA=AC$，$CB=BC$，则有

$$(A+B)C=C(A+B);\quad (AB)C=C(AB).$$

证　因为 $CA=AC$，$CB=BC$，

所以 $(A+B)C=AC+BC=CA+CB=C(A+B)$；

$$(AB)C=A(BC)=A(CB)=(AC)B=(CA)B=C(AB).$$

例 6　解矩阵方程 $\begin{pmatrix}2 & 1\\ 1 & 2\end{pmatrix}X=\begin{pmatrix}1 & 2\\ -1 & 4\end{pmatrix}$，$X$ 为二阶矩阵.

解　设 $X=\begin{pmatrix}x_{11} & x_{12}\\ x_{21} & x_{22}\end{pmatrix}$，由题设有

$$\begin{pmatrix}2 & 1\\ 1 & 2\end{pmatrix}\begin{pmatrix}x_{11} & x_{12}\\ x_{21} & x_{22}\end{pmatrix}=\begin{pmatrix}1 & 2\\ -1 & 4\end{pmatrix};\quad \begin{pmatrix}2x_{11}+x_{21} & 2x_{12}+x_{22}\\ x_{11}+2x_{21} & x_{12}+2x_{22}\end{pmatrix}=\begin{pmatrix}1 & 2\\ -1 & 4\end{pmatrix}.$$

即 $\begin{cases}2x_{11}+x_{21}=1, & (1)\\ x_{11}+2x_{21}=-1; & (2)\end{cases}$　　$\begin{cases}2x_{12}+x_{22}=2, & (3)\\ x_{12}+2x_{22}=4. & (4)\end{cases}$

分别解方程组(1)、(2)和方程组(3)、(4)，得

$$x_{11}=1,\quad x_{21}=-1,\quad x_{12}=0,\quad x_{22}=2.$$

所以 $X=\begin{pmatrix}1 & 0\\ -1 & 2\end{pmatrix}$.

例 7　求已知矩阵的转置：(1) $A=\begin{pmatrix}1 & 2 & -1 & 0\\ -1 & 0 & 1 & 4\\ 2 & 5 & -3 & 1\end{pmatrix}$，(2) $B=(1,2,3,-1)$，

解　$A^{T}=\begin{pmatrix}1 & -1 & 2\\ 2 & 0 & 5\\ -1 & 1 & -3\\ 0 & 4 & 1\end{pmatrix}$.$B^{T}=\begin{pmatrix}1\\2\\3\\-1\end{pmatrix}$.

例 8 已知$\boldsymbol{A}=\begin{pmatrix}2&0&-1\\1&3&2\end{pmatrix}$,$\boldsymbol{B}=\begin{pmatrix}1&7&-1\\4&2&3\\2&0&1\end{pmatrix}$,求$(\boldsymbol{AB})^{\mathrm{T}}$.

解法 1 因为$\boldsymbol{AB}=\begin{pmatrix}2&0&-1\\1&3&2\end{pmatrix}\begin{pmatrix}1&7&-1\\4&2&3\\2&0&1\end{pmatrix}=\begin{pmatrix}0&14&-3\\17&13&10\end{pmatrix}$,

所以$(\boldsymbol{AB})^{\mathrm{T}}=\begin{pmatrix}0&17\\14&13\\-3&10\end{pmatrix}$.

解法 2 $(\boldsymbol{AB})^{\mathrm{T}}=\boldsymbol{B}^{\mathrm{T}}\boldsymbol{A}^{\mathrm{T}}=\begin{pmatrix}1&4&2\\7&2&0\\-1&3&1\end{pmatrix}\begin{pmatrix}2&1\\0&3\\-1&2\end{pmatrix}=\begin{pmatrix}0&17\\14&13\\-3&10\end{pmatrix}$.

例 9 设$\boldsymbol{A}=\begin{pmatrix}\lambda&1&0\\0&\lambda&1\\0&0&\lambda\end{pmatrix}$,求$\boldsymbol{A}^3$.

解 $\boldsymbol{A}^2=\begin{pmatrix}\lambda&1&0\\0&\lambda&1\\0&0&\lambda\end{pmatrix}\begin{pmatrix}\lambda&1&0\\0&\lambda&1\\0&0&\lambda\end{pmatrix}=\begin{pmatrix}\lambda^2&2\lambda&1\\0&\lambda^2&2\lambda\\0&0&\lambda^2\end{pmatrix}$,

$$\boldsymbol{A}^3=\boldsymbol{A}^2\boldsymbol{A}=\begin{pmatrix}\lambda^2&2\lambda&1\\0&\lambda^2&2\lambda\\0&0&\lambda^2\end{pmatrix}\begin{pmatrix}\lambda&1&0\\0&\lambda&1\\0&0&\lambda\end{pmatrix}=\begin{pmatrix}\lambda^3&3\lambda^2&3\lambda\\0&\lambda^3&3\lambda^2\\0&0&\lambda^3\end{pmatrix}.$$

例 10 设$\boldsymbol{A}=\begin{pmatrix}1&0&-1\\2&1&0\\3&2&-1\end{pmatrix}$,$\boldsymbol{B}=\begin{pmatrix}-2&1&0\\0&3&1\\0&0&2\end{pmatrix}$,则

$$\boldsymbol{AB}=\begin{pmatrix}-2&1&-2\\-4&5&1\\-6&9&0\end{pmatrix},\quad |\boldsymbol{AB}|=\begin{vmatrix}-2&1&-2\\-4&5&1\\-6&9&0\end{vmatrix}=24;$$

又

$$|\boldsymbol{A}|=\begin{vmatrix}1&0&-1\\2&1&0\\3&2&-1\end{vmatrix}=-2,\quad |\boldsymbol{B}|=\begin{vmatrix}-2&1&0\\0&3&1\\0&0&2\end{vmatrix}=-12,$$

因此 $|\boldsymbol{AB}|=24=(-2)(-12)=|\boldsymbol{A}||\boldsymbol{B}|$.

例 11 如果$\boldsymbol{A}=\begin{pmatrix}a_1&0&\cdots&0\\0&a_2&\cdots&0\\\vdots&\vdots&&\vdots\\0&0&\cdots&a_n\end{pmatrix}$,其中$a_i\neq0(i=1,2\cdots,n)$,验证

$$A^{-1}=\begin{pmatrix}1/a_1 & 0 & \cdots & 0\\ 0 & 1/a_2 & \cdots & 0\\ \vdots & \vdots & & \vdots\\ 0 & 0 & \cdots & 1/a_n\end{pmatrix}.$$

证　因为$\begin{pmatrix}a_1 & 0 & \cdots & 0\\ 0 & a_2 & \cdots & 0\\ \vdots & \vdots & & \vdots\\ 0 & 0 & \cdots & a_n\end{pmatrix}\begin{pmatrix}1/a_1 & 0 & \cdots & 0\\ 0 & 1/a_2 & \cdots & 0\\ \vdots & \vdots & & \vdots\\ 0 & 0 & \cdots & 1/a_n\end{pmatrix}=\begin{pmatrix}1 & 0 & \cdots & 0\\ 0 & 1 & \cdots & 0\\ \vdots & \vdots & & \vdots\\ 0 & 0 & \cdots & 1\end{pmatrix}$

$$=\begin{pmatrix}1/a_1 & 0 & \cdots & 0\\ 0 & 1/a_2 & \cdots & 0\\ \vdots & \vdots & & \vdots\\ 0 & 0 & \cdots & 1/a_n\end{pmatrix}\begin{pmatrix}a_1 & 0 & \cdots & 0\\ 0 & a_2 & \cdots & 0\\ \vdots & \vdots & & \vdots\\ 0 & 0 & \cdots & a_n\end{pmatrix},$$

所以$A^{-1}=\begin{pmatrix}1/a_1 & 0 & \cdots & 0\\ 0 & 1/a_2 & \cdots & 0\\ \vdots & \vdots & & \vdots\\ 0 & 0 & \cdots & 1/a_n\end{pmatrix}$.

例 12　证明矩阵$A=\begin{pmatrix}1 & 0\\ 0 & 0\end{pmatrix}$无逆矩阵.

证　假定A有逆矩阵$B=(b_{ij})_{2\times2}$,使$AB=BA=E_2$,则

$$\begin{pmatrix}1 & 0\\ 0 & 0\end{pmatrix}\begin{pmatrix}b_{11} & b_{12}\\ b_{21} & b_{22}\end{pmatrix}=\begin{pmatrix}b_{11} & b_{12}\\ 0 & 0\end{pmatrix}=E_2=\begin{pmatrix}1 & 0\\ 0 & 1\end{pmatrix}.$$

但这是不可能的,因为由$\begin{pmatrix}b_{11} & b_{12}\\ 0 & 0\end{pmatrix}=\begin{pmatrix}1 & 0\\ 0 & 1\end{pmatrix}$将推出$0=1$的谬论来,因此$A$无逆矩阵.

例 13　矩阵$A=\begin{pmatrix}1 & 0 & 1\\ 2 & 1 & 0\\ -3 & 2 & -5\end{pmatrix}$,求矩阵$A$的伴随矩阵$A^*$.

解　按定义,因为

$$A_{11}=\begin{vmatrix}1 & 0\\ 2 & -5\end{vmatrix}=-5,\quad A_{12}=-\begin{vmatrix}2 & 0\\ -3 & -5\end{vmatrix}=10,\quad A_{13}=\begin{vmatrix}2 & 1\\ -3 & 2\end{vmatrix}=7,$$

$$A_{21}=-\begin{vmatrix}0 & 1\\ 2 & -5\end{vmatrix}=2,\quad A_{22}=\begin{vmatrix}1 & 1\\ -3 & -5\end{vmatrix}=-2,\quad A_{23}=-\begin{vmatrix}1 & 0\\ -3 & 2\end{vmatrix}=-2,$$

$$A_{31}=\begin{vmatrix}0 & 1\\ 1 & 0\end{vmatrix}=-1,\quad A_{32}=-\begin{vmatrix}1 & 1\\ 2 & 0\end{vmatrix}=2,\quad A_{33}=\begin{vmatrix}1 & 0\\ 2 & 1\end{vmatrix}=1,$$

所以$A^*=\begin{pmatrix}A_{11} & A_{21} & A_{31}\\ A_{12} & A_{22} & A_{32}\\ A_{13} & A_{23} & A_{33}\end{pmatrix}=\begin{pmatrix}-5 & 2 & -1\\ 10 & -2 & 2\\ 7 & -2 & 1\end{pmatrix}$.

例 14　设A、B、C均为n阶矩阵,且满足$ABC=E$,则下式中哪些必定成立,理由是什么?

(1) $BAC=E$;　(2) $BCA=E$;　(3) $ACB=E$;　(4) $CBA=E$;　(5) $CAB=E$.

解 由 $\boldsymbol{ABC}=\boldsymbol{E}$,有$(\boldsymbol{AB})\boldsymbol{C}=\boldsymbol{E}$ 或 $\boldsymbol{A}(\boldsymbol{BC})=\boldsymbol{E}$.根据可逆矩阵的定义,前者表明 $\boldsymbol{AB}$ 与 $\boldsymbol{C}$ 互为逆矩阵,则有$(\boldsymbol{AB})\boldsymbol{C}=\boldsymbol{C}(\boldsymbol{AB})=\boldsymbol{CAB}=\boldsymbol{E}$;后者表明 $\boldsymbol{A}$ 与 $\boldsymbol{BC}$ 互为逆矩阵,可推出 $\boldsymbol{A}(\boldsymbol{BC})=(\boldsymbol{BC})\boldsymbol{A}=\boldsymbol{BCA}=\boldsymbol{E}$.因此,(2)与(5)必定成立.

例 15 求例 13 中矩阵 $\boldsymbol{A}$ 的逆矩阵 $\boldsymbol{A}^{-1}$.

解 因为 $|\boldsymbol{A}|=\begin{vmatrix}1&0&1\\2&1&0\\-3&2&-5\end{vmatrix}=2\neq0$,

利用例 13 的结果,已知 $\boldsymbol{A}^*=\begin{pmatrix}-5&2&-1\\10&-2&2\\7&-2&1\end{pmatrix}$,

所以 $\boldsymbol{A}^{-1}=\dfrac{1}{|\boldsymbol{A}|}\boldsymbol{A}^*=\dfrac{1}{2}\begin{pmatrix}-5&2&-1\\10&-2&2\\7&-2&1\end{pmatrix}=\begin{pmatrix}-5/2&1&-1/2\\5&-1&1\\7/2&-1&1/2\end{pmatrix}$.

例 16 已知 $\boldsymbol{A}=\begin{pmatrix}1&0&0&0&0\\0&2&0&0&0\\0&0&3&0&0\\0&0&0&4&0\\0&0&0&0&5\end{pmatrix}$,试用伴随矩阵法求 $\boldsymbol{A}^{-1}$.

解 因 $|\boldsymbol{A}|=5!\neq0$,故 $\boldsymbol{A}^{-1}$存在.由伴随矩阵法得

$$\boldsymbol{A}^{-1}=\frac{\boldsymbol{A}^*}{|\boldsymbol{A}|}=\frac{1}{5!}\begin{pmatrix}2\cdot3\cdot4\cdot5&0&0&0&0\\0&1\cdot3\cdot4\cdot5&0&0&0\\0&0&1\cdot2\cdot4\cdot5&0&0\\0&0&0&1\cdot2\cdot3\cdot5&0\\0&0&0&0&1\cdot2\cdot3\cdot4\end{pmatrix}$$

$$=\begin{pmatrix}1&0&0&0&0\\0&1/2&0&0&0\\0&0&1/3&0&0\\0&0&0&1/4&0\\0&0&0&0&1/5\end{pmatrix}.$$

例 17 设 $\boldsymbol{A}$、$\boldsymbol{B}$、$\boldsymbol{C}$ 是同阶矩阵,且 $\boldsymbol{A}$ 可逆,判断下列结论是否正确,如果正确,试证明;如果不正确,试举反例说明.

(1) 若 $\boldsymbol{AB}=\boldsymbol{AC}$,则 $\boldsymbol{B}=\boldsymbol{C}$;

(2) 若 $\boldsymbol{AB}=\boldsymbol{CB}$,则 $\boldsymbol{A}=\boldsymbol{C}$.

解 (1) 正确.因为若 $\boldsymbol{AB}=\boldsymbol{AC}$,则等式两边左乘以 $\boldsymbol{A}^{-1}$,有

$\boldsymbol{A}^{-1}\boldsymbol{AB}=\boldsymbol{A}^{-1}\boldsymbol{AC}\Rightarrow\boldsymbol{EB}=\boldsymbol{EC}\Rightarrow\boldsymbol{B}=\boldsymbol{C}$.证毕.

(2) 不正确.例如,设 $\boldsymbol{A}=\begin{pmatrix}1&2\\0&1\end{pmatrix}$,$\boldsymbol{B}=\begin{pmatrix}1&1\\1&1\end{pmatrix}$,$\boldsymbol{C}=\begin{pmatrix}3&0\\0&1\end{pmatrix}$,

则 $\boldsymbol{AB}=\begin{pmatrix}1&2\\0&1\end{pmatrix}\begin{pmatrix}1&1\\1&1\end{pmatrix}=\begin{pmatrix}3&3\\1&1\end{pmatrix}$,$\boldsymbol{CB}=\begin{pmatrix}3&0\\0&1\end{pmatrix}\begin{pmatrix}1&1\\1&1\end{pmatrix}=\begin{pmatrix}3&3\\1&1\end{pmatrix}$.

显然有 $\boldsymbol{AB}=\boldsymbol{AC}$,但 $\boldsymbol{A}\neq\boldsymbol{C}$.

例 18　设矩阵 $\boldsymbol{A}$、$\boldsymbol{B}$ 满足 $\boldsymbol{A}^*\boldsymbol{BA}=2\boldsymbol{BA}-8\boldsymbol{E}$,其中 $\boldsymbol{A}=\begin{pmatrix}1&&\\&-2&\\&&1\end{pmatrix}$,$\boldsymbol{A}^*$ 为 $\boldsymbol{A}$ 的伴随矩阵,$\boldsymbol{E}$ 为单位矩阵,求矩阵 $\boldsymbol{B}$.

解　由于 $|\boldsymbol{A}|=-2\neq0$,故 $\boldsymbol{A}$ 可逆,从而 $\boldsymbol{A}^*=|\boldsymbol{A}|\cdot\boldsymbol{A}^{-1}=-2\boldsymbol{A}^{-1}$.
又 $\boldsymbol{A}^*\boldsymbol{BA}=2\boldsymbol{BA}-8\boldsymbol{E}\Rightarrow\boldsymbol{A}^*\boldsymbol{BA}-2\boldsymbol{BA}=-8\boldsymbol{E}\Rightarrow(\boldsymbol{A}^*-2\boldsymbol{E})\boldsymbol{BA}=-8\boldsymbol{E}$,

其中,$\boldsymbol{A}^*-2\boldsymbol{E}=-2\boldsymbol{A}^{-1}-2\boldsymbol{E}=-2\left[\begin{pmatrix}1&&\\&-1/2&\\&&1\end{pmatrix}+\begin{pmatrix}1&&\\&1&\\&&1\end{pmatrix}\right]=\begin{pmatrix}-4&&\\&-1&\\&&-4\end{pmatrix}$,

显然 $\boldsymbol{A}^*-2\boldsymbol{E}$ 可逆,因此得到

$$\begin{aligned}\boldsymbol{B}&=(\boldsymbol{A}^*-2\boldsymbol{E})^{-1}(-8\boldsymbol{E})\boldsymbol{A}^{-1}=-8\,(\boldsymbol{A}^*-2\boldsymbol{E})^{-1}\boldsymbol{A}^{-1}\\&=(-8)\begin{pmatrix}-1/4&&\\&-1&\\&&-1/4\end{pmatrix}\begin{pmatrix}1&&\\&-1/2&\\&&1\end{pmatrix}=\begin{pmatrix}2&&\\&-4&\\&&2\end{pmatrix}.\end{aligned}$$

例 19　设矩阵 $\boldsymbol{A}=\begin{pmatrix}1&0&1&3\\0&1&2&4\\0&0&-1&0\\0&0&0&-1\end{pmatrix}$,$\boldsymbol{B}=\begin{pmatrix}1&2&0&0\\2&0&0&0\\6&3&1&0\\0&-2&0&1\end{pmatrix}$,用分块矩阵计算 $k\boldsymbol{A}$,$\boldsymbol{A}+\boldsymbol{B}$.

解　将矩阵 $\boldsymbol{A}$、$\boldsymbol{B}$ 分块如下:

$$\boldsymbol{A}=\begin{pmatrix}1&0&1&3\\0&1&2&4\\0&0&-1&0\\0&0&0&-1\end{pmatrix}=\begin{pmatrix}\boldsymbol{E}&\boldsymbol{C}\\\boldsymbol{O}&-\boldsymbol{E}\end{pmatrix},\quad\boldsymbol{B}=\begin{pmatrix}1&2&0&0\\2&0&0&0\\6&3&1&0\\0&-2&0&1\end{pmatrix}=\begin{pmatrix}\boldsymbol{D}&\boldsymbol{O}\\\boldsymbol{F}&\boldsymbol{E}\end{pmatrix},$$

则 $k\boldsymbol{A}=k\begin{pmatrix}\boldsymbol{E}&\boldsymbol{C}\\\boldsymbol{O}&-\boldsymbol{E}\end{pmatrix}=\begin{pmatrix}k\boldsymbol{E}&k\boldsymbol{C}\\\boldsymbol{O}&-k\boldsymbol{E}\end{pmatrix}=\begin{pmatrix}k&0&k&3k\\0&k&2k&4k\\0&0&-k&0\\0&0&0&-k\end{pmatrix}$.

$$\boldsymbol{A}+\boldsymbol{B}=\begin{pmatrix}\boldsymbol{E}&\boldsymbol{C}\\\boldsymbol{O}&-\boldsymbol{E}\end{pmatrix}+\begin{pmatrix}\boldsymbol{D}&\boldsymbol{O}\\\boldsymbol{F}&\boldsymbol{E}\end{pmatrix}=\begin{pmatrix}\boldsymbol{E}+\boldsymbol{D}&\boldsymbol{C}\\\boldsymbol{F}&\boldsymbol{O}\end{pmatrix}=\begin{pmatrix}2&2&1&3\\2&1&2&4\\6&3&0&0\\0&-2&0&0\end{pmatrix}.$$

例 20　设 $\boldsymbol{A}=\begin{pmatrix}1&0&0&0\\0&1&0&0\\-1&2&1&0\\1&1&0&1\end{pmatrix}$,$\boldsymbol{B}=\begin{pmatrix}1&0&1&0\\-1&2&0&1\\1&0&4&1\\-1&-1&2&0\end{pmatrix}$,用分块矩阵计算 $\boldsymbol{AB}$.

解　先将矩阵 $\boldsymbol{A}$、$\boldsymbol{B}$ 分块成

$$\boldsymbol{A}=\begin{pmatrix}\boldsymbol{E}&\boldsymbol{O}\\\boldsymbol{A}_1&\boldsymbol{E}\end{pmatrix},\quad\boldsymbol{B}=\begin{pmatrix}\boldsymbol{B}_{11}&\boldsymbol{E}\\\boldsymbol{B}_{21}&\boldsymbol{B}_{22}\end{pmatrix},$$

则 $\boldsymbol{AB}=\begin{pmatrix}\boldsymbol{E} & \boldsymbol{O}\\ \boldsymbol{A}_1 & \boldsymbol{E}\end{pmatrix}\cdot\begin{pmatrix}\boldsymbol{B}_{11} & \boldsymbol{E}\\ \boldsymbol{B}_{21} & \boldsymbol{B}_{22}\end{pmatrix}=\begin{pmatrix}\boldsymbol{B}_{11} & \boldsymbol{E}\\ \boldsymbol{A}_1\boldsymbol{B}_{11}+\boldsymbol{B}_{21} & \boldsymbol{A}_1+\boldsymbol{B}_{22}\end{pmatrix}$.

又 $\boldsymbol{A}_1\boldsymbol{B}_{11}+\boldsymbol{B}_{21}=\begin{pmatrix}-1 & 2\\ 1 & 1\end{pmatrix}\begin{pmatrix}1 & 0\\ -1 & 2\end{pmatrix}+\begin{pmatrix}1 & 0\\ -1 & -1\end{pmatrix}=\begin{pmatrix}-3 & 4\\ 0 & 2\end{pmatrix}+\begin{pmatrix}1 & 0\\ -1 & -1\end{pmatrix}=\begin{pmatrix}-2 & 4\\ -1 & 1\end{pmatrix}$,

$\boldsymbol{A}_1+\boldsymbol{B}_{22}=\begin{pmatrix}-1 & 2\\ 1 & 1\end{pmatrix}+\begin{pmatrix}4 & 1\\ 2 & 0\end{pmatrix}=\begin{pmatrix}3 & 3\\ 3 & 1\end{pmatrix}$,

$$\boldsymbol{AB}=\begin{pmatrix}\boldsymbol{B}_{11} & \boldsymbol{E}\\ \boldsymbol{A}_1\boldsymbol{B}_{11}+\boldsymbol{B}_{21} & \boldsymbol{A}_1+\boldsymbol{B}_{22}\end{pmatrix}=\begin{pmatrix}1 & 0 & 1 & 0\\ -1 & 2 & 0 & 1\\ -2 & 4 & 3 & 3\\ -1 & 1 & 3 & 1\end{pmatrix}.$$

例 21 设 $\boldsymbol{A}=\begin{pmatrix}5 & 0 & 0\\ 0 & 3 & 1\\ 0 & 2 & 1\end{pmatrix}$,求 $\boldsymbol{A}^{-1}$.

解 $\boldsymbol{A}=\begin{pmatrix}5 & 0 & 0\\ 0 & 3 & 1\\ 0 & 2 & 1\end{pmatrix}=\begin{pmatrix}\boldsymbol{A}_1 & \boldsymbol{O}\\ \boldsymbol{O} & \boldsymbol{A}_2\end{pmatrix}$,

$\boldsymbol{A}_1=(5)$,$\boldsymbol{A}_2=\begin{pmatrix}3 & 1\\ 2 & 1\end{pmatrix}$,$\boldsymbol{A}_1^{-1}=\left(\frac{1}{5}\right)$,$\boldsymbol{A}_2^{-1}=\begin{pmatrix}1 & -1\\ -2 & 3\end{pmatrix}$;

$$\boldsymbol{A}^{-1}=\begin{pmatrix}\boldsymbol{A}_1^{-1} & \boldsymbol{O}\\ \boldsymbol{O} & \boldsymbol{A}_2^{-1}\end{pmatrix}=\begin{pmatrix}1/5 & 0 & 0\\ 0 & 1 & -1\\ 0 & -2 & 3\end{pmatrix}.$$

例 22 已知 $\boldsymbol{A}^{\mathrm{T}}\boldsymbol{A}=\boldsymbol{O}$,证明 $\boldsymbol{A}=\boldsymbol{O}$.

证 设 $\boldsymbol{A}=(a_{ij})_{m\times n}$,把 $\boldsymbol{A}$ 用列向量表示为 $\boldsymbol{A}=(\boldsymbol{\alpha}_1,\boldsymbol{\alpha}_2,\cdots,\boldsymbol{\alpha}_n)$,

则
$$\boldsymbol{A}^{\mathrm{T}}\boldsymbol{A}=\begin{pmatrix}\boldsymbol{\alpha}_1^{\mathrm{T}}\\ \boldsymbol{\alpha}_2^{\mathrm{T}}\\ \vdots\\ \boldsymbol{\alpha}_n^{\mathrm{T}}\end{pmatrix}(\boldsymbol{\alpha}_1,\boldsymbol{\alpha}_2,\cdots,\boldsymbol{\alpha}_n)=\begin{pmatrix}\boldsymbol{\alpha}_1^{\mathrm{T}}\boldsymbol{\alpha}_1 & \boldsymbol{\alpha}_1^{\mathrm{T}}\boldsymbol{\alpha}_2 & \cdots & \boldsymbol{\alpha}_1^{\mathrm{T}}\boldsymbol{\alpha}_n\\ \boldsymbol{\alpha}_2^{\mathrm{T}}\boldsymbol{\alpha}_1 & \boldsymbol{\alpha}_2^{\mathrm{T}}\boldsymbol{\alpha}_2 & \cdots & \boldsymbol{\alpha}_2^{\mathrm{T}}\boldsymbol{\alpha}_n\\ \vdots & \vdots & & \vdots\\ \boldsymbol{\alpha}_n^{\mathrm{T}}\boldsymbol{\alpha}_1 & \boldsymbol{\alpha}_n^{\mathrm{T}}\boldsymbol{\alpha}_2 & \cdots & \boldsymbol{\alpha}_n^{\mathrm{T}}\boldsymbol{\alpha}_n\end{pmatrix},$$

即 $\boldsymbol{A}^{\mathrm{T}}\boldsymbol{A}$ 的(i,j)元为 $\boldsymbol{\alpha}_i^{\mathrm{T}}\boldsymbol{\alpha}_j$,因 $\boldsymbol{A}^{\mathrm{T}}\boldsymbol{A}=\boldsymbol{O}$,故 $\boldsymbol{\alpha}_i^{\mathrm{T}}\boldsymbol{\alpha}_j=0(i,j=1,2,\cdots,n)$.
特别地,有 $\boldsymbol{\alpha}_j^{\mathrm{T}}\boldsymbol{\alpha}_j=\boldsymbol{0}(j=1,2,\cdots,n)$,而

$$\boldsymbol{\alpha}_j^{\mathrm{T}}\boldsymbol{\alpha}_j=(a_{1j},a_{2j},\cdots,a_{mj})\begin{pmatrix}a_{1j}\\ a_{2j}\\ \vdots\\ a_{mj}\end{pmatrix}=a_{1j}^2+a_{2j}^2+\cdots+a_{mj}^2.$$

由 $a_{1j}^2+a_{2j}^2+\cdots+a_{mj}^2=0$(因 a_{ij} 为实数),得 $a_{1j}=a_{2j}=\cdots=a_{mj}=0(j=1,2,\cdots,n)$,即 $\boldsymbol{A}=\boldsymbol{O}$.

第四节 习题详解

1. 选择题:

(1) 设 $\boldsymbol{A}$、$\boldsymbol{B}$ 为 n 阶矩阵,满足等式 $\boldsymbol{AB}=\boldsymbol{O}$,则必有(　　).

A. $\boldsymbol{A}=\boldsymbol{O}$ 或 $\boldsymbol{B}=\boldsymbol{O}$

B. $\boldsymbol{A}+\boldsymbol{B}=\boldsymbol{O}$

C. $|\boldsymbol{A}|=0$ 或 $|\boldsymbol{B}|=0$

D. $|\boldsymbol{A}|+|\boldsymbol{B}|=0$

答案:C.　　$\boldsymbol{AB}=\boldsymbol{O}\Rightarrow|\boldsymbol{AB}|=0\Rightarrow|\boldsymbol{A}|\cdot|\boldsymbol{B}|=0$.

(2) 设 $\boldsymbol{A}$、$\boldsymbol{B}$ 为 n 阶矩阵,则下列命题中正确的是(　　).

A. $\boldsymbol{AB}=\boldsymbol{O}$ 的充分必要条件是 $\boldsymbol{A}=\boldsymbol{O}$ 且 $\boldsymbol{B}=\boldsymbol{O}$

B. $|\boldsymbol{A}|=0$ 的充分必要条件是 $\boldsymbol{A}=\boldsymbol{O}$

C. $|\boldsymbol{AB}|=0$ 的充分必要条件是 $|\boldsymbol{A}|=0$ 或 $|\boldsymbol{B}|=0$

D. $\boldsymbol{A}=\boldsymbol{E}$ 的充分必要条件是 $|\boldsymbol{A}|=1$

答案:C.　　A 为充分条件,B 为充分条件,D 为必要条件.

(3) 设 $\boldsymbol{A}$、$\boldsymbol{B}$ 均为 n 阶可逆矩阵,且 $\boldsymbol{AB}=\boldsymbol{BA}$,则下列等式中错误的是(　　).

A. $\boldsymbol{A}^{-1}\boldsymbol{B}=\boldsymbol{B}\boldsymbol{A}^{-1}$

B. $\boldsymbol{A}\boldsymbol{B}^{-1}=\boldsymbol{B}^{-1}\boldsymbol{A}$

C. $\boldsymbol{A}^{-1}\boldsymbol{B}^{-1}=\boldsymbol{B}^{-1}\boldsymbol{A}^{-1}$

D. $\boldsymbol{B}\boldsymbol{A}^{-1}=\boldsymbol{A}\boldsymbol{B}^{-1}$

答案:D.

(4) 设 $\boldsymbol{A}$、$\boldsymbol{B}$ 均为 n 阶可逆矩阵,则下列公式中正确的是(　　).

A. $(k\boldsymbol{A})^{-1}=k\boldsymbol{A}^{-1}(k\neq0)$

B. $(\boldsymbol{A}^2)^{-1}=(\boldsymbol{A}^{-1})^2$

C. $(\boldsymbol{A}+\boldsymbol{B})^{-1}=\boldsymbol{A}^{-1}+\boldsymbol{B}^{-1}$

D. $(\boldsymbol{A}^{-1}+\boldsymbol{B}^{-1})^{-1}=\boldsymbol{A}+\boldsymbol{B}$

答案:B.　　$(\boldsymbol{A}^2)^{-1}=(\boldsymbol{AA})^{-1}=\boldsymbol{A}^{-1}\boldsymbol{A}^{-1}=(\boldsymbol{A}^{-1})^2$.

(5) 设 $\boldsymbol{A}=\begin{pmatrix}\boldsymbol{A}_1 & \boldsymbol{B}\\ \boldsymbol{O} & \boldsymbol{A}_2\end{pmatrix}$,其中 $\boldsymbol{A}_1$、$\boldsymbol{A}_2$ 均为 n 阶矩阵,若 $\boldsymbol{A}$ 可逆,则(　　).

A. $\boldsymbol{A}_1$ 可逆,$\boldsymbol{A}_2$ 的可逆性不定

B. $\boldsymbol{A}_2$ 可逆,$\boldsymbol{A}_1$ 的可逆性不定

C. $\boldsymbol{A}_1$、$\boldsymbol{A}_2$ 都可逆

D. $\boldsymbol{A}_1$、$\boldsymbol{A}_2$ 的可逆性都不定

答案:C.　　若 $\boldsymbol{A}$ 可逆,则有 $\boldsymbol{C}=\begin{pmatrix}\boldsymbol{C}_1 & \boldsymbol{C}_2\\ \boldsymbol{C}_3 & \boldsymbol{C}_4\end{pmatrix}$,使 $\boldsymbol{AC}=\boldsymbol{E}$,

即 $\begin{pmatrix}\boldsymbol{A}_1 & \boldsymbol{B}\\ \boldsymbol{O} & \boldsymbol{A}_2\end{pmatrix}\begin{pmatrix}\boldsymbol{C}_1 & \boldsymbol{C}_2\\ \boldsymbol{C}_3 & \boldsymbol{C}_4\end{pmatrix}=\begin{pmatrix}\boldsymbol{E}_1 & \boldsymbol{O}\\ \boldsymbol{O} & \boldsymbol{E}_2\end{pmatrix}$.

① $\boldsymbol{A}_2\boldsymbol{C}_4=\boldsymbol{E}_2\Rightarrow\boldsymbol{C}_4=\boldsymbol{A}_2^{-1}$;

② $\boldsymbol{A}_2\boldsymbol{C}_3=\boldsymbol{O}\Rightarrow\boldsymbol{C}_3=\boldsymbol{A}_2^{-1}\boldsymbol{O}=\boldsymbol{O}$;

③ $\boldsymbol{A}_1\boldsymbol{C}_1+\boldsymbol{B}\boldsymbol{C}_3=\boldsymbol{E}_1\Rightarrow\boldsymbol{A}_1\boldsymbol{C}_1=\boldsymbol{E}_1\Rightarrow\boldsymbol{C}_1=\boldsymbol{A}_1^{-1}$;

④ $\boldsymbol{A}_1\boldsymbol{C}_2+\boldsymbol{B}\boldsymbol{C}_4=\boldsymbol{O}\Rightarrow\boldsymbol{A}_1\boldsymbol{C}_2+\boldsymbol{B}\boldsymbol{A}_2^{-1}=\boldsymbol{O}\Rightarrow\boldsymbol{C}_2=-\boldsymbol{A}_1^{-1}\boldsymbol{B}\boldsymbol{A}_2^{-1}$.

2. 填空题:

(1) 设 $\boldsymbol{A}$、$\boldsymbol{B}$、$\boldsymbol{C}$ 均为 n 阶矩阵,且 $\boldsymbol{AB}=\boldsymbol{BC}=\boldsymbol{CA}=\boldsymbol{E}$,则 $\boldsymbol{A}^2+\boldsymbol{B}^2+\boldsymbol{C}^2=$______.

解 因为
$$\left.\begin{array}{l}\left.\begin{array}{l}AB=E\Rightarrow B=A^{-1}\\CA=E\Rightarrow C=A^{-1}\end{array}\right\}\Rightarrow B=C\\\left.\begin{array}{l}AB=E\Rightarrow A=B^{-1}\\BC=E\Rightarrow C=B^{-1}\end{array}\right\}\Rightarrow A=C\end{array}\right\}A=B=C=A^{-1},$$
所以 $A^2+B^2+C^2=3A^2=3AA^{-1}=3E$.

(2) 设 A 为三阶方阵,且 $|A|=6$,则 $|3A^{-1}-A^*|=$________.

解 因为 $AA^*=|A|E\Rightarrow|A||A^*|=|A|^n\Rightarrow|A^*|=|A|^{n-1}(|A|\neq0)$,

所以 $|3A^{-1}-A^*|=\left|3\dfrac{1}{|A|}A^*-A^*\right|=\left(-\dfrac{1}{2}\right)^3|A^*|=\left(-\dfrac{1}{2}\right)^3\times6^2=-\dfrac{9}{2}$.

(3) 若 A、B 均为三阶方阵,且 $|A|=2,B=-2E$,则 $|AB|=$________.

解 $|AB|=|A||B|=|A||-2E|=|A|\cdot(-2)^3=-16$.

(4) 设 $A=\begin{pmatrix}1&0&0\\2&2&0\\3&4&5\end{pmatrix}$,则 $(A^*)^{-1}=$________.

解 因为 $AA^*=|A|E\Rightarrow\left[\dfrac{1}{|A|}A\right]A^*=E\Rightarrow(A^*)^{-1}=\dfrac{1}{|A|}A$,

所以 $(A^*)^{-1}=\dfrac{1}{10}\begin{pmatrix}1&0&0\\2&2&0\\3&4&5\end{pmatrix}$.

(5) 若 n 阶方阵 A、B 满足 $AB=A+B$,则 $(A-E)^{-1}=$________.

解 因为 $AB=A+B\Rightarrow AB-A-B=O\Rightarrow AB-A-B+E=E\Rightarrow(A-E)(B-E)=E$,
所以 $(A-E)^{-1}=B-E$.

3. 已知 $A=\begin{pmatrix}2&4&1\\-1&-2&0\\3&0&0\end{pmatrix},B=\begin{pmatrix}3&-4&-1\\1&0&2\\-3&1&1\end{pmatrix}$,求 $2A-3B$.

解 $2A-3B=\begin{pmatrix}4&8&2\\-2&-4&0\\6&0&0\end{pmatrix}-\begin{pmatrix}9&-12&-3\\3&0&6\\-9&3&3\end{pmatrix}=\begin{pmatrix}-5&20&5\\-5&-4&-6\\15&-3&-3\end{pmatrix}$.

4. 已知 $A=\begin{pmatrix}2&1\\1&-1\\4&3\\0&3\end{pmatrix},B=\begin{pmatrix}1&3&-1\\0&1&-2\\1&-3&1\\2&0&1\end{pmatrix}$,求 A^TB.

解 $A^TB=\begin{pmatrix}2&1&4&0\\1&-1&3&3\end{pmatrix}\begin{pmatrix}1&3&-1\\0&1&-2\\1&-3&1\\2&0&1\end{pmatrix}=\begin{pmatrix}6&-5&0\\10&-7&7\end{pmatrix}$.

5. 求下列矩阵的逆:

(1) $\begin{pmatrix}\cos\theta&-\sin\theta\\\sin\theta&\cos\theta\end{pmatrix}$;　(2) $\begin{pmatrix}1&2&3\\4&5&8\\3&4&6\end{pmatrix}$;　(3) $\begin{pmatrix}1&2&-1\\3&4&-2\\5&-4&1\end{pmatrix}$;

(4) $\begin{pmatrix} 3 & -2 & 0 & -1 \\ 0 & 2 & 2 & 1 \\ 1 & -2 & -3 & -2 \\ 0 & 1 & 2 & 1 \end{pmatrix}$；　(5) $\begin{pmatrix} a_1 & 0 & \cdots & 0 \\ 0 & a_2 & \cdots & 0 \\ \vdots & \vdots & & \vdots \\ 0 & 0 & \cdots & a_n \end{pmatrix}$；　(6) $\begin{pmatrix} 5 & 2 & 0 & 0 \\ 2 & 1 & 0 & 0 \\ 0 & 0 & 4 & -2 \\ 0 & 0 & 1 & 3 \end{pmatrix}$.

解　(1) 因为 $|\boldsymbol{A}|=1$,

$$\boldsymbol{A}^*=\begin{pmatrix} \cos\theta & \sin\theta \\ -\sin\theta & \cos\theta \end{pmatrix},$$

所以 $\boldsymbol{A}^{-1}=\dfrac{1}{|\boldsymbol{A}|}\boldsymbol{A}^*=\boldsymbol{A}^*=\begin{pmatrix} \cos\theta & \sin\theta \\ \sin\theta & \cos\theta \end{pmatrix}$.

(2) 因为 $|\boldsymbol{A}|=1$,

$$\boldsymbol{A}^*=\begin{pmatrix} -2 & 0 & 1 \\ 0 & -3 & 4 \\ 1 & 2 & -3 \end{pmatrix},$$

所以 $\boldsymbol{A}^{-1}=\dfrac{1}{|\boldsymbol{A}|}\boldsymbol{A}^*=\boldsymbol{A}^*=\begin{pmatrix} -2 & 0 & 1 \\ 0 & -3 & 4 \\ 1 & 2 & -3 \end{pmatrix}$.

(3) $|\boldsymbol{A}|=2$,

$$\boldsymbol{A}^*=\begin{pmatrix} -4 & 2 & 0 \\ -13 & 6 & -1 \\ -32 & 14 & -2 \end{pmatrix},$$

$$\boldsymbol{A}^{-1}=\frac{1}{|\boldsymbol{A}|}\boldsymbol{A}^*=\begin{pmatrix} -2 & 1 & 0 \\ -\dfrac{13}{2} & 3 & -\dfrac{1}{2} \\ -16 & 7 & -1 \end{pmatrix}.$$

(4) $|\boldsymbol{A}|=1$,

$$\boldsymbol{A}^*=\begin{pmatrix} 1 & 1 & -2 & -4 \\ 0 & 1 & 0 & -1 \\ -1 & -1 & 3 & 6 \\ 2 & 1 & -6 & -10 \end{pmatrix},$$

$$\boldsymbol{A}^{-1}=\frac{1}{|\boldsymbol{A}|}\boldsymbol{A}^*=\boldsymbol{A}^*=\begin{pmatrix} 1 & 1 & -2 & -4 \\ 0 & 1 & 0 & -1 \\ -1 & -1 & 3 & 6 \\ 2 & 1 & 6 & -10 \end{pmatrix}.$$

(5) $$\boldsymbol{A}^{-1}=\begin{pmatrix} \dfrac{1}{a_1} & 0 & \cdots & 0 \\ 0 & \dfrac{1}{a_2} & \cdots & 0 \\ \vdots & \vdots & & \vdots \\ 0 & 0 & \cdots & \dfrac{1}{a_n} \end{pmatrix}.$$

(6) $\begin{pmatrix}5&2&0&0\\2&1&0&0\\0&0&4&-2\\0&0&1&3\end{pmatrix}=\begin{pmatrix}A_1&O\\O&A_2\end{pmatrix}$.

因为$|A_1|=\begin{vmatrix}5&2\\2&1\end{vmatrix}=1,A_1^*=\begin{pmatrix}1&-2\\-2&5\end{pmatrix},A_1^{-1}=\begin{pmatrix}1&-2\\-2&5\end{pmatrix}$.

$|A_2|=\begin{vmatrix}4&-2\\1&3\end{vmatrix}=14,A_2^*=\begin{pmatrix}3&2\\-1&4\end{pmatrix},A_2^{-1}=\begin{pmatrix}\frac{3}{14}&\frac{1}{7}\\-\frac{1}{14}&\frac{2}{7}\end{pmatrix}$.

所以$A^{-1}=\begin{pmatrix}1&-2&0&0\\-2&5&0&0\\0&0&\frac{3}{14}&\frac{1}{7}\\0&0&-\frac{1}{14}&\frac{2}{7}\end{pmatrix}$.

6. 求下列矩阵方程：

(1) $\begin{pmatrix}2&5\\1&3\end{pmatrix}X=\begin{pmatrix}4&-6\\2&1\end{pmatrix}$；　　(2) $X\begin{pmatrix}1&2&-1\\3&4&-2\\2&2&-2\end{pmatrix}=(1\quad 0\quad -1)$；

(3) $\begin{pmatrix}1&4\\-1&2\end{pmatrix}X\begin{pmatrix}2&0\\-1&1\end{pmatrix}=\begin{pmatrix}3&1\\0&-1\end{pmatrix}$.

解　(1) 因为$AX=B,A^{-1}AX=A^{-1}B$,

所以$X=A^{-1}B$.

由$A=\begin{pmatrix}2&5\\1&3\end{pmatrix},|A|=1,A^*=\begin{pmatrix}3&-5\\-1&2\end{pmatrix}$,

得$A^{-1}=\begin{pmatrix}3&-5\\-1&2\end{pmatrix}$.

$X=A^{-1}B=\begin{pmatrix}3&-5\\-1&2\end{pmatrix}\begin{pmatrix}4&-6\\2&1\end{pmatrix}=\begin{pmatrix}2&-23\\0&8\end{pmatrix}$.

(2) 因为$XA=B,XAA^{-1}=BA^{-1}$,

所以$X=BA^{-1}$.

由$A=\begin{pmatrix}1&2&-1\\3&4&-2\\2&2&-2\end{pmatrix},|A|=2,A^*=\begin{pmatrix}-4&2&0\\2&0&-1\\-2&2&-2\end{pmatrix}$,

得$A^{-1}=\begin{pmatrix}-2&1&0\\1&0&-\frac{1}{2}\\-1&1&-1\end{pmatrix}$.

$$X=BA^{-1}=(1\quad 0\quad -1)\begin{pmatrix}-2&1&0\\1&0&-\frac{1}{2}\\-1&1&-1\end{pmatrix}=(-1\quad 0\quad 1).$$

(3) 因为 $AXB=C, A^{-1}AXBB^{-1}=A^{-1}CB^{-1}$,

所以 $X=A^{-1}CB^{-1}$.

由$A=\begin{pmatrix}1&4\\-1&2\end{pmatrix}, |A|=6, A^{*}=\begin{pmatrix}2&-4\\1&1\end{pmatrix}, A^{-1}=\frac{1}{6}\begin{pmatrix}2&-4\\1&1\end{pmatrix}$,

$B=\begin{pmatrix}2&0\\-1&1\end{pmatrix}, |B|=2, B^{*}=\begin{pmatrix}1&0\\1&2\end{pmatrix}, B^{-1}=\frac{1}{2}\begin{pmatrix}1&0\\1&2\end{pmatrix}$,

得 $X=A^{-1}CB^{-1}=\frac{1}{6}\begin{pmatrix}2&-4\\1&1\end{pmatrix}\begin{pmatrix}3&1\\0&-1\end{pmatrix}\frac{1}{2}\begin{pmatrix}1&0\\1&2\end{pmatrix}=\begin{pmatrix}1&1\\\frac{1}{4}&0\end{pmatrix}$.

7. 设矩阵 $A=\begin{pmatrix}1&1&0\\0&1&1\\0&0&1\end{pmatrix}$,求三阶矩阵 X,使得 $AX=XA$.

解　设 $X=\begin{pmatrix}x_1&x_2&x_3\\x_4&x_5&x_6\\x_7&x_8&x_9\end{pmatrix}$,

$$AX=\begin{pmatrix}x_1+x_4&x_2+x_5&x_3+x_6\\x_4+x_7&x_5+x_8&x_6+x_9\\x_7&x_8&x_9\end{pmatrix},$$

$$XA=\begin{pmatrix}x_1&x_1+x_2&x_2+x_3\\x_4&x_4+x_5&x_5+x_6\\x_7&x_7+x_8&x_8+x_9\end{pmatrix}.$$

由 $AX=XA$ 可得:

$x_4=0, x_1=x_5, x_2=x_6, x_7=0, x_8=0, x_5=x_9$,

取 $x_1=x_5=x_9=a, x_2=x_6=b, x_3=c$,

则 $X=\begin{pmatrix}a&b&c\\0&a&b\\0&0&a\end{pmatrix}$.

8. 设矩阵 $A=\begin{pmatrix}1&0&1\\0&2&0\\1&0&1\end{pmatrix}$,矩阵 A 满足 $AX+E=A^2+X$,其中 E 为三阶单位矩阵,试求矩阵 X.

解　由 $AX+E=A^2+X$,

得

$$AX-X=A^2-E\Rightarrow(A-E)X=(A-E)(A+E),$$

由于$|A-E|=\begin{vmatrix}0&0&1\\0&1&0\\1&0&0\end{vmatrix}=-1\neq 0$,

因此 $A-E$ 可逆.

对$(A-E)X=(A-E)(A+E)$两边同时左乘$(A-E)^{-1}$,

得 $X=A+E=\begin{pmatrix}2&0&1\\0&3&0\\1&0&2\end{pmatrix}$.

9. 设$A=\begin{pmatrix}3&4&0&0\\4&-3&0&0\\0&0&2&0\\0&0&2&2\end{pmatrix}$,利用分块矩阵求$|A^8|$和$A^4$.

解 $A_1=\begin{pmatrix}3&4\\4&-3\end{pmatrix}$, $|A_1|=-25$, $A_1^4=\begin{pmatrix}625&0\\0&625\end{pmatrix}$,

$A_2=\begin{pmatrix}2&0\\2&2\end{pmatrix}$, $|A_2|=4$, $A_2^4=\begin{pmatrix}16&0\\64&16\end{pmatrix}$,

$|A^8|=|A|^8=\begin{vmatrix}|A_1|&0\\0&|A_2|\end{vmatrix}^8=(|A_1||A_2|)^8=10^{16}$.

$$A^4=\begin{pmatrix}A_1^4&0\\0&A_2^4\end{pmatrix}=\begin{pmatrix}625&0&0&0\\0&625&0&0\\0&0&16&0\\0&0&64&16\end{pmatrix}.$$

10. 设矩阵$A=\begin{pmatrix}1&2&1&0\\0&1&0&1\\0&0&2&1\\0&0&0&3\end{pmatrix}$,$B=\begin{pmatrix}1&0&3&1\\0&1&2&-1\\0&0&2&3\\0&0&0&-3\end{pmatrix}$,利用分块矩阵乘法求$AB$.

解 $A=\begin{pmatrix}1&2&1&0\\0&1&0&1\\0&0&2&1\\0&0&0&3\end{pmatrix}=\begin{pmatrix}A_1&E\\O&A_2\end{pmatrix}$,

$B=\begin{pmatrix}1&0&3&1\\0&1&2&-1\\0&0&2&3\\0&0&0&-3\end{pmatrix}=\begin{pmatrix}E&B_1\\O&B_2\end{pmatrix}$,

$$AB=\begin{pmatrix}A_1&E\\O&A_2\end{pmatrix}\begin{pmatrix}E&B_1\\O&B_2\end{pmatrix}=\begin{pmatrix}A_1&A_1B_1+B_2\\O&A_2B_2\end{pmatrix}=\begin{pmatrix}1&2&9&2\\0&1&2&-4\\0&0&4&3\\0&0&0&-9\end{pmatrix}.$$

11. 设 $\boldsymbol{A}$ 为 n 阶方阵,$\boldsymbol{B}$ 为 m 阶方阵,且 $\boldsymbol{A}$、$\boldsymbol{B}$ 均可逆,求$\begin{pmatrix} \boldsymbol{O} & \boldsymbol{A} \\ \boldsymbol{B} & \boldsymbol{O} \end{pmatrix}^{-1}$.

解 设逆阵为$\begin{pmatrix} \boldsymbol{C}_1 & \boldsymbol{C}_2 \\ \boldsymbol{C}_3 & \boldsymbol{C}_4 \end{pmatrix}$,

由$\begin{pmatrix} \boldsymbol{O} & \boldsymbol{A} \\ \boldsymbol{B} & \boldsymbol{O} \end{pmatrix}\begin{pmatrix} \boldsymbol{C}_1 & \boldsymbol{C}_2 \\ \boldsymbol{C}_3 & \boldsymbol{C}_4 \end{pmatrix}=\begin{pmatrix} \boldsymbol{AC}_3 & \boldsymbol{AC}_4 \\ \boldsymbol{BC}_1 & \boldsymbol{BC}_2 \end{pmatrix}=\boldsymbol{E}=\begin{pmatrix} \boldsymbol{E}_1 & \boldsymbol{O} \\ \boldsymbol{O} & \boldsymbol{E}_2 \end{pmatrix}$,

得 $\boldsymbol{C}_3=\boldsymbol{A}^{-1},\boldsymbol{C}_4=\boldsymbol{A}^{-1}\boldsymbol{O}=\boldsymbol{O},\boldsymbol{C}_1=\boldsymbol{B}^{-1}\boldsymbol{O}=\boldsymbol{O},\boldsymbol{C}_2=\boldsymbol{B}^{-1}$,

所以$\begin{pmatrix} \boldsymbol{O} & \boldsymbol{A} \\ \boldsymbol{B} & \boldsymbol{O} \end{pmatrix}^{-1}=\begin{pmatrix} \boldsymbol{O} & \boldsymbol{B}^{-1} \\ \boldsymbol{A}^{-1} & \boldsymbol{O} \end{pmatrix}$.

12. 设 $\boldsymbol{A}$、$\boldsymbol{B}$ 均为 n 阶反对称矩阵,证明:

(1) $\boldsymbol{A}^2$ 是对称矩阵;(2) $\boldsymbol{AB}-\boldsymbol{BA}$ 是反对称矩阵.

证 (1) 因为$(\boldsymbol{A}^2)^{\mathrm{T}}=(\boldsymbol{A}^{\mathrm{T}})^2=(-\boldsymbol{A})^2=\boldsymbol{A}^2$,

所以 $\boldsymbol{A}^2$ 为对称矩阵.

(2) 因为$(\boldsymbol{AB}-\boldsymbol{BA})^{\mathrm{T}}=(\boldsymbol{AB})^{\mathrm{T}}-(\boldsymbol{BA})^{\mathrm{T}}=\boldsymbol{B}^{\mathrm{T}}\boldsymbol{A}^{\mathrm{T}}-\boldsymbol{A}^{\mathrm{T}}\boldsymbol{B}^{\mathrm{T}}=(-\boldsymbol{B})(-\boldsymbol{A})-(-\boldsymbol{A})(-\boldsymbol{B})$

$=\boldsymbol{BA}-\boldsymbol{AB}=-(\boldsymbol{AB}-\boldsymbol{BA})$,

所以 $\boldsymbol{AB}-\boldsymbol{BA}$ 为反对称矩阵.

13. 设 $\boldsymbol{A}^k=\boldsymbol{O}$($k$ 为正整数),证明:$(\boldsymbol{E}-\boldsymbol{A})^{-1}=\boldsymbol{E}+\boldsymbol{A}+\boldsymbol{A}^2+\cdots+\boldsymbol{A}^{k-1}$.

证 因为$(\boldsymbol{E}-\boldsymbol{A})(\boldsymbol{E}+\boldsymbol{A}+\boldsymbol{A}^2+\cdots+\boldsymbol{A}^{k-1})$

$=(\boldsymbol{E}+\boldsymbol{A}+\boldsymbol{A}^2+\cdots+\boldsymbol{A}^{k-1})-(\boldsymbol{A}+\boldsymbol{A}^2+\cdots+\boldsymbol{A}^{k-1}+\boldsymbol{A}^k)$

$=\boldsymbol{E}-\boldsymbol{A}^k=\boldsymbol{E}-\boldsymbol{O}=\boldsymbol{E}$,

所以$(\boldsymbol{E}-\boldsymbol{A})^{-1}=\boldsymbol{E}+\boldsymbol{A}+\boldsymbol{A}^2+\cdots+\boldsymbol{A}^{k-1}$.

14. 设方阵 $\boldsymbol{A}$ 满足 $\boldsymbol{A}^2-\boldsymbol{A}-2\boldsymbol{E}=\boldsymbol{O}$,证明 $\boldsymbol{A}$ 及 $\boldsymbol{A}+2\boldsymbol{E}$ 都可逆,并求 $\boldsymbol{A}^{-1}$及$(\boldsymbol{A}+2\boldsymbol{E})^{-1}$.

证 因为 $\boldsymbol{A}^2-\boldsymbol{A}-2\boldsymbol{E}=\boldsymbol{O}\Rightarrow\boldsymbol{A}^2-\boldsymbol{A}=2\boldsymbol{E}\Rightarrow\boldsymbol{A}(\boldsymbol{A}-\boldsymbol{E})=2\boldsymbol{E}$

$$\Rightarrow\boldsymbol{A}\cdot\frac{1}{2}(\boldsymbol{A}-\boldsymbol{E})=\boldsymbol{E},$$

所以 $\boldsymbol{A}^{-1}=\frac{1}{2}(\boldsymbol{A}-\boldsymbol{E})$.

因为 $\boldsymbol{A}^2-\boldsymbol{A}-2\boldsymbol{E}=\boldsymbol{O}\Rightarrow\boldsymbol{A}^2-\boldsymbol{A}-6\boldsymbol{E}+4\boldsymbol{E}=\boldsymbol{O}$

$$\Rightarrow(\boldsymbol{A}+2\boldsymbol{E})(\boldsymbol{A}-3\boldsymbol{E})+4\boldsymbol{E}=\boldsymbol{O}$$

$$\Rightarrow(\boldsymbol{A}+2\boldsymbol{E})(\boldsymbol{A}-3\boldsymbol{E})=-4\boldsymbol{E}$$

$$\Rightarrow(\boldsymbol{A}+2\boldsymbol{E})\left(-\frac{1}{4}(\boldsymbol{A}-3\boldsymbol{E})\right)=\boldsymbol{E},$$

所以$(\boldsymbol{A}+2\boldsymbol{E})^{-1}=-\frac{1}{4}(\boldsymbol{A}-3\boldsymbol{E})$.

第五节 章节测试

1. 设$\boldsymbol{A}=\begin{pmatrix} 1 & 2 & 1 & 2 \\ 2 & 1 & 2 & 1 \\ 1 & 2 & 3 & 4 \end{pmatrix}$,$\boldsymbol{B}=\begin{pmatrix} 4 & 3 & 2 & 1 \\ -2 & 1 & -2 & 1 \\ 0 & -1 & 0 & -1 \end{pmatrix}$,计算:

(1) $3A-B$;

(2) $2A+3B$;

(3) 若 X 满足 $A+X=B$,求 X.

2. 计算:

(1) $\begin{pmatrix}4&3&1\\1&-2&3\\5&7&0\end{pmatrix}\begin{pmatrix}7\\2\\1\end{pmatrix}$;　　(2) $\begin{pmatrix}1&2&3\\2&4&6\\3&6&9\end{pmatrix}\begin{pmatrix}-1&-2&-4\\-1&-2&-4\\1&2&4\end{pmatrix}$;

(3) $\begin{pmatrix}1&2&3\end{pmatrix}\begin{pmatrix}3\\2\\1\end{pmatrix}$;　　(4) $\begin{pmatrix}1&2&3\\-2&1&2\end{pmatrix}\begin{pmatrix}1&2&0\\0&1&1\\3&0&-1\end{pmatrix}$.

3. 设 $A=\begin{pmatrix}1&1&1\\1&1&-1\\1&-1&1\end{pmatrix}$, $B=\begin{pmatrix}1&2&3\\-1&-2&4\\0&5&1\end{pmatrix}$,求 $A^{T}B$.

4. 解下列矩阵方程,求出未知矩阵 X:

(1) $\begin{pmatrix}2&5\\1&3\end{pmatrix}X=\begin{pmatrix}4&-6\\2&1\end{pmatrix}$;

(2) $\begin{pmatrix}1&1&-1\\-2&1&1\\1&1&1\end{pmatrix}X=\begin{pmatrix}2\\3\\6\end{pmatrix}$.

5. 计算下列矩阵(n 为正整数):

(1) $\begin{pmatrix}1&0\\\lambda&1\end{pmatrix}^{n}$;　　(2) $\begin{pmatrix}a&0&0\\0&b&0\\0&0&c\end{pmatrix}^{n}$.

6. 已知 $\boldsymbol{\alpha}=(1\quad 2\quad 3)$, $\boldsymbol{\beta}=\begin{pmatrix}1&\frac{1}{2}&\frac{1}{3}\end{pmatrix}$.设矩阵 $A=\boldsymbol{\alpha}^{T}\boldsymbol{\beta}$,其中 $\boldsymbol{\alpha}^{T}$ 是 $\boldsymbol{\alpha}$ 的转置,求 A^{n}(n 为正整数).

7. 设矩阵 A 为三阶矩阵,且已知 $|A|=m$,求 $|-Am|$.

8. 设 A、B 都是 n 阶对称矩阵,证明 AB 为对称矩阵的充分必要条件是 $AB=BA$.

9. 求下列矩阵的逆矩阵:

(1) $\begin{pmatrix}1&3\\-1&2\end{pmatrix}$;　　(2) $\begin{pmatrix}1&2&-1\\3&4&-2\\5&-4&1\end{pmatrix}$;

(3) $\begin{pmatrix}1&2&3&4\\0&1&2&3\\0&0&1&2\\0&0&0&1\end{pmatrix}$.

10. 设 A 为 3×3 矩阵,A^{*} 是 A 的伴随矩阵,若 $|A|=2$,求 $|A^{*}|$.

11. 设 $A=\begin{pmatrix}1&0&0\\10&2&0\\20&30&5\end{pmatrix}$, A^{*} 是 A 的伴随矩阵,求 $(A^{*})^{-1}$.

12. 设 $A=\begin{pmatrix}1&0&0\\0&1/2&3/2\\0&1&5/2\end{pmatrix}$，$A^*$ 是 A 的伴随矩阵，求 $[(A^*)^{-1}]^{\mathrm{T}}$.

13. 设方阵 A 满足方程 $aA^2+bA+cE=O$，证明 A 为可逆矩阵，并求 A^{-1}（a,b,c 为常数，$c\neq 0$）.

14. 计算 $\begin{pmatrix}a&0&0&0\\0&a&0&0\\1&0&b&0\\0&1&0&b\end{pmatrix}\begin{pmatrix}1&0&c&0\\0&1&0&c\\0&0&d&0\\0&0&0&d\end{pmatrix}$.

15. 用矩阵的分块求下列矩阵的逆矩阵：

（1）$\begin{pmatrix}0&0&2\\1&2&0\\3&4&0\end{pmatrix}$；　（2）$\begin{pmatrix}5&2&0&0\\2&1&0&0\\0&0&8&3\\0&0&5&2\end{pmatrix}$.

附：章节测试答案

1. （1）$\begin{pmatrix}-1&3&1&5\\8&2&8&2\\3&7&9&13\end{pmatrix}$；　（2）$\begin{pmatrix}14&13&8&7\\-2&5&-2&5\\2&1&6&5\end{pmatrix}$；

（3）$\begin{pmatrix}3&1&1&-1\\-4&0&-4&0\\-1&-3&-3&-5\end{pmatrix}$.

2. （1）$\begin{pmatrix}35\\6\\49\end{pmatrix}$；　（2）$\begin{pmatrix}0&0&0\\0&0&0\\0&0&0\end{pmatrix}$；

（3）（10）；　（4）$\begin{pmatrix}10&4&-1\\4&-3&-1\end{pmatrix}$.

3. $\begin{pmatrix}0&5&8\\0&-5&6\\2&9&0\end{pmatrix}$.

4. （1）$\begin{pmatrix}2&-23\\0&8\end{pmatrix}$；　（2）$\begin{pmatrix}1\\3\\2\end{pmatrix}$.

5. （1）$\begin{pmatrix}1&0\\n\lambda&1\end{pmatrix}$；　（2）$\begin{pmatrix}a^n&0&0\\0&b^n&0\\0&0&c^n\end{pmatrix}$.

6. $3^{n-1}\begin{pmatrix}1&1/2&1/3\\2&1&2/3\\3&3/2&1\end{pmatrix}$.

7. $-m^4$.

8. 提示:根据对称矩阵的定义及转置的公式证明,过程略.

9. (1) $\frac{1}{5}\begin{pmatrix} 2 & -3 \\ 1 & 1 \end{pmatrix}$; (2) $\begin{pmatrix} -2 & 1 & 0 \\ -13/2 & 3 & -1/2 \\ -16 & 7 & -1 \end{pmatrix}$;

(3) $\begin{pmatrix} 1 & -2 & 1 & 0 \\ 0 & 1 & -2 & 1 \\ 0 & 0 & 1 & -2 \\ 0 & 0 & 0 & 1 \end{pmatrix}$.

10. 4.

11. $\begin{pmatrix} 1/10 & 0 & 0 \\ 1 & 1/5 & 0 \\ 2 & 3 & 1/2 \end{pmatrix}$.

12. $\begin{pmatrix} -4 & 0 & 0 \\ 0 & -2 & -4 \\ 0 & -6 & -10 \end{pmatrix}$.

13. 证明略,$\boldsymbol{A}^{-1}=-\frac{a}{c}\boldsymbol{A}-\frac{b}{c}\boldsymbol{E}$.

14. $\begin{pmatrix} a & 0 & ac & 0 \\ 0 & a & 0 & ac \\ 1 & 0 & c+bd & 0 \\ 0 & 1 & 0 & c+bd \end{pmatrix}$.

15. (1) $\begin{pmatrix} 0 & -2 & 1 \\ 0 & 3/2 & -1/2 \\ 1/2 & 0 & 0 \end{pmatrix}$; (2) $\begin{pmatrix} 1 & -2 & 0 & 0 \\ -2 & 5 & 0 & 0 \\ 0 & 0 & 2 & -3 \\ 0 & 0 & -5 & 8 \end{pmatrix}$.

第3章

矩阵的初等变换与线性方程组

本章给出一个重要的方法——初等变换法.初等变换是矩阵的重要变换之一.利用初等变换法,可以求解线性方程组,计算矩阵和向量组的秩以及矩阵的逆矩阵(特别是高阶矩阵).

第一节　内容要点

1. 矩阵的初等变换

在计算行列式时,利用行列式的性质可以将给定的行列式化为上(下)三角形行列式,从而简化行列式的计算.把行列式的某些性质引用到矩阵上,会给我们研究矩阵带来很大的方便,这些性质反映到矩阵上就是矩阵的初等变换.

定义1　矩阵的下列三种变换称为矩阵的初等行变换:

(1) 交换矩阵的两行(交换 i、j 两行,记作 $r_i \leftrightarrow r_j$);

(2) 以一个非零的数 k 乘矩阵的某一行(第 i 行乘数 k,记作 $r_i \times k$);

(3) 把矩阵的某一行的 k 倍加到另一行(第 j 行乘 k 加到 i 行,记作 $r_i + kr_j$).

把定义中的"行"换成"列",即得到矩阵的初等列变换的定义(相应记号中把 r 换成 c).

初等行变换与初等列变换统称为初等变换.

注:初等变换的逆变换仍是初等变换,且变换类型相同.

例如,变换 $r_i \leftrightarrow r_j$ 的逆变换即为其本身;变换 $r_i \times k$ 的逆变换为 $r_i \times 1/k$;变换 $r_i + kr_j$ 的逆变换为 $r_i + (-k)r_j$ 或 $r_i - kr_j$.

定义2　若矩阵 $\boldsymbol{A}$ 经过有限次初等变换变成矩阵 $\boldsymbol{B}$,则称矩阵 $\boldsymbol{A}$ 与 $\boldsymbol{B}$ 等价,记为 $\boldsymbol{A} \sim \boldsymbol{B}$(或 $\boldsymbol{A} \to \boldsymbol{B}$).

注:在理论表述或证明中,常用记号"~",在对矩阵作初等变换运算的过程中常用记号"→".

矩阵之间的等价关系具有下列基本性质:

(1) 反身性　$\boldsymbol{A} \sim \boldsymbol{A}$;

(2) 对称性　若 $\boldsymbol{A} \sim \boldsymbol{B}$,则 $\boldsymbol{B} \sim \boldsymbol{A}$;

(3) 传递性　若 $\boldsymbol{A}\sim\boldsymbol{B}$,$\boldsymbol{B}\sim\boldsymbol{C}$,则 $\boldsymbol{A}\sim\boldsymbol{C}$.

一般地,称满足下列条件的矩阵为行阶梯形矩阵:

(1) 零行(元素全为零的行)位于矩阵的下方;

(2) 各非零行的首非零元(从左至右的一个不为零的元素)的列标随着行标的增大而严格增大(或者说其列标一定不小于行标).

一般地,称满足下列条件的阶梯形矩阵为行最简形矩阵:

(1) 各非零行的首非零元都是 1;

(2) 每个首非零元所在列的其余元素都是零.

一般地,矩阵 $\boldsymbol{A}$ 的标准形 $\boldsymbol{D}$ 具有如下特点:$\boldsymbol{D}$ 的左上角是一个单位矩阵,其余元素全为 0.

定理 1　任意一个矩阵 $\boldsymbol{A}=(a_{ij})_{m\times n}$ 经过有限次初等变换,可以化为下列标准形矩阵

$$\boldsymbol{A}=\begin{pmatrix}1&&&&&\\&\ddots&&&&\\&&1&&&\\&&&0&&\\&&&&\ddots&\\&&&&&0\end{pmatrix}\begin{matrix}\\\\ r\text{ 行}\\\\\\\end{matrix}=\begin{pmatrix}\boldsymbol{E}_r&\boldsymbol{O}_{r\times(n-r)}\\\boldsymbol{O}_{(m-r)\times r}&\boldsymbol{O}_{(m-r)\times(n-r)}\end{pmatrix}.$$
$$r\text{ 列}$$

注:定理 1 的证明实质上也给出了下列结论.

定理 1′　任一矩阵 $\boldsymbol{A}$ 总可以经过有限次初等行变换化为行阶梯形矩阵,进而化为行最简形矩阵.

根据定理 1 的证明及初等变换的可逆性,有下列推论.

推论　如果 $\boldsymbol{A}$ 为 n 阶可逆矩阵,则矩阵 $\boldsymbol{A}$ 经过有限次初等变换可化为单位矩阵 $\boldsymbol{E}$,即 $\boldsymbol{A}\sim\boldsymbol{E}$.

2. 初等矩阵

定义 3　对单位矩阵 $\boldsymbol{E}$ 施以一次初等变换得到的矩阵称为初等矩阵.

三种初等变换分别对应着三种初等矩阵.

(1) $\boldsymbol{E}$ 的第 i、j 行(列)互换得到矩阵

$$\boldsymbol{E}(i,j)=\begin{pmatrix}1&&&&&&&&\\&\ddots&&&&&&&\\&&1&&&&&&\\&&&0&\cdots&1&&&\\&&&&1&&&&\\&&&\vdots&\ddots&\vdots&&&\\&&&&&1&&&\\&&&1&\cdots&0&&&\\&&&&&&1&&\\&&&&&&&\ddots&\\&&&&&&&&1\end{pmatrix}\begin{matrix}\\\\\\ i\text{ 行}\\\\\\\\ j\text{ 列}\\\\\\\\\end{matrix};$$

$$i\text{ 列}\qquad\qquad j\text{ 列}$$

(2) $\boldsymbol{E}$ 的第 i 行(列)乘以非零数 k 得到矩阵

$$\boldsymbol{E}[i(k)]=\begin{pmatrix}1 & & & & \\ & \ddots & & & \\ & & k & & \\ & & & \ddots & \\ & & & & 1\end{pmatrix}\begin{matrix} \\ \\ i\text{行}; \\ \\ \\ \end{matrix}$$

i 列

(3) $\boldsymbol{E}$ 的第 j 行乘以数 k 加到第 i 行上,或 $\boldsymbol{E}$ 的第 i 列乘以数 k 加到第 j 列上得到矩阵

$$\boldsymbol{E}[ij(k)]=\begin{pmatrix}1 & & & & & \\ & \ddots & & & & \\ & & 1 & \cdots & k & \\ & & & \ddots & \vdots & \\ & & & & 1 & \\ & & & & & \ddots & \\ & & & & & & 1\end{pmatrix}\begin{matrix} \\ \\ i\text{行} \\ \\ j\text{列} \\ \\ \\ \end{matrix}.$$

i 列　　j 列

命题1　初等矩阵有下列性质:

(1) $\boldsymbol{E}(i,j)^{-1}=\boldsymbol{E}(i,j)$;$\boldsymbol{E}[i(k)]^{-1}=\boldsymbol{E}[i(k^{-1})]$;$\boldsymbol{E}[ij(k)]^{-1}=\boldsymbol{E}[ij(-k)]$.

(2) $|\boldsymbol{E}(i,j)|=-1$;$|\boldsymbol{E}[i(k)]|=k$;$|\boldsymbol{E}[ij(k)]|=1$.

定理2　设 $\boldsymbol{A}$ 是一个 $m\times n$ 矩阵,对 $\boldsymbol{A}$ 施行一次某种初等行(列)变换,相当于用同种的 $m(n)$ 阶初等矩阵左(右)乘 $\boldsymbol{A}$.

3. 求逆矩阵的初等变换法

在第二章第三节中,给出了矩阵 $\boldsymbol{A}$ 可逆的充要条件的同时,也给出了利用伴随矩阵求逆矩阵 $\boldsymbol{A}^{-1}$的一种方法,即

$$\boldsymbol{A}^{-1}=\frac{1}{|\boldsymbol{A}|}\boldsymbol{A}^{*},$$

该方法称为伴随矩阵法.

对于较高阶的矩阵,用伴随矩阵法求逆矩阵的计算量太大,下面介绍一种较为简便的方法——初等变换法.

定理3　n 阶矩阵 $\boldsymbol{A}$ 可逆的充分必要条件是 $\boldsymbol{A}$ 可以表示为若干初等矩阵的乘积.

求矩阵 $\boldsymbol{A}$ 的逆矩阵 $\boldsymbol{A}^{-1}$时,可构造 $n\times 2n$ 矩阵

$$(\boldsymbol{A}\quad \boldsymbol{E}),$$

然后对其施以初等行变换,将矩阵 $\boldsymbol{A}$ 化为单位矩阵 $\boldsymbol{E}$,则上述初等变换同时也将其中的单位矩阵 $\boldsymbol{E}$ 化为 $\boldsymbol{A}^{-1}$,即

$$(\boldsymbol{A}\quad \boldsymbol{E})\xrightarrow{\text{初等行变换}}(\boldsymbol{E}\quad \boldsymbol{A}^{-1}),$$

这就是求逆矩阵的初等变换法.

4. 用初等变换法求解矩阵方程 $\boldsymbol{AX}=\boldsymbol{B}$.

设矩阵 $\boldsymbol{A}$ 可逆,则求解矩阵方程 $\boldsymbol{AX}=\boldsymbol{B}$ 等价于求矩阵

$$\boldsymbol{X}=\boldsymbol{A}^{-1}\boldsymbol{B}.$$

因此,可采用类似初等行变换求矩阵的逆的方法,构造矩阵$(\boldsymbol{A}\quad \boldsymbol{B})$,对其施以初等行变换,将矩阵$\boldsymbol{A}$化为单位矩阵$\boldsymbol{E}$,则上述初等行变换同时也将其中的单位矩阵$\boldsymbol{B}$化为$\boldsymbol{A}^{-1}\boldsymbol{B}$,即

$$(\boldsymbol{A}\quad \boldsymbol{B})\xrightarrow{\text{初等行变换}}(\boldsymbol{E}\quad \boldsymbol{A}^{-1}\boldsymbol{B}).$$

这样就给出了用初等行变换求解矩阵方程$\boldsymbol{AX}=\boldsymbol{B}$的方法.

同理,求解矩阵方程$\boldsymbol{XA}=\boldsymbol{B}$,等价于计算矩阵$\boldsymbol{BA}^{-1}$,亦可利用初等列变换求矩阵$\boldsymbol{BA}^{-1}$.即

$$\begin{pmatrix}\boldsymbol{A}\\ \boldsymbol{B}\end{pmatrix}\xrightarrow{\text{初等列变换}}\begin{pmatrix}\boldsymbol{E}\\ \boldsymbol{BA}^{-1}\end{pmatrix}.$$

5. 矩阵的秩

矩阵的秩的概念是讨论向量组的线性相关性、深入研究线性方程组等问题的重要工具.从上节已看到,矩阵可经初等行变换化为行阶梯形矩阵,且行阶梯形矩阵所含非零行的行数是唯一确定的,这个数实质上就是矩阵的"秩".在本节中,我们首先利用行列式来定义矩阵的秩,然后给出利用初等变换求矩阵的秩的方法.

定义 4 在$m\times n$矩阵$\boldsymbol{A}$中,任取k行k列$(1\leqslant k\leqslant m,1\leqslant k\leqslant n)$,位于这些行列交叉处的$k^2$个元素,不改变它们在$\boldsymbol{A}$中所处的位置次序而得到的$k$阶行列式,称为矩阵$\boldsymbol{A}$的$k$阶子式.

注:$m\times n$矩阵$\boldsymbol{A}$的k阶子式共有$\mathrm{C}_m^k\cdot\mathrm{C}_n^k$个.

设$\boldsymbol{A}$为$m\times n$矩阵,当$\boldsymbol{A}=\boldsymbol{O}$时,它的任何子式都为零.当$\boldsymbol{A}\neq\boldsymbol{O}$时,它至少有一个元素不为零,即它至少有一个一阶子式不为零.再考查二阶子式,若$\boldsymbol{A}$中有一个二阶子式不为零,则考查三阶子式,如此进行下去,最后必达到$\boldsymbol{A}$中有r阶子式不为零,而再没有比r更高阶的不为零的子式.这个不为零的子式的最高阶数r反映了矩阵$\boldsymbol{A}$内在的重要特征,在矩阵的理论与应用中都有重要意义.

定义 5 设$\boldsymbol{A}$为$m\times n$矩阵,如果存在$\boldsymbol{A}$的r阶子式不为零,而任何$r+1$阶子式(如果存在的话)皆为零,则称数r为矩阵$\boldsymbol{A}$的秩,记为$r(\boldsymbol{A})$(或$R(\boldsymbol{A})$),并规定零矩阵的秩等于零.

显然,矩阵的秩具有下列性质:

(1) 若矩阵$\boldsymbol{A}$中有某个s阶子式不为0,则$R(\boldsymbol{A})\geqslant s$;

(2) 若$\boldsymbol{A}$中所有t阶子式全为0,则$R(\boldsymbol{A})<t$;

(3) 若$\boldsymbol{A}$为$m\times n$矩阵,则$0\leqslant R(\boldsymbol{A})\leqslant\min\{m,n\}$;

(4) $R(\boldsymbol{A})=R(\boldsymbol{A}^{\mathrm{T}})$.

当$R(\boldsymbol{A})=\min\{m,n\}$时,称矩阵$\boldsymbol{A}$为满秩矩阵,否则称为降秩矩阵.

利用定义计算矩阵的秩,需要由高阶到低阶考虑矩阵的子式,当矩阵的行数与列数较高时,按定义求秩是非常麻烦的.由于行阶梯形矩阵的秩很容易判断,而任意矩阵都可以经过初等变换化为行阶梯形矩阵,因而可考虑借助初等变换法来求矩阵的秩.

6. 矩阵秩的求法

定理 1 若$\boldsymbol{A}\sim\boldsymbol{B}$,则$R(\boldsymbol{A})=R(\boldsymbol{B})$.

定理证明了若$\boldsymbol{A}$经一次初等行变换变为$\boldsymbol{B}$,则

$$R(\boldsymbol{A})\leqslant R(\boldsymbol{B}).$$

由于$\boldsymbol{B}$亦可经一次初等行变换为$\boldsymbol{A}$,故也有

$$R(\boldsymbol{B})\leqslant R(\boldsymbol{A}).$$

因此

$$R(\boldsymbol{A})=R(\boldsymbol{B}).$$

由经一次初等行变换矩阵的秩不变,可知经有限次初等行变换矩阵的秩也不变.

设 $\boldsymbol{A}$ 经初等列变换变为 $\boldsymbol{B}$,则 $\boldsymbol{A}^{\mathrm{T}}$ 经初等行变换变为 $\boldsymbol{B}^{\mathrm{T}}$,由于 $R(\boldsymbol{A}^{\mathrm{T}})=R(\boldsymbol{B}^{\mathrm{T}})$,又

$$R(\boldsymbol{A})=R(\boldsymbol{A}^{\mathrm{T}}),\quad R(\boldsymbol{B})=R(\boldsymbol{B}^{\mathrm{T}}),$$

因此

$$R(\boldsymbol{A})=R(\boldsymbol{B}).$$

总之,若 $\boldsymbol{A}$ 经过有限次初等变换变为 $\boldsymbol{B}$(即 $\boldsymbol{A}\sim\boldsymbol{B}$),则

$$R(\boldsymbol{A})=R(\boldsymbol{B}).$$

根据上述定理,我们得到利用初等变换求矩阵的秩的方法:把矩阵用初等行变换变成行阶梯形矩阵,行阶梯形矩阵中非零行的行数就是该矩阵的秩.

注:由矩阵的秩及满秩矩阵的定义知,若一个 n 阶矩阵 $\boldsymbol{A}$ 是满秩,则 $|\boldsymbol{A}|\neq 0$,因而非奇异;反之亦然.

7. 线性方程组的矩阵表示

设有 n 个未知数,m 个方程的线性方程组

$$\begin{cases} a_{11}x_1+a_{12}x_2+\cdots+a_{1n}x_n=b_1, \\ a_{21}x_1+a_{22}x_2+\cdots+a_{2n}x_n=b_2, \\ \cdots\quad\cdots\quad\cdots\quad\cdots \\ a_{m1}x_1+a_{m2}x_2+\cdots+a_{mn}x_n=b_m. \end{cases} \tag{1}$$

令

$$\boldsymbol{A}=\begin{pmatrix} a_{11} & a_{12} & \cdots & a_{1n} \\ a_{21} & a_{22} & \cdots & a_{2n} \\ \vdots & \vdots & & \vdots \\ a_{m1} & a_{m2} & \cdots & a_{mn} \end{pmatrix},\quad \boldsymbol{X}=\begin{pmatrix} x_1 \\ x_2 \\ \vdots \\ x_n \end{pmatrix},\quad \boldsymbol{b}=\begin{pmatrix} b_1 \\ b_2 \\ \vdots \\ b_m \end{pmatrix}.$$

其中,$\boldsymbol{A}$ 称为系数矩阵,$\boldsymbol{X}$ 称为未知向量,$\boldsymbol{b}$ 称为常数向量,

则方程组(1)可用矩阵表示为

$$\boldsymbol{AX}=\boldsymbol{b}. \tag{2}$$

矩阵 $\boldsymbol{B}=(\boldsymbol{A}\quad\boldsymbol{b})=\begin{pmatrix} a_{11} & a_{12} & \cdots & a_{1n} & b_1 \\ a_{21} & a_{22} & \cdots & a_{2n} & b_2 \\ \vdots & \vdots & & \vdots & \vdots \\ a_{m1} & a_{m2} & \cdots & a_{mn} & b_m \end{pmatrix}=(a_1,a_2,\cdots,a_n,b)$ 称为增广矩阵.

在向量方程(2) 中,

若 $\boldsymbol{b}=\boldsymbol{0}$,则线性方程组为 $\boldsymbol{AX}=\boldsymbol{0}$,称为齐次线性方程组.

若 $\boldsymbol{b}\neq\boldsymbol{0}$,则线性方程组为 $\boldsymbol{AX}=\boldsymbol{b}$,称为非齐次线性方程组.

将线性方程组写成矩阵方程的形式,不仅书写方便,而且可以把线性方程组的理论与矩阵理论联系起来,这为线性方程组的讨论带来很大的便利.

8. 线性方程组的解

定理 1　n 元线性方程组 $\boldsymbol{AX}=\boldsymbol{b}$,

(1) 无解的充分必要条件是 $R(\boldsymbol{A})<R(\boldsymbol{A},\boldsymbol{b})$;

(2) 有唯一解的充分必要条件是 $R(\boldsymbol{A})=R(\boldsymbol{A},\boldsymbol{b})=n$;

(3) 有无限解的充分必要条件是 $R(\boldsymbol{A})=R(\boldsymbol{A},\boldsymbol{b})<n$.

由上述定理容易得出线性方程组理论中两个最基本的定理,这就是:

定理 2　n 元齐次线性方程组 $\boldsymbol{AX}=\boldsymbol{0}$ 有解的充分必要条件是 $R(\boldsymbol{A})<n$.

定理 3　n 元非齐次线性方程组 $\boldsymbol{AX}=\boldsymbol{b}$ 有解的充分必要条件是 $R(\boldsymbol{A})=R(\boldsymbol{A},\boldsymbol{b})$.

9. 求解线性方程组的解的步骤

(1) 对于非齐次线性方程组,把它的增广矩阵 $\boldsymbol{B}$ 化成行阶梯形,从 $\boldsymbol{B}$ 的行阶梯形可同时看出 $R(\boldsymbol{A})$ 和 $R(\boldsymbol{B})$,若 $R(\boldsymbol{A})<R(\boldsymbol{B})$,则方程无解.

(2) 若 $R(\boldsymbol{A})=R(\boldsymbol{B})$,则进一步把 $\boldsymbol{B}$ 化成行最简形,对于齐次线性方程组,则把系数矩阵 $\boldsymbol{A}$ 化成行最简形.

(3) 设 $R(\boldsymbol{A})=R(\boldsymbol{B})=r$,把行最简形中 r 个非零行的非零首元素所对应的未知数取作自由未知数,其余 $n-r$ 个未知数取作自由未知数,并令自由未知数分别等于 $c_1,\cdots,c_{n-r}$,由 $\boldsymbol{B}$(或 $\boldsymbol{A}$)的行最简形,即可写出含 $n-r$ 个参数的通解.

第二节　解题方法

1. 求矩阵的秩的方法

(1) 利用秩的定义.若矩阵 $\boldsymbol{A}$ 中有一个 r 阶子式不为 0,而所有的 $r+1$ 阶子式(如果存在)全为 0,则 $R(\boldsymbol{A})=r$.

(2) 用初等行变换求解.化矩阵 $\boldsymbol{A}$ 为行阶梯矩阵 $\boldsymbol{J}$,则 $\boldsymbol{J}$ 中非零行的行数等于 $\boldsymbol{A}$ 的秩.

2. 求解线性方程组的消元法

设 $\boldsymbol{A}$ 是秩为 $r(r>0)$ 的 $m\times n$ 矩阵,且线性方程组 $\boldsymbol{Ax}=\boldsymbol{b}$ 有解.将增广矩阵 $\boldsymbol{B}=(\boldsymbol{A}\quad\boldsymbol{b})$ 用初等行变换化为最简形矩阵,不妨设

$$\boldsymbol{B}\xrightarrow{\text{初等行变换}}\begin{pmatrix}1 & 0 & \cdots & 0 & c_{1,r+1} & \cdots & c_{1n} & d_1\\ 0 & 1 & \cdots & 0 & c_{2,r+1} & \cdots & c_{2n} & d_2\\ \vdots & \vdots & & \vdots & \vdots & & \vdots & \vdots\\ 0 & 0 & \cdots & 1 & c_{r,r+1} & \cdots & c_{rn} & d_r\\ 0 & 0 & \cdots & 0 & 0 & \cdots & 0 & 0\\ \vdots & \vdots & & \vdots & \vdots & & \vdots & \vdots\\ 0 & 0 & \cdots & 0 & 0 & \cdots & 0 & 0\end{pmatrix}$$

从而得同解线性方程组

$$\begin{cases}x_1 \qquad\qquad + \qquad c_{1,r+1}x_{r+1}+\cdots+c_{1n}x_n=d_1,\\ \qquad x_2 \quad + \qquad c_{2,r+1}x_{r+1}+\cdots+c_{2n}x_n=d_2,\\ \cdots\quad\cdots \qquad\qquad \cdots\quad\cdots\\ \qquad\qquad x_r+c_{r,r+1}\quad x_{r+1}+\cdots+c_{rn}x_n=d_r.\end{cases}$$

于是 $\boldsymbol{Ax}=\boldsymbol{b}$ 的通解为

$$\begin{cases}x_1 = d_1-c_{1,r+1}t_1-\cdots-c_{1n}t_{n-r},\\ x_2 = d_2-c_{2,r+1}t_1-\cdots-c_{2n}t_{n-r},\\ \cdots\quad\cdots\quad\cdots\quad\cdots\\ x_r = d_r-c_{r,r+1}t_1-\cdots-c_{rn}t_{n-r},\\ x_{r+1} = t_1\\ \cdots\quad\cdots\quad\cdots\quad\cdots\\ x_n = t_{n-r}.\end{cases}$$

其中 $t_1,t_2,\cdots,t_{n-r}\in\mathbf{R}$.

或写成向量形式

$$\begin{pmatrix} x_1\\ x_2\\ \vdots\\ x_r\\ x_{r+1}\\ x_{r+2}\\ \vdots\\ x_n \end{pmatrix}=\begin{pmatrix} d_1\\ d_2\\ \vdots\\ d_r\\ 0\\ 0\\ \vdots\\ 0 \end{pmatrix}+t_1\begin{pmatrix} -c_{1,r+1}\\ -c_{2,r+1}\\ \vdots\\ -c_{r,r+1}\\ 1\\ 0\\ \vdots\\ 0 \end{pmatrix}+t_2\begin{pmatrix} -c_{1,r+2}\\ -c_{2,r+2}\\ \vdots\\ -c_{r,r+2}\\ 0\\ 1\\ \vdots\\ 0 \end{pmatrix}+\cdots+\begin{pmatrix} -c_{1n}\\ -c_{2n}\\ \vdots\\ -c_{rn}\\ 0\\ 0\\ \vdots\\ 1 \end{pmatrix}$$

其中 $t_1,t_2,\cdots,t_{n-r}\in\mathbf{R}$.

3. 求解含参数的线性方程组

(1) 若线性方程组 $\boldsymbol{Ax}=\boldsymbol{b}$ 中方程的个数与未知数个数相同,且系数矩阵 $\boldsymbol{A}$ 及右端项 $\boldsymbol{b}$ 含有参数,则可考虑先求 $|\boldsymbol{A}|$.对于使得 $|\boldsymbol{A}|\neq 0$ 的参数值,根据克拉默法则知 $\boldsymbol{Ax}=\boldsymbol{b}$ 有唯一解;而对于使得 $|\boldsymbol{A}|=0$ 的那些参数值,分别列出增广矩阵 $\boldsymbol{B}$,用消元法求解.这种方法的优点是避免了对带参数的矩阵作初等行变换;缺点是仅适用于 $\boldsymbol{A}$ 为方阵的情形.

(2) 如果线性方程组 $\boldsymbol{Ax}=\boldsymbol{b}$ 中方程的个数与未知数的个数不相等,则只能采用消元法求解.对增广矩阵 $(\boldsymbol{A}\quad \boldsymbol{b})$ 作初等行变换,此方法虽更具一般性,但由于涉及含参数的多项式的运算,因此计算中容易出错.

4. 用初等变换求逆矩阵

设 $\boldsymbol{A}$ 是 n 阶可逆矩阵,$\boldsymbol{B}$ 是 $n\times p$ 矩阵,$\boldsymbol{C}$ 是 $m\times n$ 矩阵.

(1) $(\boldsymbol{A},\boldsymbol{E}_n)\xrightarrow{\text{初等行变换}}(\boldsymbol{E}_n,\boldsymbol{A}^{-1})$,从而求得 $\boldsymbol{A}^{-1}$;

(2) $\begin{pmatrix}\boldsymbol{A}\\ \boldsymbol{E}_n\end{pmatrix}\xrightarrow{\text{初等列变换}}\begin{pmatrix}\boldsymbol{E}_n\\ \boldsymbol{A}^{-1}\end{pmatrix}$,从而求得 $\boldsymbol{A}^{-1}$;

(3) $(\boldsymbol{A},\boldsymbol{B})\xrightarrow{\text{初等行变换}}(\boldsymbol{E}_n,\boldsymbol{A}^{-1}\boldsymbol{B})$,从而求得 $\boldsymbol{A}^{-1}\boldsymbol{B}$;

(4) $\begin{pmatrix}\boldsymbol{A}\\ \boldsymbol{C}\end{pmatrix}\xrightarrow{\text{初等列变换}}\begin{pmatrix}\boldsymbol{E}_n\\ \boldsymbol{CA}^{-1}\end{pmatrix}$,从而求得 $\boldsymbol{CA}^{-1}$.

第三节　典型例题

例 1　已知矩阵 $\boldsymbol{A}=\begin{pmatrix} 3 & 2 & 9 & 6\\ -1 & -3 & 4 & -17\\ 1 & 4 & -7 & 3\\ -1 & -4 & 7 & -3 \end{pmatrix}$,作初等行变换,将其化为行阶梯形矩阵.

解　$\boldsymbol{A}=\begin{pmatrix} 3 & 2 & 9 & 6\\ -1 & -3 & 4 & -17\\ 1 & 4 & -7 & 3\\ -1 & -4 & 7 & -3 \end{pmatrix}\xrightarrow{r_1\leftrightarrow r_3}\begin{pmatrix} 1 & 4 & -7 & 3\\ -1 & -3 & 4 & -17\\ 3 & 2 & 9 & 6\\ -1 & -4 & 7 & -3 \end{pmatrix}\xrightarrow[r_4+r_1]{\substack{r_2+r_1\\ r_3-3r_1}}\begin{pmatrix} 1 & 4 & -7 & 3\\ 0 & 1 & -3 & -14\\ 0 & -10 & 30 & -3\\ 0 & 0 & 0 & 0 \end{pmatrix}$

$$\xrightarrow{r_3+10r_2}\begin{pmatrix}1&4&-7&3\\0&1&-3&-14\\0&0&0&-143\\0&0&0&0\end{pmatrix}.$$

记作 $\boldsymbol{B}=\begin{pmatrix}1&4&-7&3\\0&1&-3&-14\\0&0&0&-143\\0&0&0&0\end{pmatrix}$,其形状特征为行阶梯形矩阵.

例 2 用初等变换化矩阵 $\begin{pmatrix}0&2&-4\\-1&-4&5\\3&1&7\\0&5&-10\\2&3&0\end{pmatrix}$ 为标准形.

解 $$\begin{pmatrix}0&2&-4\\-1&-4&5\\3&1&7\\0&5&-10\\2&3&0\end{pmatrix}\xrightarrow{r_1\leftrightarrow r_2}\begin{pmatrix}-1&-4&5\\0&2&-4\\3&1&7\\0&5&-10\\2&3&0\end{pmatrix}\xrightarrow[r_5+2r_1]{r_3+3r_1}\begin{pmatrix}-1&-4&5\\0&2&-4\\0&-11&22\\0&5&-10\\0&-5&10\end{pmatrix}$$

$$\xrightarrow[c_3+5c_1]{c_2-4c_1}\begin{pmatrix}-1&0&0\\0&2&-4\\0&-11&22\\0&5&-10\\0&-5&10\end{pmatrix}\xrightarrow[c_3+2c_2]{c_2\times(-1)}\begin{pmatrix}1&0&0\\0&2&0\\0&-11&0\\0&5&0\\0&-5&0\end{pmatrix}\longrightarrow\begin{pmatrix}1&0&0\\0&2&0\\0&0&0\\0&0&0\\0&0&0\end{pmatrix}\longrightarrow\begin{pmatrix}1&0&0\\0&1&0\\0&0&0\\0&0&0\\0&0&0\end{pmatrix}.$$

例 3 已知矩阵 $\boldsymbol{A}=\begin{pmatrix}1&0&1\\2&1&0\\-3&2&-5\end{pmatrix}$,求 $(\boldsymbol{E}-\boldsymbol{A})^{-1}$.

解 $\boldsymbol{A}=\begin{pmatrix}1&0&1\\2&1&0\\-3&2&-5\end{pmatrix}$,$\boldsymbol{E}-\boldsymbol{A}=\begin{pmatrix}0&0&-1\\-2&0&0\\3&-2&6\end{pmatrix}$.

$$(\boldsymbol{E}-\boldsymbol{A}\quad \boldsymbol{E})=\begin{pmatrix}0&0&-1&1&0&0\\-2&0&0&0&1&0\\3&-2&6&0&0&1\end{pmatrix}\xrightarrow{r_1\leftrightarrow r_2}\begin{pmatrix}-2&0&0&0&1&0\\0&0&-1&1&0&0\\3&-2&6&0&0&1\end{pmatrix}$$

$$\xrightarrow{r_2\leftrightarrow r_3}\begin{pmatrix}-2&0&0&0&1&0\\3&-2&6&0&0&1\\0&0&-1&1&0&0\end{pmatrix}\xrightarrow{-\frac{1}{2}r_1}\begin{pmatrix}1&0&0&0&-1/2&0\\3&-2&6&0&0&1\\0&0&-1&1&0&0\end{pmatrix}$$

$$\xrightarrow[r_2+\frac{3}{2}r_1]{-\frac{1}{2}r_2}\begin{pmatrix}1&0&0&0&-1/2&0\\0&1&-3&0&-3/4&-1/2\\0&0&-1&-1&0&0\end{pmatrix}\xrightarrow[c_3\leftrightarrow c_4]{-c_4}\begin{pmatrix}1&0&0&0&-1/2&0\\0&1&0&-3&-3/4&-1/2\\0&0&1&-1&0&0\end{pmatrix},$$

所以$(\boldsymbol{E}-\boldsymbol{A})^{-1}=\begin{pmatrix}0&-1/2&0\\-3&-3/4&-1/2\\-1&0&0\end{pmatrix}$.

例 4　设 n 阶方阵 $\boldsymbol{A}=\begin{pmatrix}&&&a_1\\&&a_2&\\&\iddots&&\\a_n&&&\end{pmatrix}$,$a_i\neq 0(i=1,2,\cdots,n)$,求 $\boldsymbol{A}^{-1}$.

解
$$\begin{pmatrix}&&&a_1&1&&&\\&&a_2&&&1&&\\&\iddots&&&&&\ddots&\\a_n&&&&&&&1\end{pmatrix}\longrightarrow\begin{pmatrix}a_n&&&&&&&1\\&a_{n-1}&&&&&\iddots&\\&&\ddots&&&1&&\\&&&a_1&1&&&\end{pmatrix}$$
$$\longrightarrow\begin{pmatrix}1&&&&&&&1/a_n\\&1&&&&&\iddots&\\&&\ddots&&&1/a_2&&\\&&&1&1/a_1&&&\end{pmatrix}.$$

所以 $\boldsymbol{A}^{-1}=\begin{pmatrix}&&&1/a_n\\&&\iddots&\\&1/a_2&&\\1/a_1&&&\end{pmatrix}$.

例 5　求解矩阵方程 $\boldsymbol{AX}=\boldsymbol{A}+\boldsymbol{X}$,其中 $\boldsymbol{A}=\begin{pmatrix}2&2&0\\2&1&3\\0&1&0\end{pmatrix}$.

解　把所给方程变形为$(\boldsymbol{A}-\boldsymbol{E})\boldsymbol{X}=\boldsymbol{A}$,则 $\boldsymbol{X}=(\boldsymbol{A}-\boldsymbol{E})^{-1}\boldsymbol{A}$.
$$(\boldsymbol{A}-\boldsymbol{E}\quad\boldsymbol{A})=\begin{pmatrix}1&2&0&2&2&0\\2&0&3&2&1&3\\0&1&-1&0&1&0\end{pmatrix}\xrightarrow[r_2\leftrightarrow r_3]{r_2-2r_1}\begin{pmatrix}1&2&0&2&2&0\\0&1&-1&0&1&0\\0&-4&3&-2&-3&3\end{pmatrix}$$
$$\xrightarrow[r_3\div(-1)]{r_3+4r_2}\begin{pmatrix}1&2&0&2&2&0\\0&1&-1&0&1&0\\0&0&1&2&-1&-3\end{pmatrix}\xrightarrow{r_2+r_3}\begin{pmatrix}1&2&0&2&2&0\\0&1&0&2&0&-3\\0&0&1&2&-1&-3\end{pmatrix}$$
$$\xrightarrow{r_1-2r_2}\begin{pmatrix}1&0&0&-2&2&6\\0&1&0&2&0&-3\\0&0&1&2&-1&-3\end{pmatrix},\quad 即\ \boldsymbol{X}=\begin{pmatrix}-2&2&6\\2&0&-3\\2&-1&-3\end{pmatrix}.$$

例 6　求矩阵 $\boldsymbol{A}=\begin{pmatrix}1&2&3\\2&3&-5\\4&7&1\end{pmatrix}$的秩.

解　在 $\boldsymbol{A}$ 中,$\begin{vmatrix}1&3\\2&-5\end{vmatrix}\neq 0$.

又因为 $\boldsymbol{A}$ 的 3 阶子式只有一个 $|\boldsymbol{A}|$，且 $|\boldsymbol{A}|=\begin{vmatrix}1&2&3\\2&3&-5\\4&7&1\end{vmatrix}=\begin{vmatrix}1&2&3\\0&-1&-11\\0&-1&-11\end{vmatrix}=0$,

所以 $R(\boldsymbol{A})=2$.

例 7 求矩阵 $\boldsymbol{A}=\begin{pmatrix}1&2&3&4\\-1&-1&-4&-2\\3&4&11&8\end{pmatrix}$ 的秩.

解 $\begin{pmatrix}1&2&3&4\\-1&-1&-4&-2\\3&4&11&8\end{pmatrix}\longrightarrow\begin{pmatrix}1&2&3&4\\0&1&-1&2\\0&-2&2&-4\end{pmatrix}\longrightarrow\begin{pmatrix}1&2&3&4\\0&1&-1&2\\0&0&0&0\end{pmatrix}\longrightarrow\begin{pmatrix}1&0&5&0\\0&1&-1&2\\0&0&0&0\end{pmatrix}$

$\longrightarrow\begin{pmatrix}1&0&0&0\\0&1&-1&2\\0&0&0&0\end{pmatrix}\longrightarrow\begin{pmatrix}1&0&0&0\\0&1&0&0\\0&0&0&0\end{pmatrix}$,

所以 $R(\boldsymbol{A})=2$.

例 8 设 $\boldsymbol{A}=\begin{pmatrix}1&-1&1&2\\3&\lambda&-1&2\\5&3&\mu&6\end{pmatrix}$，已知 $R(\boldsymbol{A})=2$，求 λ 与 μ 的值.

解 $\begin{pmatrix}1&-1&1&2\\3&\lambda&-1&2\\5&3&\mu&6\end{pmatrix}\longrightarrow\begin{pmatrix}1&-1&1&2\\0&\lambda+3&-4&-4\\0&8&\mu-5&-4\end{pmatrix}$

$\longrightarrow\begin{pmatrix}1&-1&1&2\\0&\lambda+3&-4&-4\\0&5-\lambda&\mu-1&0\end{pmatrix}$

又因为 $R(\boldsymbol{A})=2$，所以 $\begin{cases}5-\lambda=0,\\\mu-1=0.\end{cases}\Rightarrow\begin{cases}\lambda=5,\\\mu=1.\end{cases}$

例 9 判断方程组是否有解?

$$\begin{cases}-3x_1+x_2+4x_3=-1,\\x_1+x_2+x_3=0,\\-2x_1+x_3=-1,\\x_1+x_2-2x_3=0.\end{cases}$$

解 系数矩阵记作 $\boldsymbol{A}$，利用初等变换法求增广矩阵 $\boldsymbol{B}$ 的秩.

$$\boldsymbol{B}=\begin{pmatrix}-3&1&4&-1\\1&1&1&0\\-2&0&1&-1\\1&1&-2&0\end{pmatrix}\longrightarrow\begin{pmatrix}1&1&1&0\\-3&1&4&-1\\-2&0&1&-1\\1&1&-2&0\end{pmatrix}\longrightarrow\begin{pmatrix}1&1&1&0\\0&4&7&-1\\0&2&3&-1\\0&0&-3&0\end{pmatrix}$$

$$\longrightarrow\begin{pmatrix}1&1&1&0\\0&2&3&-1\\0&4&7&-1\\0&0&-3&0\end{pmatrix}\longrightarrow\begin{pmatrix}1&1&1&0\\0&2&3&-1\\0&0&1&1\\0&0&0&3\end{pmatrix}.$$

可见，$R(\boldsymbol{A})=3$，$R(\boldsymbol{B})=4$. 由于 $R(\boldsymbol{A})\neq R(\boldsymbol{B})$，故原方程组无解.

例 10　求解齐次线性方程组 $\begin{cases} x_1+2x_2+2x_3+x_4=0, \\ 2x_1+x_2-2x_3-2x_4=0, \\ x_1-x_2-4x_3-3x_4=0. \end{cases}$

解　对系数矩阵 $\boldsymbol{A}$ 施行初等行变换

$$\boldsymbol{A}=\begin{pmatrix} 1 & 2 & 2 & 1 \\ 2 & 1 & -2 & -2 \\ 1 & -1 & -4 & -3 \end{pmatrix} \longrightarrow \begin{pmatrix} 1 & 2 & 2 & 1 \\ 0 & -3 & -6 & -4 \\ 0 & -3 & -6 & -4 \end{pmatrix} \longrightarrow \begin{pmatrix} 1 & 2 & 2 & 1 \\ 0 & 1 & 2 & 4/3 \\ 0 & 0 & 0 & 0 \end{pmatrix}$$

$$\longrightarrow \begin{pmatrix} 1 & 0 & -2 & -5/3 \\ 0 & 1 & 2 & 4/3 \\ 0 & 0 & 0 & 0 \end{pmatrix}.$$

即得到与原方程同解的方程组

$$\begin{cases} x_1=2x_3+(5/3)x_4, \\ x_2=-2x_3-(4/3)x_4. \end{cases} \quad (x_3、x_4 \text{ 可任意取值})$$

令 $x_3=c_1, x_4=c_2$，把它写成向量形式为

$$\begin{pmatrix} x_1 \\ x_2 \\ x_3 \\ x_4 \end{pmatrix}=c_1\begin{pmatrix} 2 \\ -2 \\ 1 \\ 0 \end{pmatrix}+c_2\begin{pmatrix} 5/3 \\ -4/3 \\ 0 \\ 1 \end{pmatrix}. \quad (c_1、c_2 \text{ 为任意取值})$$

例 11　解线性方程组 $\begin{cases} x_1+5x_2-x_3-x_4=-1, \\ x_1-2x_2+x_3+3x_4=3, \\ 3x_1+8x_2-x_3+x_4=1, \\ x_1-9x_2+3x_3+7x_4=7. \end{cases}$

解　对增广矩阵 $(\boldsymbol{A}\ \ \boldsymbol{b})$ 施以初等变换，化为阶梯形矩阵：

$$(\boldsymbol{A}\ \ \boldsymbol{b})=\begin{pmatrix} 1 & 5 & -1 & -1 & -1 \\ 1 & -2 & 1 & 3 & 3 \\ 3 & 8 & -1 & 1 & 1 \\ 1 & -9 & 3 & 7 & 7 \end{pmatrix} \longrightarrow \begin{pmatrix} 1 & 5 & -1 & -1 & -1 \\ 0 & -7 & 2 & 4 & 4 \\ 0 & -7 & 2 & 4 & 4 \\ 0 & -14 & 4 & 8 & 8 \end{pmatrix}$$

$$\longrightarrow \begin{pmatrix} 1 & 5 & -1 & -1 & -1 \\ 0 & -7 & 2 & 4 & 4 \\ 0 & 0 & 0 & 0 & 0 \\ 0 & 0 & 0 & 0 & 0 \end{pmatrix} \longrightarrow \begin{pmatrix} 1 & 5 & -1 & -1 & -1 \\ 0 & 1 & -2/7 & -4/7 & -4/7 \\ 0 & 0 & 0 & 0 & 0 \\ 0 & 0 & 0 & 0 & 0 \end{pmatrix}.$$

因为 $R(\boldsymbol{A}\ \ \boldsymbol{b})=R(\boldsymbol{A})=2<4$，所以方程组有无穷多解.

将行阶梯形矩阵化为行最简形

$$\begin{pmatrix} 1 & 0 & 3/7 & 13/7 & 13/7 \\ 0 & 1 & -2/7 & -4/7 & -4/7 \\ 0 & 0 & 0 & 0 & 0 \\ 0 & 0 & 0 & 0 & 0 \end{pmatrix}, \quad \text{即} \begin{cases} x_1=\dfrac{13}{7}-\dfrac{3}{7}x_3-\dfrac{13}{7}x_4, \\ x_2=-\dfrac{4}{7}+\dfrac{2}{7}x_3+\dfrac{4}{7}x_4. \end{cases}$$

取 $x_3=c_1,x_4=c_2$（c_1、c_2 为任意常数），由方程组的全部解为

$$\begin{cases} x_1=\dfrac{13}{7}-\dfrac{3}{7}c_1-\dfrac{13}{7}c_2, \\ x_2=-\dfrac{4}{7}+\dfrac{2}{7}c_1+\dfrac{4}{7}c_2, \\ x_3=c_1, \\ x_4=c_2. \end{cases}$$

例 12 解线性方程组 $\begin{cases} x_1+x_2+2x_3+3x_4=1, \\ x_2+x_3-4x_4=1, \\ x_1+2x_2+3x_3-x_4=4, \\ 2x_1+3x_2-x_3-x_4=-6. \end{cases}$

解 $(\boldsymbol{A}\quad \boldsymbol{b})=\begin{pmatrix} 1 & 1 & 2 & 3 & 1 \\ 0 & 1 & 1 & -4 & 1 \\ 1 & 2 & 3 & -1 & 4 \\ 2 & 3 & -1 & -1 & -6 \end{pmatrix}\longrightarrow\begin{pmatrix} 1 & 1 & 2 & 3 & 1 \\ 0 & 1 & 1 & -4 & 1 \\ 0 & 1 & 1 & -4 & 3 \\ 0 & 1 & -5 & -7 & -8 \end{pmatrix}$

$$\longrightarrow\begin{pmatrix} 1 & 1 & 2 & 3 & 1 \\ 0 & 1 & 1 & -4 & 1 \\ 0 & 0 & 0 & 0 & 2 \\ 0 & 0 & -6 & -3 & -9 \end{pmatrix}\longrightarrow\begin{pmatrix} 1 & 1 & 2 & 3 & 1 \\ 0 & 1 & 1 & -4 & 1 \\ 0 & 0 & 6 & 3 & 9 \\ 0 & 0 & 0 & 0 & 2 \end{pmatrix}.$$

因为 $R(\boldsymbol{A})=3,R(\boldsymbol{B})=4,R(\boldsymbol{A})\neq R(\boldsymbol{B})$，所以原方程组无解.

例 13 证明方程组 $\begin{cases} x_1-x_2=a_1, \\ x_2-x_3=a_2, \\ x_3-x_4=a_3, \\ x_4-x_5=a_4, \\ -x_1+x_5=a_5 \end{cases}$ 有解的充要条件是 $a_1+a_2+a_3+a_4+a_5=0$.在有解的情况下，求出它的全部解.

证 设系数矩阵为 $\boldsymbol{A}$，对增广矩阵 $\boldsymbol{B}$ 进行初等变换

$$\boldsymbol{B}=\begin{pmatrix} 1 & -1 & 0 & 0 & 0 & a_1 \\ 0 & 1 & -1 & 0 & 0 & a_2 \\ 0 & 0 & 1 & -1 & 0 & a_3 \\ 0 & 0 & 0 & 1 & -1 & a_4 \\ -1 & 0 & 0 & 0 & 1 & a_5 \end{pmatrix}\longrightarrow\begin{pmatrix} 1 & -1 & 0 & 0 & 0 & a_1 \\ 0 & 1 & -1 & 0 & 0 & a_2 \\ 0 & 0 & 1 & -1 & 0 & a_3 \\ 0 & 0 & 0 & 1 & -1 & a_4 \\ 0 & 0 & 0 & 0 & 0 & \sum\limits_{i=1}^{5}a_i \end{pmatrix}$$

因为 $R(\boldsymbol{A})=R(\boldsymbol{B})\Rightarrow\sum\limits_{i=1}^{5}a_i=0$，

所以方程组有解的充要条件是 $\sum\limits_{i=1}^{5}a_i=0$.

在有解的情况下,原方程组等价于方程组$\begin{cases} x_1-x_2 = a_1, \\ x_2-x_3 = a_2, \\ x_3-x_4 = a_3, \\ x_4-x_5 = a_4. \end{cases}$

故所求全部解为$\begin{cases} x_1 = a_1+a_2+a_3+a_4+a_5, \\ x_2 = a_2+a_3+a_4+a_5, \\ x_3 = a_3+a_4+a_5, \\ x_4 = a_4+a_5. \end{cases}$ （x_5 为任意实数）

例 14　讨论线性方程组$\begin{cases} x_1+x_2+2x_3+3x_4=1, \\ x_1+3x_2+6x_3+x_4=3, \\ 3x_1-x_2-px_3+15x_4=3, \\ x_1-5x_2-10x_3+12x_4=t. \end{cases}$ 当 p、t 取何值时,方程组无解？有唯一解？有无穷多解？在方程组有无穷多解的情况下,求出全部解.

解

$$\boldsymbol{B}=\begin{pmatrix} 1 & 1 & 2 & 3 & 1 \\ 1 & 3 & 6 & 1 & 3 \\ 3 & -1 & -p & 15 & 3 \\ 1 & -5 & -10 & 12 & t \end{pmatrix} \longrightarrow \begin{pmatrix} 1 & 1 & 2 & 3 & 1 \\ 0 & 2 & 4 & -2 & 2 \\ 0 & -4 & -p-6 & 6 & 0 \\ 0 & -6 & -12 & 9 & t-1 \end{pmatrix}$$

$$\longrightarrow \begin{pmatrix} 1 & 1 & 2 & 3 & 1 \\ 0 & 1 & 2 & -1 & 1 \\ 0 & 0 & -p+2 & 2 & 4 \\ 0 & 0 & 0 & 3 & t+5 \end{pmatrix}$$

(1) 当 $p\neq 2$ 时,$R(\boldsymbol{A})=R(\boldsymbol{B})=4$,方程组有唯一解;

(2) 当 $p=2$ 时,有

$$\boldsymbol{B} \longrightarrow \begin{pmatrix} 1 & 1 & 2 & 3 & 1 \\ 0 & 1 & 2 & -1 & 1 \\ 0 & 0 & 0 & 2 & 4 \\ 0 & 0 & 0 & 3 & t+5 \end{pmatrix} \longrightarrow \begin{pmatrix} 1 & 1 & 2 & 3 & 1 \\ 0 & 1 & 2 & -1 & 1 \\ 0 & 0 & 0 & 1 & 2 \\ 0 & 0 & 0 & 0 & t-1 \end{pmatrix}$$

当 $t\neq 1$ 时,$R(\boldsymbol{A})=3<R(\boldsymbol{B})=4$,方程组无解;

当 $t=1$ 时,$R(\boldsymbol{A})=R(\boldsymbol{B})=3$,方程组有无穷多解.

$$\boldsymbol{B} \longrightarrow \begin{pmatrix} 1 & 1 & 2 & 3 & 1 \\ 0 & 1 & 2 & -1 & 1 \\ 0 & 0 & 0 & 1 & 2 \\ 0 & 0 & 0 & 0 & t-1 \end{pmatrix} \longrightarrow \begin{pmatrix} 1 & 1 & 2 & 3 & 1 \\ 0 & 1 & 2 & -1 & 1 \\ 0 & 0 & 0 & 1 & 2 \\ 0 & 0 & 0 & 0 & 0 \end{pmatrix} \longrightarrow \begin{pmatrix} 1 & 0 & 0 & 0 & -8 \\ 0 & 1 & 2 & 0 & 3 \\ 0 & 0 & 0 & 1 & 2 \\ 0 & 0 & 0 & 0 & 0 \end{pmatrix},$$

即$\begin{cases} x_1=-8, \\ x_2+2x_3=3, \\ x_4=2. \end{cases}$　令 $x_3=k$,

故原方程组的全部解为 $\begin{pmatrix} x_1 \\ x_2 \\ x_3 \\ x_4 \end{pmatrix} = k\begin{pmatrix} 0 \\ -2 \\ 1 \\ 0 \end{pmatrix} + \begin{pmatrix} -8 \\ 3 \\ 0 \\ 2 \end{pmatrix} \quad (k \in \mathbf{R})$.

第四节 习题详解

1. 用初等行变换将下列矩阵化成行阶梯形：

(1) $\boldsymbol{A} = \begin{pmatrix} 2 & -1 & 2 & 2 & 1 \\ 3 & 1 & 2 & 3 & 0 \\ 1 & -1 & 3 & -1 & 2 \end{pmatrix}$；　(2) $\boldsymbol{A} = \begin{pmatrix} 1 & 2 & -2 \\ 2 & 1 & 2 \\ 1 & 1 & 0 \end{pmatrix}$；

(3) $\boldsymbol{A} = \begin{pmatrix} 1 & -1 & 3 & -4 & 3 \\ 3 & -3 & 5 & -4 & 1 \\ 2 & -2 & 3 & -2 & 0 \\ 3 & -3 & 4 & -2 & -1 \end{pmatrix}$；　(4) $\boldsymbol{A} = \begin{pmatrix} 2 & 3 & 1 & -3 & -7 \\ 1 & 2 & 0 & -2 & -4 \\ 3 & -2 & 8 & 3 & 0 \\ 2 & -3 & 7 & 4 & 3 \end{pmatrix}$.

解 (1) $\boldsymbol{A} = \begin{pmatrix} 2 & -1 & 2 & 2 & 1 \\ 3 & 1 & 2 & 3 & 0 \\ 1 & -1 & 3 & -1 & 2 \end{pmatrix} \xrightarrow{r_1 \leftrightarrow r_3} \begin{pmatrix} 1 & -1 & 3 & -1 & 2 \\ 3 & 1 & 2 & 3 & 0 \\ 2 & -1 & 2 & 2 & 1 \end{pmatrix} \xrightarrow[r_3 - 2r_1]{r_2 - 3r_1}$

$\begin{pmatrix} 1 & -1 & 3 & -1 & 2 \\ 0 & 4 & -7 & 6 & -6 \\ 0 & 1 & -4 & 4 & -3 \end{pmatrix} \xrightarrow{r_2 \leftrightarrow r_3} \begin{pmatrix} 1 & -1 & 3 & -1 & 2 \\ 0 & 1 & -4 & 4 & -3 \\ 0 & 4 & -7 & 6 & -6 \end{pmatrix} \xrightarrow{r_3 - 4r_2} \begin{pmatrix} 1 & -1 & 3 & -1 & 2 \\ 0 & 1 & -4 & 4 & -3 \\ 0 & 0 & 9 & -10 & 6 \end{pmatrix}$.

(2) $\boldsymbol{A} = \begin{pmatrix} 1 & 2 & -2 \\ 2 & 1 & 2 \\ 1 & 1 & 0 \end{pmatrix} \xrightarrow[r_3 - r_1]{r_2 - 2r_1} \begin{pmatrix} 1 & 2 & -2 \\ 0 & -3 & 6 \\ 0 & -1 & 2 \end{pmatrix} \xrightarrow{r_2 \leftrightarrow r_3} \begin{pmatrix} 1 & 2 & -2 \\ 0 & -1 & 2 \\ 0 & -3 & 6 \end{pmatrix} \xrightarrow{r_3 - 3r_2} \begin{pmatrix} 1 & 2 & -2 \\ 0 & -1 & 2 \\ 0 & 0 & 0 \end{pmatrix}$.

(3) $\boldsymbol{A} = \begin{pmatrix} 1 & -1 & 3 & -4 & 3 \\ 3 & -3 & 5 & -4 & 1 \\ 2 & -2 & 3 & -2 & 0 \\ 3 & -3 & 4 & -2 & -1 \end{pmatrix} \xrightarrow[r_4 - 3r_1]{r_2 - 3r_1,\ r_3 - 2r_1} \begin{pmatrix} 1 & -1 & 3 & -4 & 3 \\ 0 & 0 & -4 & 8 & -8 \\ 0 & 0 & -3 & 6 & -6 \\ 0 & 0 & -5 & 10 & -10 \end{pmatrix} \xrightarrow[r_4 \times \frac{1}{5}]{r_2 \times \frac{1}{4},\ r_3 \times \frac{1}{3}}$

$\begin{pmatrix} 1 & -1 & 3 & -4 & 3 \\ 0 & 0 & -1 & 2 & -2 \\ 0 & 0 & -1 & 2 & -2 \\ 0 & 0 & -1 & 2 & -2 \end{pmatrix} \xrightarrow[r_4 - r_2]{r_3 - r_2} \begin{pmatrix} 1 & -1 & 3 & -4 & 3 \\ 0 & 0 & -1 & 2 & -2 \\ 0 & 0 & 0 & 0 & 0 \\ 0 & 0 & 0 & 0 & 0 \end{pmatrix}$.

(4) $\boldsymbol{A} = \begin{pmatrix} 2 & 3 & 1 & -3 & -7 \\ 1 & 2 & 0 & -2 & -4 \\ 3 & -2 & 8 & 3 & 0 \\ 2 & -3 & 7 & 4 & 3 \end{pmatrix} \xrightarrow[r_4 - 2r_2]{r_1 - 2r_2,\ r_3 - 3r_2} \begin{pmatrix} 0 & -1 & 1 & 1 & 1 \\ 1 & 2 & 0 & -2 & -4 \\ 0 & -8 & 8 & 9 & 12 \\ 0 & -7 & 7 & 8 & 11 \end{pmatrix} \xrightarrow[r_4 - 7r_1]{r_2 + 2r_1,\ r_3 - 8r_1}$

$\begin{pmatrix} 0 & -1 & 1 & 1 & 1 \\ 1 & 0 & 2 & 0 & -2 \\ 0 & 0 & 0 & 1 & 4 \\ 0 & 0 & 0 & 1 & 4 \end{pmatrix} \xrightarrow[r_4 - r_3]{r_1 \leftrightarrow r_2,\ r_2 \times (-1)} \begin{pmatrix} 1 & 0 & 2 & 0 & -2 \\ 0 & 1 & -1 & -1 & -1 \\ 0 & 0 & 0 & 1 & 4 \\ 0 & 0 & 0 & 0 & 0 \end{pmatrix} \xrightarrow{r_2 + r_3} \begin{pmatrix} 1 & 0 & 2 & 0 & -2 \\ 0 & 1 & -1 & 0 & 3 \\ 0 & 0 & 0 & 1 & 4 \\ 0 & 0 & 0 & 0 & 0 \end{pmatrix}$.

2. 用初等变换求下列矩阵的逆矩阵：

（1）$\boldsymbol{A}=\begin{pmatrix}3&1\\5&2\end{pmatrix}$；　　（2）$\boldsymbol{A}=\begin{pmatrix}1&0&0\\2&2&5\\0&1&3\end{pmatrix}$；

（3）$\boldsymbol{A}=\begin{pmatrix}2&2&3\\1&-1&0\\-1&2&1\end{pmatrix}$；　　（4）$\boldsymbol{A}=\begin{pmatrix}1&1&1&1\\1&1&-1&-1\\1&-1&1&-1\\1&-1&-1&1\end{pmatrix}$.

解　（1）$\begin{pmatrix}3&1&1&0\\5&2&0&1\end{pmatrix}\xrightarrow{r_1\times\frac{1}{3}}\begin{pmatrix}1&\frac{1}{3}&\frac{1}{3}&0\\5&2&0&1\end{pmatrix}\xrightarrow{r_2-5r_1}\begin{pmatrix}1&\frac{1}{3}&\frac{1}{3}&0\\0&\frac{1}{3}&-\frac{5}{3}&1\end{pmatrix}\xrightarrow{r_1-r_2}$

$\begin{pmatrix}1&0&2&-1\\0&\frac{1}{3}&-\frac{5}{3}&1\end{pmatrix}\xrightarrow{r_2\times 3}\begin{pmatrix}1&0&2&-1\\0&1&-5&3\end{pmatrix}$,

所以 $\boldsymbol{A}^{-1}=\begin{pmatrix}2&-1\\-5&3\end{pmatrix}$.

（2）$\begin{pmatrix}1&0&0&1&0&0\\2&2&5&0&1&0\\0&1&3&0&0&1\end{pmatrix}\xrightarrow{r_2-2r_1}\begin{pmatrix}1&0&0&1&0&0\\0&2&5&-2&1&0\\0&1&3&0&0&1\end{pmatrix}\xrightarrow{r_2\leftrightarrow r_3}\begin{pmatrix}1&0&0&1&0&0\\0&1&3&0&0&1\\0&2&5&-2&1&0\end{pmatrix}$

$\xrightarrow{r_3-2r_2}\begin{pmatrix}1&0&0&1&0&0\\0&1&3&0&0&1\\0&0&-1&-2&1&-2\end{pmatrix}\xrightarrow[r_3\times(-1)]{r_2+3r_3}\begin{pmatrix}1&0&0&1&0&0\\0&1&0&-6&3&-5\\0&0&1&2&-1&2\end{pmatrix}$,

所以 $\boldsymbol{A}^{-1}=\begin{pmatrix}1&0&0\\-6&3&-5\\2&-1&2\end{pmatrix}$.

（3）$\begin{pmatrix}2&2&3&1&0&0\\1&-1&0&0&1&0\\-1&2&1&0&0&1\end{pmatrix}\xrightarrow{r_1\leftrightarrow r_2}\begin{pmatrix}1&-1&0&0&1&0\\2&2&3&1&0&0\\-1&2&1&0&0&1\end{pmatrix}\xrightarrow[r_3+r_1]{r_2-2r_1}$

$\begin{pmatrix}1&-1&0&0&1&0\\0&4&3&1&-2&0\\0&1&1&0&1&1\end{pmatrix}\xrightarrow{r_2\leftrightarrow r_3}\begin{pmatrix}1&-1&0&0&1&0\\0&1&1&0&1&1\\0&4&3&1&-2&0\end{pmatrix}\xrightarrow{r_3-4r_2}$

$\begin{pmatrix}1&-1&0&0&1&0\\0&1&1&0&1&1\\0&0&-1&1&-6&-4\end{pmatrix}\xrightarrow{r_2+r_3}\begin{pmatrix}1&-1&0&0&1&0\\0&1&0&1&-5&-3\\0&0&-1&1&-6&-4\end{pmatrix}\xrightarrow[r_3\times(-1)]{r_1+r_2}$

$\begin{pmatrix}1&0&0&1&-4&-3\\0&1&0&1&-5&-3\\0&0&1&-1&6&4\end{pmatrix}$,

所以 $\boldsymbol{A}^{-1}=\begin{pmatrix}1&-4&-3\\1&-5&-3\\-1&6&4\end{pmatrix}$.

（4）$\begin{pmatrix}1&1&1&1&1&0&0&0\\1&1&-1&-1&0&1&0&0\\1&-1&1&-1&0&0&1&0\\1&-1&-1&1&0&0&0&1\end{pmatrix}\xrightarrow[r_4-r_1]{r_2-r_1,\ r_3-r_1}\begin{pmatrix}1&1&1&1&1&0&0&0\\0&0&-2&-2&-1&1&0&0\\0&-2&0&-2&-1&0&1&0\\0&-2&-2&0&-1&0&0&1\end{pmatrix}\xrightarrow{r_2\leftrightarrow r_3}$

$$\begin{pmatrix}1&1&1&1&1&0&0&0\\0&-2&0&-2&-1&0&1&0\\0&0&-2&-2&-1&1&0&0\\0&-2&-2&0&-1&0&0&1\end{pmatrix}\xrightarrow{r_4-r_2}\begin{pmatrix}1&1&1&1&1&0&0&0\\0&-2&0&-2&-1&0&1&0\\0&0&-2&-2&-1&1&0&0\\0&0&-2&2&0&0&-1&1\end{pmatrix}\xrightarrow{r_4-r_3}$$

$$\begin{pmatrix}1&1&1&1&1&0&0&0\\0&-2&0&-2&-1&0&1&0\\0&0&-2&-2&-1&1&0&0\\0&0&0&4&1&-1&-1&1\end{pmatrix}\xrightarrow[r_4\times\frac{1}{4}]{r_2\times\left(-\frac{1}{2}\right)\ r_3\times\left(-\frac{1}{2}\right)}\begin{pmatrix}1&1&1&1&1&0&0&0\\0&1&0&1&\frac{1}{2}&0&-\frac{1}{2}&0\\0&0&1&1&\frac{1}{2}&-\frac{1}{2}&0&0\\0&0&0&1&\frac{1}{4}&-\frac{1}{4}&-\frac{1}{4}&\frac{1}{4}\end{pmatrix}\xrightarrow[r_3-r_4]{r_1-r_4\ r_2-r_4}$$

$$\begin{pmatrix}1&1&1&0&\frac{3}{4}&\frac{1}{4}&\frac{1}{4}&-\frac{1}{4}\\0&1&0&0&\frac{1}{4}&\frac{1}{4}&-\frac{1}{4}&-\frac{1}{4}\\0&0&1&0&\frac{1}{4}&-\frac{1}{4}&\frac{1}{4}&-\frac{1}{4}\\0&0&0&1&\frac{1}{4}&-\frac{1}{4}&-\frac{1}{4}&\frac{1}{4}\end{pmatrix}\xrightarrow{r_1-r_3}\begin{pmatrix}1&1&0&0&\frac{1}{2}&\frac{1}{2}&0&0\\0&1&0&0&\frac{1}{4}&\frac{1}{4}&-\frac{1}{4}&-\frac{1}{4}\\0&0&1&0&\frac{1}{4}&-\frac{1}{4}&\frac{1}{4}&-\frac{1}{4}\\0&0&0&1&\frac{1}{4}&-\frac{1}{4}&-\frac{1}{4}&\frac{1}{4}\end{pmatrix}\xrightarrow{r_1-r_2}$$

$$\begin{pmatrix}1&0&0&0&\frac{1}{4}&\frac{1}{4}&\frac{1}{4}&\frac{1}{4}\\0&1&0&0&\frac{1}{4}&\frac{1}{4}&-\frac{1}{4}&-\frac{1}{4}\\0&0&1&0&\frac{1}{4}&-\frac{1}{4}&\frac{1}{4}&-\frac{1}{4}\\0&0&0&1&\frac{1}{4}&-\frac{1}{4}&-\frac{1}{4}&\frac{1}{4}\end{pmatrix},\text{所以 }\boldsymbol{A}^{-1}=\frac{1}{4}\begin{pmatrix}1&1&1&1\\1&1&-1&-1\\1&-1&1&-1\\1&-1&-1&1\end{pmatrix}=\frac{1}{4}\boldsymbol{A}.$$

3. 用初等变换求解下列矩阵方程：

(1) $\begin{pmatrix}2&5\\1&3\end{pmatrix}\boldsymbol{X}=\begin{pmatrix}4&-6\\2&1\end{pmatrix}$；　　(2) $\begin{pmatrix}1&1&-1\\0&2&2\\1&-1&0\end{pmatrix}\boldsymbol{X}=\begin{pmatrix}1\\1\\2\end{pmatrix}$；

(3) $\begin{pmatrix}1&2&-3\\3&2&-4\\2&-1&0\end{pmatrix}\boldsymbol{X}=\begin{pmatrix}-3&0\\2&7\\7&8\end{pmatrix}$；　　(4) $\begin{pmatrix}0&1&0\\1&0&0\\0&0&1\end{pmatrix}\boldsymbol{X}\begin{pmatrix}1&0&0\\0&0&1\\0&1&0\end{pmatrix}=\begin{pmatrix}2&-4&3\\2&0&-1\\1&-2&0\end{pmatrix}$.

解 (1) $\boldsymbol{A}=\begin{pmatrix}2&5\\1&3\end{pmatrix},\boldsymbol{B}=\begin{pmatrix}4&-6\\2&1\end{pmatrix},\boldsymbol{AX}=\boldsymbol{B},(\boldsymbol{A}\quad\boldsymbol{B})=\begin{pmatrix}2&5&4&-6\\1&3&2&1\end{pmatrix}\xrightarrow{r_2\leftrightarrow r_1}$

$$\begin{pmatrix}1&3&2&1\\2&5&4&-6\end{pmatrix}\xrightarrow{r_2-2r_1}\begin{pmatrix}1&3&2&1\\0&-1&0&-8\end{pmatrix}\xrightarrow[r_2\times(-1)]{r_1+3r_2}\begin{pmatrix}1&0&2&-23\\0&1&0&8\end{pmatrix},$$

所以 $\boldsymbol{X}=\begin{pmatrix}2&-23\\0&8\end{pmatrix}$.

(2) $\boldsymbol{A}=\begin{pmatrix}1&1&-1\\0&2&2\\1&-1&0\end{pmatrix},\boldsymbol{B}=\begin{pmatrix}1\\1\\2\end{pmatrix},\boldsymbol{AX}=\boldsymbol{B},(\boldsymbol{A}\quad\boldsymbol{B})=\begin{pmatrix}1&1&-1&1\\0&2&2&1\\1&-1&0&2\end{pmatrix}$

$$\xrightarrow{r_3-r_1}\begin{pmatrix}1&1&-1&1\\0&2&2&1\\0&-2&1&1\end{pmatrix}\xrightarrow{r_3+r_2}\begin{pmatrix}1&1&-1&1\\0&2&2&1\\0&0&3&2\end{pmatrix}\xrightarrow[r_2\times\frac{1}{2}]{r_3\times\frac{1}{3}}\begin{pmatrix}1&1&-1&1\\0&1&1&\frac{1}{2}\\0&0&1&\frac{2}{3}\end{pmatrix}\xrightarrow[r_2-r_3]{r_1+r_3}\begin{pmatrix}1&1&0&\frac{5}{3}\\0&1&0&-\frac{1}{6}\\0&0&1&\frac{2}{3}\end{pmatrix}$$

$$\xrightarrow{r_1-r_2}\begin{pmatrix}1&0&0&\frac{11}{6}\\0&1&0&-\frac{1}{6}\\0&0&1&\frac{2}{3}\end{pmatrix}\text{，所以 }\boldsymbol{X}=\frac{1}{6}\begin{pmatrix}11\\-1\\4\end{pmatrix}.$$

（3）$\boldsymbol{A}=\begin{pmatrix}1&2&-3\\3&2&-4\\2&-1&0\end{pmatrix}$，$\boldsymbol{B}=\begin{pmatrix}-3&0\\2&7\\7&8\end{pmatrix}$，$\boldsymbol{AX}=\boldsymbol{B}$，

$$(\boldsymbol{A}\quad\boldsymbol{B})=\begin{pmatrix}1&2&-3&-3&0\\3&2&-4&2&7\\2&-1&0&7&8\end{pmatrix}\xrightarrow[r_3-2r_1]{r_2-3r_1}\begin{pmatrix}1&2&-3&-3&0\\0&-4&5&11&7\\0&-5&6&13&8\end{pmatrix}\xrightarrow{r_2-r_3}$$

$$\begin{pmatrix}1&2&-3&-3&0\\0&1&-1&-2&-1\\0&-5&6&13&8\end{pmatrix}\xrightarrow{r_3+5r_2}\begin{pmatrix}1&2&-3&3&0\\0&1&-1&-2&-1\\0&0&1&3&3\end{pmatrix}\xrightarrow[r_2+r_3]{r_1+3r_3}\begin{pmatrix}1&2&0&6&9\\0&1&0&1&2\\0&0&1&3&3\end{pmatrix}$$

$$\xrightarrow{r_1-2r_2}\begin{pmatrix}1&0&0&4&5\\0&1&0&1&2\\0&0&1&3&3\end{pmatrix}\text{，所以 }\boldsymbol{X}=\begin{pmatrix}4&5\\1&2\\3&3\end{pmatrix}.$$

（4）$\boldsymbol{A}=\begin{pmatrix}0&1&0\\1&0&0\\0&0&1\end{pmatrix}$，$\boldsymbol{B}=\begin{pmatrix}1&0&0\\0&0&1\\0&1&0\end{pmatrix}$，$\boldsymbol{C}=\begin{pmatrix}2&-4&3\\2&0&-1\\1&-2&0\end{pmatrix}$，$\boldsymbol{AXB}=\boldsymbol{C}$，

$$(\boldsymbol{A}\quad\boldsymbol{C})=\begin{pmatrix}0&1&0&2&-4&3\\1&0&0&2&0&-1\\0&0&1&1&-2&0\end{pmatrix}\xrightarrow{r_1\leftrightarrow r_2}\begin{pmatrix}1&0&0&2&0&-1\\0&1&0&2&-4&3\\0&0&1&1&-2&0\end{pmatrix},$$

所以 $\boldsymbol{XB}=\begin{pmatrix}2&0&-1\\2&-4&3\\1&-2&0\end{pmatrix}=\boldsymbol{C}_1$，

$$\begin{pmatrix}\boldsymbol{B}\\\boldsymbol{C}_1\end{pmatrix}=\begin{pmatrix}1&0&0\\0&0&1\\0&1&0\\2&0&-1\\2&-4&3\\1&-2&0\end{pmatrix}\xrightarrow{C_2\leftrightarrow C_3}\begin{pmatrix}1&0&0\\0&1&0\\0&0&1\\2&-1&0\\2&3&-4\\1&0&-2\end{pmatrix}\text{，所以 }\boldsymbol{X}=\begin{pmatrix}2&1&0\\2&3&-4\\1&0&-2\end{pmatrix}.$$

4. 用初等变换求下列矩阵的秩：

（1）$\boldsymbol{A}=\begin{pmatrix}2&0&3&1&4\\3&-5&4&2&7\\1&5&2&0&1\end{pmatrix}$；　　　　（2）$\boldsymbol{A}=\begin{pmatrix}1&1&-1\\3&1&0\\4&4&1\\1&-2&1\end{pmatrix}$；

(3) $\boldsymbol{A}=\begin{pmatrix}1&-1&0&-2&-1\\-3&2&1&3&-3\\2&3&-5&0&6\\0&1&-1&2&4\end{pmatrix}$;　　(4) $\boldsymbol{A}=\begin{pmatrix}2&1&8&3&7\\2&-3&0&7&-5\\3&-2&5&8&0\\1&0&3&2&0\end{pmatrix}$.

解　(1) $\boldsymbol{A}=\begin{pmatrix}2&0&3&1&4\\3&-5&4&2&7\\1&5&2&0&1\end{pmatrix}\xrightarrow{r_1\leftrightarrow r_3}\begin{pmatrix}1&5&2&0&1\\3&-5&4&2&7\\2&0&3&1&4\end{pmatrix}\xrightarrow[r_3-2r_1]{r_2-3r_1}$

$\begin{pmatrix}1&5&2&0&1\\0&-20&-2&2&4\\0&-10&-1&1&2\end{pmatrix}\xrightarrow{r_2\times\frac{1}{2}}\begin{pmatrix}1&5&2&0&1\\0&-10&-1&1&2\\0&-10&-1&1&2\end{pmatrix}\xrightarrow{r_3-r_2}\begin{pmatrix}1&5&2&0&1\\0&-10&-1&1&2\\0&0&0&0&0\end{pmatrix}$,

所以 $R(\boldsymbol{A})=2$.

(2) $\boldsymbol{A}=\begin{pmatrix}1&1&-1\\3&1&0\\4&4&1\\1&-2&1\end{pmatrix}\xrightarrow[r_4-r_1]{r_2-3r_1,\ r_3-4r_1}\begin{pmatrix}1&1&-1\\0&-2&3\\0&0&5\\0&-3&2\end{pmatrix}\xrightarrow[r_3\times\frac{1}{5}]{r_2\times\left(-\frac{1}{2}\right)}\begin{pmatrix}1&1&-1\\0&1&-\frac{3}{2}\\0&0&1\\0&-3&2\end{pmatrix}\xrightarrow{r_4+3r_2}$

$\begin{pmatrix}1&1&-1\\0&1&-\frac{3}{2}\\0&0&1\\0&0&-\frac{5}{2}\end{pmatrix}\xrightarrow{r_4+\frac{5}{2}r_3}\begin{pmatrix}1&1&-1\\0&1&-\frac{3}{2}\\0&0&1\\0&0&0\end{pmatrix}$,所以 $R(\boldsymbol{A})=3$.

(3) $\boldsymbol{A}=\begin{pmatrix}1&-1&0&-2&-1\\-3&2&1&3&-3\\2&3&-5&0&6\\0&1&-1&2&4\end{pmatrix}\xrightarrow[r_3-2r_1]{r_2+3r_1}\begin{pmatrix}1&-1&0&-2&-1\\0&-1&1&-3&-6\\0&5&-5&4&8\\0&1&-1&2&4\end{pmatrix}\xrightarrow[r_4+r_2]{r_3+5r_2}$

$\begin{pmatrix}1&-1&0&-2&-1\\0&-1&1&-3&-6\\0&0&0&-11&-22\\0&0&0&-1&-2\end{pmatrix}\xrightarrow{r_3\times\frac{1}{11}}\begin{pmatrix}1&-1&0&-2&-1\\0&-1&1&-3&-6\\0&0&0&-1&-2\\0&0&0&-1&-2\end{pmatrix}\xrightarrow{r_4-r_3}\begin{pmatrix}1&-1&0&-2&-1\\0&-1&1&-3&-6\\0&0&0&-1&-2\\0&0&0&0&0\end{pmatrix}$,

所以 $R(\boldsymbol{A})=3$.

(4) $\boldsymbol{A}=\begin{pmatrix}2&1&8&3&7\\2&-3&0&7&-5\\3&-2&5&8&0\\1&0&3&2&0\end{pmatrix}\xrightarrow{r_1\leftrightarrow r_4}\begin{pmatrix}1&0&3&2&0\\2&-3&0&7&-5\\3&-2&5&8&0\\2&1&8&3&7\end{pmatrix}$

$\xrightarrow[r_4-2r_1]{r_2-2r_1,\ r_3-3r_1}\begin{pmatrix}1&0&3&2&0\\0&-3&-6&3&-5\\0&-2&-4&2&0\\0&1&2&-1&7\end{pmatrix}\xrightarrow{r_2\leftrightarrow r_4}\begin{pmatrix}1&0&3&2&0\\0&1&2&-1&7\\0&-2&-4&2&0\\0&-3&-6&3&-5\end{pmatrix}\xrightarrow[r_4+3r_2]{r_3+2r_2}$

$\begin{pmatrix}1&0&3&2&0\\0&1&2&-1&7\\0&0&0&0&14\\0&0&0&0&16\end{pmatrix}\xrightarrow{r_4-\frac{16}{14}r_3}\begin{pmatrix}1&0&3&2&0\\0&1&2&-1&7\\0&0&0&0&14\\0&0&0&0&0\end{pmatrix}$,所以 $R(\boldsymbol{A})=3$.

5. 设矩阵 $\boldsymbol{A}=\begin{pmatrix}1&-2&-1&2\\3&-6&-3&6\\-2&4&2&K\end{pmatrix}$,问 K 分别为何值时,$R(\boldsymbol{A})=1$,$R(\boldsymbol{A})=2$ 和 $R(\boldsymbol{A})=3$.

$$\boldsymbol{A}=\begin{pmatrix}1&-2&-1&2\\3&-6&-3&6\\-2&4&2&K\end{pmatrix}\xrightarrow[r_3+2r_1]{r_2-3r_1}\begin{pmatrix}1&-2&-1&3\\0&0&0&0\\0&0&0&K+4\end{pmatrix}\xrightarrow{r_2\leftrightarrow r_3}\begin{pmatrix}1&-2&-1&3\\0&0&0&K+4\\0&0&0&0\end{pmatrix}$$

当 $K=-4$ 时,$R(\boldsymbol{A})=1$;当 $K\neq-4$ 时,$R(\boldsymbol{A})=2$;$R(\boldsymbol{A})$不可能为 3.

6. 判断下列线性方程组是否有解,若有解,分别说明方程组解的情况,并求出通解.

(1) $\begin{cases}4x_1+2x_2-x_3=2,\\3x_1-x_2+2x_3=10,\\11x_1+3x_2=8;\end{cases}$　　(2) $\begin{cases}x_1-2x_2+x_3=-5,\\x_1+5x_2-7x_3=2,\\3x_1+x_2-5x_3=-8;\end{cases}$

(3) $\begin{cases}x_1+2x_2-3x_3=0,\\2x_1+5x_2+2x_3=0,\\3x_1-x_2-4x_3=0,\\7x_1+8x_2-8x_3=0.\end{cases}$

解　(1) $\boldsymbol{B}=\begin{pmatrix}4&2&-1&2\\3&-1&2&10\\11&3&0&8\end{pmatrix}\xrightarrow{r_1-r_2}\begin{pmatrix}1&3&-3&-8\\3&-1&2&10\\11&3&0&8\end{pmatrix}\xrightarrow[r_3-11r_1]{r_2-3r_1}\begin{pmatrix}1&3&-3&-8\\0&-10&11&34\\0&-30&33&96\end{pmatrix}$

$\xrightarrow{r_3-3r_2}\begin{pmatrix}1&3&-3&-8\\0&-10&11&34\\0&0&0&-6\end{pmatrix}$,$R(\boldsymbol{A})=2\neq R(\boldsymbol{B})=3$,无解.

(2) $\boldsymbol{B}=\begin{pmatrix}1&-2&1&-5\\1&5&-7&2\\3&1&-5&-8\end{pmatrix}\xrightarrow[r_3-3r_1]{r_2-r_1}\begin{pmatrix}1&-2&1&-5\\0&7&-8&7\\0&7&-8&7\end{pmatrix}\xrightarrow{r_3-r_2}\begin{pmatrix}1&-2&1&-5\\0&7&-8&7\\0&0&0&0\end{pmatrix}$,

$R(\boldsymbol{A})=R(\boldsymbol{B})=2<3$,有无穷个解.

$$\begin{pmatrix}1&-2&1&-5\\0&7&-8&7\\0&0&0&0\end{pmatrix}\xrightarrow{r_2\times\frac{1}{7}}\begin{pmatrix}1&-2&1&-5\\0&1&-\frac{8}{7}&1\\0&0&0&0\end{pmatrix}\xrightarrow{r_1+2r_2}\begin{pmatrix}1&0&-\frac{9}{7}&-3\\0&1&-\frac{8}{7}&1\\0&0&0&0\end{pmatrix}\begin{cases}x_1-\frac{9}{7}x_2=-3,\\x_2-\frac{8}{7}x_3=1.\end{cases}$$

取 $x_3=c$,
$$\begin{cases}x_1=-3+\frac{9}{7}c,\\x_2=1+\frac{8}{7}c,\\x_3=c.\end{cases}$$

通解:
$$\begin{pmatrix}x_1\\x_2\\x_3\end{pmatrix}=\begin{pmatrix}-3\\1\\0\end{pmatrix}+c\begin{pmatrix}\frac{9}{7}\\\frac{8}{7}\\1\end{pmatrix}.$$

(3) $\boldsymbol{A}=\begin{pmatrix}1&2&-3\\2&5&2\\3&-1&-4\\7&8&-8\end{pmatrix}\xrightarrow[r_4-7r_1]{r_2-2r_1,\ r_3-3r_1}\begin{pmatrix}1&2&-3\\0&1&8\\0&-7&5\\0&-6&13\end{pmatrix}\xrightarrow[r_4+6r_2]{r_3+7r_2}\begin{pmatrix}1&2&-3\\0&1&8\\0&0&61\\0&0&61\end{pmatrix}\xrightarrow{r_4-r_3}\begin{pmatrix}1&2&-3\\0&1&8\\0&0&61\\0&0&0\end{pmatrix}$,$R(\boldsymbol{A})=3=n$,

只有零解.

7. 问 k 取何值时，方程组 $\begin{cases}2x_1-3x_2+6x_3-5x_4=3,\\ \quad x_2-4x_3+x_4=k,\\ 4x_1-5x_2+8x_3-9x_4=15\end{cases}$ 有解？在有解时，求出它的解.

解 $\boldsymbol{B}=\begin{pmatrix}2&-3&6&-5&3\\0&1&-4&1&k\\4&-5&8&-9&15\end{pmatrix}\xrightarrow{r_3-2r_1}\begin{pmatrix}2&-3&6&-5&3\\0&1&-4&1&k\\0&1&-4&1&9\end{pmatrix}\xrightarrow{r_2\leftrightarrow r_3}$

$\begin{pmatrix}2&-3&6&-5&3\\0&1&-4&1&9\\0&1&-4&1&k\end{pmatrix}\xrightarrow{r_3-r_2}\begin{pmatrix}2&-3&6&-5&3\\0&1&-4&1&9\\0&0&0&0&k-9\end{pmatrix}.$

① 当 $k\neq9$ 时，无解（$R(\boldsymbol{A})=2\neq R(\boldsymbol{B})=3$）；

② 当 $k=9$ 时，$R(\boldsymbol{A})=R(\boldsymbol{B})=2<4$，有无穷个解.

此时 $\begin{pmatrix}2&-3&6&-5&3\\0&1&-4&1&9\\0&0&0&0&0\end{pmatrix}\xrightarrow{r_1+3r_2}\begin{pmatrix}2&0&-6&-2&30\\0&1&-4&1&9\\0&0&0&0&0\end{pmatrix}\xrightarrow{r_1\times\frac{1}{2}}\begin{pmatrix}1&0&-3&-1&15\\0&1&-4&1&9\\0&0&0&0&0\end{pmatrix}.$

$\begin{cases}x_1-3x_3-x_4=15,\\ x_2-4x_3+x_4=9.\end{cases}$ 取 $x_3=c_1, x_4=c_2$，$\begin{cases}x_1=15+3c_1+c_2,\\ x_2=9+4c_1-c_2,\\ x_3=c_1,\\ x_4=c_2.\end{cases}$

所以，
$$\begin{pmatrix}x_1\\x_2\\x_3\\x_4\end{pmatrix}=\begin{pmatrix}15\\9\\0\\0\end{pmatrix}+c_1\begin{pmatrix}3\\4\\1\\0\end{pmatrix}+c_2\begin{pmatrix}1\\-1\\0\\1\end{pmatrix}.$$

8. 问 λ 取何值时，线性方程组 $\begin{cases}(\lambda+3)x_1+x_2+2x_3=\lambda,\\ \lambda x_1+(\lambda-1)x_2+x_3=\lambda,\\ 3(\lambda+1)x_1+\lambda x_2+(\lambda+3)x_3=3\end{cases}$

有唯一解，有无穷多解，无解？

解 $\boldsymbol{B}=\begin{pmatrix}\lambda+3&1&2&\lambda\\\lambda&\lambda-1&1&\lambda\\3(\lambda+1)&\lambda&\lambda+3&3\end{pmatrix}\xrightarrow[r_3-3r_2]{r_1-r_2}\begin{pmatrix}3&2-\lambda&1&0\\\lambda&\lambda-1&1&\lambda\\3&3-2\lambda&\lambda&3-3\lambda\end{pmatrix}$

$\xrightarrow{r_3-r_1}\begin{pmatrix}3&2-\lambda&1&0\\\lambda&\lambda-1&1&\lambda\\0&1-\lambda&\lambda-1&3-3\lambda\end{pmatrix}.$

① 当 $\lambda=0$ 时，$\boldsymbol{B}\sim\begin{pmatrix}3&2&1&0\\0&-1&1&0\\0&1&-1&3\end{pmatrix}\xrightarrow{r_3+r_2}\begin{pmatrix}3&2&1&0\\0&-1&1&0\\0&0&0&3\end{pmatrix}$，$R(\boldsymbol{A})=2\neq R(\boldsymbol{B})=3$，无解；

② 当 $\lambda=1$ 时，$\begin{pmatrix}3&1&1&0\\1&0&1&1\\0&0&0&0\end{pmatrix}\xrightarrow{r_1\leftrightarrow r_2}\begin{pmatrix}1&0&1&1\\3&1&1&0\\0&0&0&0\end{pmatrix}\xrightarrow{r_2-3r_1}\begin{pmatrix}1&0&1&1\\0&1&-2&-3\\0&0&0&0\end{pmatrix}$，

$R(\boldsymbol{A})=R(\boldsymbol{B})=2<3$,有无穷个解;

③ 当 $\lambda\neq 0$ 且 $\lambda\neq 1$ 时,$R(\boldsymbol{A})=R(\boldsymbol{B})=3=n$,有唯一解.

9. 一城市局部交通流如图所示(单位:辆/小时),

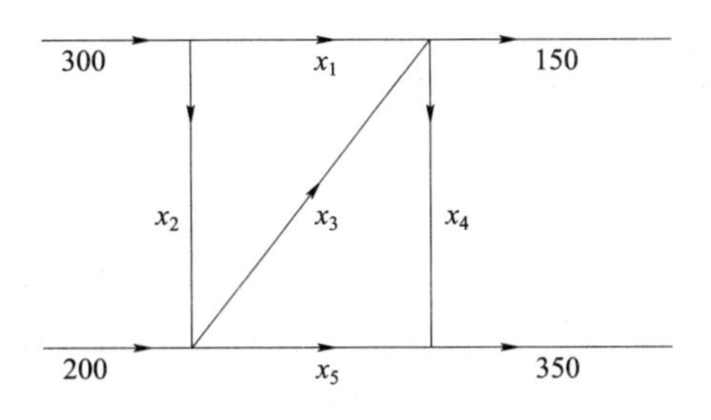

(1) 建立数学模型.

(2) 要控制 x_2 车流量至多 200 辆/小时,并且 x_3 车流量至多 50 辆/小时是可行的吗?

解 (1) 将上图的四个结点命名为 A、B、C、D,如下图所示:

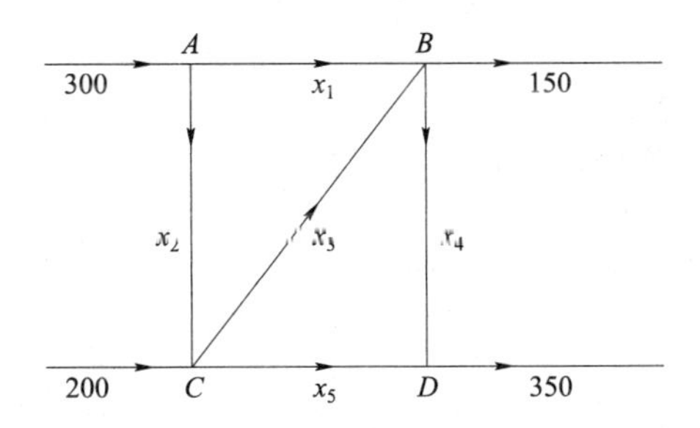

每一个结点流入的车流总和与流出的车流总和应该一致,这样这四个结点可列出四个方程:

$$\begin{cases}x_1+x_2=300, & A\\ x_1+x_3-x_4=150, & B\\ -x_2+x_3+x_5=200, & C\\ x_4+x_5=350. & D\end{cases}$$

对增广矩阵进行初等行变换:

$$\begin{pmatrix}1&1&0&0&0&300\\1&0&1&-1&0&150\\0&-1&1&0&1&200\\0&0&0&1&1&350\end{pmatrix}\xrightarrow{r_2-r_1}\begin{pmatrix}1&1&0&0&0&300\\0&-1&1&-1&0&-150\\0&-1&1&0&1&200\\0&0&0&1&1&350\end{pmatrix}$$

$$\xrightarrow[(-1)r_2]{\substack{r_1+r_2\\ r_3-r_2}}\begin{pmatrix}1&0&1&-1&0&150\\0&1&-1&1&0&150\\0&0&0&1&1&350\\0&0&0&1&1&350\end{pmatrix}\xrightarrow[r_4-r_3]{\substack{r_1+r_3\\ r_2-r_3}}\begin{pmatrix}1&0&1&0&1&500\\0&1&-1&0&-1&-200\\0&0&0&1&1&350\\0&0&0&0&0&0\end{pmatrix}.$$

可见 x_3 和 x_5 为自由未知数,因此令 $x_3=s,x_5=t$,其中 s、t 为任意正整数(车流量不可能为负值),则可得 $x_1=500-s-t,x_2=s+t-200,x_4=350-t$.

(2) 令 $x_2=200,x_3=s=50$,代入上面的 x_2 的表达式,得 $200=50+t-200$,求出 $t=350,x_1=500-s-t=100,x_4=0$,是可行的.

第五节　章节测试

1. 设$\begin{pmatrix}0&1&0\\1&0&0\\0&0&1\end{pmatrix}\boldsymbol{A}\begin{pmatrix}1&0&1\\0&1&0\\0&0&1\end{pmatrix}=\begin{pmatrix}1&2&3\\4&5&6\\7&8&9\end{pmatrix}$,求$\boldsymbol{A}$.

2. 把下列矩阵化成标准形矩阵：

（1）$\begin{pmatrix}1&-1&2\\3&2&1\\1&-2&0\end{pmatrix}$;　　（2）$\begin{pmatrix}1&-1&3&-4&3\\3&-3&5&-4&1\\2&-2&3&-2&0\\3&-3&4&-2&-1\end{pmatrix}$;

（3）$\begin{pmatrix}2&3&1&-3&-7\\1&2&0&-2&-4\\3&-2&8&3&0\\2&-3&7&4&3\end{pmatrix}$.

3. 用初等变换求下列矩阵的逆矩阵：

（1）$\begin{pmatrix}1&0&0\\1&2&0\\1&2&3\end{pmatrix}$;　　（2）$\begin{pmatrix}2&2&-1\\1&-2&4\\5&8&2\end{pmatrix}$;

（3）$\begin{pmatrix}3&2&1\\3&1&5\\3&2&3\end{pmatrix}$;　　（4）$\begin{pmatrix}3&-2&0&-1\\0&2&2&1\\1&-2&-3&-2\\0&1&2&1\end{pmatrix}$.

4. 解下列矩阵方程：

（1）设$\boldsymbol{A}=\begin{pmatrix}4&1&-2\\2&2&1\\3&1&-1\end{pmatrix}$,$\boldsymbol{B}=\begin{pmatrix}1&-3\\2&2\\3&-1\end{pmatrix}$,求$\boldsymbol{X}$,使$\boldsymbol{AX}=\boldsymbol{B}$.

（2）设$\boldsymbol{A}=\begin{pmatrix}0&2&1\\2&-1&3\\-3&3&-4\end{pmatrix}$,$\boldsymbol{B}=\begin{pmatrix}1&2&3\\2&-3&1\end{pmatrix}$,求$\boldsymbol{X}$,使$\boldsymbol{XA}=\boldsymbol{B}$.

（3）设$\boldsymbol{A}=\begin{pmatrix}1&-1&0\\0&1&-1\\-1&0&1\end{pmatrix}$,$\boldsymbol{AX}=2\boldsymbol{X}+\boldsymbol{A}$,求$\boldsymbol{X}$.

（4）设$\begin{pmatrix}0&1&0\\1&0&0\\0&0&1\end{pmatrix}\boldsymbol{X}\begin{pmatrix}1&0&0\\-2&1&0\\0&0&1\end{pmatrix}=\begin{pmatrix}1&-4&3\\2&0&-1\\0&-2&1\end{pmatrix}$,求$\boldsymbol{X}$.

5. 设矩阵$\boldsymbol{A}=\begin{pmatrix}1&0&0\\1&1&0\\1&1&1\end{pmatrix}$,$\boldsymbol{B}=\begin{pmatrix}0&1&1\\1&0&1\\1&1&0\end{pmatrix}$,矩阵$\boldsymbol{X}$满足$\boldsymbol{AXA}+\boldsymbol{BXB}=\boldsymbol{AXB}+\boldsymbol{BXA}+\boldsymbol{E}$.

其中 $\boldsymbol{E}$ 是三阶单位矩阵，试求矩阵 $\boldsymbol{X}$.

6. 设 $\boldsymbol{A}$、$\boldsymbol{B}$ 为 n 阶矩阵，且满足 $2\boldsymbol{B}^{-1}\boldsymbol{A}=\boldsymbol{A}-4\boldsymbol{E}$，其中 $\boldsymbol{E}$ 为 n 阶单位矩阵.

（1）证明：$\boldsymbol{B}-2\boldsymbol{E}$ 为可逆矩阵，并求 $(\boldsymbol{B}-2\boldsymbol{E})^{-1}$；

（2）已知 $\boldsymbol{A}=\begin{pmatrix}1&-2&0\\1&2&0\\0&0&2\end{pmatrix}$，求矩阵 $\boldsymbol{B}$.

7. 设矩阵 $\boldsymbol{A}=\begin{pmatrix}1&-5&6&-2\\2&-1&3&-2\\-1&-4&3&0\end{pmatrix}$，试计算 $\boldsymbol{A}$ 的全部三阶子式，并求 $R(\boldsymbol{A})$.

8. 求下列矩阵的秩，并求一个最高阶非零子式：

（1）$\begin{pmatrix}3&1&0&2\\1&-1&2&-1\\1&3&-4&4\end{pmatrix}$；　　（2）$\begin{pmatrix}3&2&-1&-3&-2\\2&-1&3&1&-3\\7&0&5&-1&-8\end{pmatrix}$；

（3）$\begin{pmatrix}1&-1&2&1&0\\2&-2&4&2&0\\3&0&6&-1&1\\0&3&0&0&1\end{pmatrix}$.

9. 设矩阵 $\boldsymbol{A}=\begin{pmatrix}1&\lambda&-1&2\\2&-1&\lambda&5\\1&10&-6&1\end{pmatrix}$，其中 λ 为参数，求矩阵 $\boldsymbol{A}$ 的秩.

10. 设矩阵 $\boldsymbol{A}=\begin{pmatrix}3&-2&\lambda&-16\\2&-3&0&1\\1&-1&1&-3\\3&\mu&1&-2\end{pmatrix}$，其中 λ、μ 为参数，求矩阵 $\boldsymbol{A}$ 秩的最大值和最小值.

11. 用消元法解下列齐次线性方程组：

（1）$\begin{cases}x_1+2x_2-3x_3=0,\\2x_1+5x_2+2x_3=0,\\3x_1-x_2-4x_3=0;\end{cases}$　　（2）$\begin{cases}x_1+x_2+2x_3-x_4=0,\\2x_1+x_2+x_3-x_4=0,\\2x_1+2x_2+x_3+2x_4=0.\end{cases}$

12. 用消元法解下列非齐次线性方程组：

（1）$\begin{cases}2x+3y+z=4,\\x-2y+4z=-5,\\3x+8y-2z=13,\\4x-y+9z=-6;\end{cases}$　　（2）$\begin{cases}2x+y-z+w=1,\\4x+2y-2z+w=2,\\2x+y-z-w=1.\end{cases}$

13. 确定 a、b 的值，使下列非齐次线性方程组有解，并求其解.

（1）$\begin{cases}ax_1+bx_2+2x_3=1,\\(b-1)x_2+x_3=0,\\ax_1+bx_2+(1-b)x_3=3-2b;\end{cases}$　　（2）$\begin{cases}x_1+2x_2-2x_3+2x_4=2,\\x_2-x_3-x_4=1,\\x_1+x_2-x_3+3x_4=a,\\x_1-x_2+x_3+5x_4=b.\end{cases}$

附:章节测试答案

1. $\boldsymbol{A}=\begin{pmatrix}4&5&2\\1&2&2\\7&8&2\end{pmatrix}$　提示:根据初等矩阵与初等变换的关系求得.

2. (1) $\begin{pmatrix}1&0&0\\0&1&0\\0&0&1\end{pmatrix}$;　(2) $\begin{pmatrix}1&0&0&0&0\\0&1&0&0&0\\0&0&0&0&0\\0&0&0&0&0\end{pmatrix}$;

(3) $\begin{pmatrix}1&0&0&0&0\\0&1&0&0&0\\0&0&1&0&0\\0&0&0&0&0\end{pmatrix}$.

3. (1) $\begin{pmatrix}1&0&0\\-1/2&1/2&0\\0&-1/3&1/3\end{pmatrix}$;　(2) $\begin{pmatrix}2/3&2/9&-1/9\\-1/3&-1/6&1/6\\-1/3&1/9&1/9\end{pmatrix}$;

(3) $\begin{pmatrix}7/6&2/3&-3/2\\-1&-1&2\\-1/2&0&1/2\end{pmatrix}$;　(4) $\begin{pmatrix}1&1&-2&-4\\0&1&0&-1\\-1&-1&3&6\\2&1&-6&-10\end{pmatrix}$.

4. (1) $\boldsymbol{X}=\boldsymbol{A}^{-1}\boldsymbol{B}=\begin{pmatrix}10&2\\-15&-3\\12&4\end{pmatrix}$.

(2) $\boldsymbol{X}=\boldsymbol{B}\boldsymbol{A}^{-1}=\begin{pmatrix}2&-1&-1\\-4&7&4\end{pmatrix}$.

(3) $\boldsymbol{X}=(\boldsymbol{A}-2\boldsymbol{E})^{-1}\boldsymbol{A}=\begin{pmatrix}0&1&-1\\-1&0&1\\1&-1&0\end{pmatrix}$.

(4) $\boldsymbol{X}=\begin{pmatrix}2&0&-1\\-7&-4&3\\-4&-2&1\end{pmatrix}$　提示:利用初等矩阵与初等变换的关系求解能简化过程.

5. $\boldsymbol{X}=[(\boldsymbol{A}-\boldsymbol{B})^{-1}]^2=\begin{pmatrix}1&2&5\\0&1&2\\0&0&1\end{pmatrix}$.

6. (1) $(\boldsymbol{B}-2\boldsymbol{E})^{-1}=\dfrac{1}{8}(\boldsymbol{A}-4\boldsymbol{E})$　提示:方程两边左乘 $\boldsymbol{B}$;

(2) $\boldsymbol{B}=8(\boldsymbol{A}-4\boldsymbol{E})^{-1}+2\boldsymbol{E}=\begin{pmatrix}0&2&0\\-1&-1&0\\0&0&-2\end{pmatrix}$.

7. $R(\boldsymbol{A})=2$,三阶子式全为 0.

8. (1) $R(\boldsymbol{A})=2,\begin{vmatrix}3&1\\1&-1\end{vmatrix}=-4$;　　(2) $R(\boldsymbol{A})=2,\begin{vmatrix}3&2\\2&-1\end{vmatrix}=-7$;

(3) $R(\boldsymbol{A})=3,\begin{vmatrix}1&1&0\\3&-1&1\\0&0&1\end{vmatrix}=-4$.

9. 当 $\lambda=3,R(\boldsymbol{A})=2$;当 $\lambda\neq3,R(\boldsymbol{A})=3$.

10. 当 $\lambda=5,\mu=-4$ 时,$R(\boldsymbol{A})$的最小值是 2;
当 $\lambda\neq5,\mu\neq-4$ 时,$R(\boldsymbol{A})$的最大值是 4.

11. (1) $R(\boldsymbol{A})=3$,方程组只有零解;

(2) $\begin{cases}x_1=\dfrac{4}{3}x_4,\\ x_2=-3x_4,\\ x_3=\dfrac{4}{3}x_4,\\ x_4=x_4.\end{cases}$ 即 $\begin{pmatrix}x_1\\x_2\\x_3\\x_4\end{pmatrix}=k\begin{pmatrix}4/3\\-3\\4/3\\1\end{pmatrix},k\in\mathbf{R}$.

12. (1) $\begin{cases}x=-2z-1,\\ y=z+2,\\ z=z.\end{cases}$ 即 $\begin{pmatrix}x\\y\\z\end{pmatrix}=k\begin{pmatrix}-2\\1\\1\end{pmatrix}+\begin{pmatrix}-1\\2\\0\end{pmatrix},k\in\mathbf{R}$;

(2) $\begin{cases}x=-\dfrac{1}{2}y+\dfrac{1}{2}z+\dfrac{1}{2},\\ y=y,\\ z=z,\\ w=0.\end{cases}$ 即 $\begin{pmatrix}x\\y\\z\\w\end{pmatrix}=k_1\begin{pmatrix}-1/2\\1\\0\\0\end{pmatrix}+k_2\begin{pmatrix}1/2\\0\\1\\0\end{pmatrix}+\begin{pmatrix}1/2\\0\\0\\0\end{pmatrix},k_1、k_2\in\mathbf{R}$.

13. (1) ① 当 $a\neq0,b\neq\pm1$ 时,有唯一解:$x_1=\dfrac{5-b}{a(b+1)},x_2=-\dfrac{2}{b+1},x_3=\dfrac{2(b-1)}{b+1}$;

② 当 $a\neq0,b=1$ 时,有无穷多解:$x_1=(1-c)/a,x_2=c,x_3=0$;

③ 当 $a=0,b=1$ 时,有无穷多解:$x_1=c,x_2=1,x_3=0$;

④ 当 $a=0,b=5$ 时,有无穷多解:$x_1=c,x_2=\dfrac{1}{3},x_3=\dfrac{4}{3}$.

(2) 当 $a=1,b=-1$ 时,有无穷多解:$\begin{cases}x_1=-4c_2,\\ x_2=1+c_1+c_2,\\ x_3=c_1,\\ x_4=c_2.\end{cases}$ $c_1、c_2\in\mathbf{R}$.

第4章

向量组的线性相关性

本章从研究向量的线性关系(线性组合、线性相关与线性无关)出发,然后讨论向量组含最多的线性无关向量的个数,即引出向量组的秩和最大无关组,进而扩展到向量空间的基、维数、坐标等.最后,应用向量空间的理论研究线性方程组的解的结构.

向量是线性代数的重点内容之一,也是难点,对逻辑推理有较高的要求.

第一节　内容要点

1. n 维向量及其线性运算

定义1　n 个有次序的数 $a_1,a_2,\cdots,a_n$ 所组成的数组称为 n 维向量,这 n 个数称为该向量的 n 个分量,第 i 个数 a_i 称为第 i 个分量.

注:在解析几何中,我们把"既有大小又有方向的量"称为向量,并把可随意平行移动的有向线段作为向量的几何形象.引入坐标系后,又定义了向量的坐标表示式(三个有次序实数),此即上面定义的3维向量.因此,当 $n\leqslant 3$ 时,n 维向量可以把有向线段作为其几何形象.当 $n>3$ 时,n 维向量没有直观的几何形象.

若干个同维数的列向量(或行向量)所组成的集合称为向量组.例如,一个 $m\times n$ 矩阵

$$\boldsymbol{A}=\begin{pmatrix} a_{11} & a_{12} & \cdots & a_{1n} \\ a_{21} & a_{22} & \cdots & a_{2n} \\ \vdots & \vdots & & \vdots \\ a_{m1} & a_{m2} & \cdots & a_{mn} \end{pmatrix},$$

每一列

$$\boldsymbol{\alpha}_j=\begin{pmatrix} a_{1j} \\ a_{2j} \\ \vdots \\ a_{mj} \end{pmatrix}\quad (j=1,2,\cdots,n)$$

组成的向量组 $\boldsymbol{\alpha}_1,\boldsymbol{\alpha}_2,\cdots,\boldsymbol{\alpha}_n$ 称为矩阵 $\boldsymbol{A}$ 的列向量组,而由矩阵 $\boldsymbol{A}$ 的每一行

$$\boldsymbol{\beta}_i=(a_{i1},a_{i2},\cdots,a_{in})\quad(i=1,2,\cdots,m)$$

组成的向量组$\boldsymbol{\beta}_1,\boldsymbol{\beta}_2,\cdots,\boldsymbol{\beta}_m$称为矩阵$\boldsymbol{A}$的行向量组.

根据上述讨论,矩阵$\boldsymbol{A}$记为

$$\boldsymbol{A}=(\boldsymbol{\alpha}_1,\boldsymbol{\alpha}_2,\cdots,\boldsymbol{\alpha}_n)\quad 或\quad \boldsymbol{A}=\begin{pmatrix}\boldsymbol{\beta}_1\\ \boldsymbol{\beta}_2\\ \vdots\\ \boldsymbol{\beta}_n\end{pmatrix}.$$

这样,矩阵$\boldsymbol{A}$就与其列向量组或行向量组之间建立了一一对应关系.

矩阵的列向量组和行向量组都是只含有限个向量的向量组.而当$R(\boldsymbol{A})<n$时,线性方程组的全体解是一个含有无限多个n维列向量的向量组

$$\boldsymbol{A}_{m\times n}\boldsymbol{X}=\boldsymbol{O}.$$

定义 2　两个n维向量$\boldsymbol{\alpha}=(\boldsymbol{a}_1,\boldsymbol{a}_2,\cdots,\boldsymbol{a}_n)$与$\boldsymbol{\beta}=(\boldsymbol{b}_1,\boldsymbol{b}_2,\cdots,\boldsymbol{b}_n)$的各对应分量之和组成的向量,称为向量$\boldsymbol{\alpha}$与$\boldsymbol{\beta}$的和,记为$\boldsymbol{\alpha}+\boldsymbol{\beta}$,即

$$\boldsymbol{\alpha}+\boldsymbol{\beta}=(\boldsymbol{a}_1+\boldsymbol{b}_1,\boldsymbol{a}_2+\boldsymbol{b}_2,\cdots,\boldsymbol{a}_n+\boldsymbol{b}_n).$$

由加法和负向量的定义,可定义向量的减法:

$$\begin{aligned}\boldsymbol{\alpha}-\boldsymbol{\beta}&=\boldsymbol{\alpha}+(-\boldsymbol{\beta})\\&=(\boldsymbol{a}_1-\boldsymbol{b}_1,\boldsymbol{a}_2-\boldsymbol{b}_2,\cdots,\boldsymbol{a}_n-\boldsymbol{b}_n).\end{aligned}$$

定义 3　n维向量$\boldsymbol{\alpha}=(\boldsymbol{a}_1,\boldsymbol{a}_2,\cdots,\boldsymbol{a}_n)$的各个分量都乘以实数$k$所组成的向量,称为数$k$与向量$\boldsymbol{\alpha}$的乘积(又简称为数乘),记为$k\boldsymbol{\alpha}$,即

$$k\boldsymbol{\alpha}=(k\boldsymbol{a}_1,k\boldsymbol{a}_2,\cdots,k\boldsymbol{a}_n).$$

向量的加法和数乘运算统称为向量的线性运算.

注:向量的线性运算与行(列)矩阵的运算规律相同,也满足下列运算规律:

(1) $\boldsymbol{\alpha}+\boldsymbol{\beta}=\boldsymbol{\beta}+\boldsymbol{\alpha}$;

(2) $(\boldsymbol{\alpha}+\boldsymbol{\beta})+\boldsymbol{\gamma}=\boldsymbol{\alpha}+(\boldsymbol{\beta}+\boldsymbol{\gamma})$;

(3) $\boldsymbol{\alpha}+\boldsymbol{o}=\boldsymbol{\alpha}$;

(4) $\boldsymbol{\alpha}+(-\boldsymbol{\alpha})=\boldsymbol{o}$;

(5) $1\boldsymbol{\alpha}=\boldsymbol{\alpha}$;

(6) $k(l\boldsymbol{\alpha})=(kl)\boldsymbol{\alpha}$;

(7) $k(\boldsymbol{\alpha}+\boldsymbol{\beta})=k\boldsymbol{\alpha}+k\boldsymbol{\beta}$;

(8) $(k+l)\boldsymbol{\alpha}=k\boldsymbol{\alpha}+l\boldsymbol{\alpha}$.

2. 向量组的线性组合

考查线性方程组

$$\begin{cases}a_{11}x_1+a_{12}x_2+\cdots+a_{1n}x_n=b_1,\\a_{21}x_1+a_{22}x_2+\cdots+a_{2n}x_n=b_2,\\\quad\cdots\quad\cdots\quad\cdots\quad\cdots\\a_{m1}x_1+a_{m2}x_2+\cdots+a_{mn}x_n=b_m.\end{cases}\tag{1}$$

令
$$\boldsymbol{\alpha}_j=\begin{pmatrix}a_{1j}\\a_{2j}\\\vdots\\a_{mj}\end{pmatrix}\quad(j=1,2,\cdots,n),\boldsymbol{\beta}=\begin{pmatrix}\boldsymbol{b}_1\\\boldsymbol{b}_2\\\vdots\\\boldsymbol{b}_m\end{pmatrix},$$
则线性方程组(1)可表为如下向量形式:
$$\boldsymbol{\alpha}_1x_1+\boldsymbol{\alpha}_2x_2+\cdots+\boldsymbol{\alpha}_nx_n=\boldsymbol{\beta}.\tag{2}$$
于是,线性方程组(1)是否有解,就相当于是否存在一组数 $k_1,k_2,\cdots,k_n$ 使得下列线性关系式成立:
$$\boldsymbol{\beta}=k_1\boldsymbol{\alpha}_1+k_2\boldsymbol{\alpha}_2+\cdots+k_n\boldsymbol{\alpha}_n.$$

定义 4 给定向量组 $\boldsymbol{A}:\boldsymbol{\alpha}_1,\boldsymbol{\alpha}_2,\cdots,\boldsymbol{\alpha}_s$,对于任何一组实数 $k_1,k_2,\cdots,k_s$,表达式
$$k_1\boldsymbol{\alpha}_1+k_2\boldsymbol{\alpha}_2+\cdots+k_s\boldsymbol{\alpha}_s$$
称为向量组 $\boldsymbol{A}$ 的一个线性组合,$k_1,k_2,\cdots,k_s$ 称为这个线性组合的系数.

定义 5 给定向量组 $\boldsymbol{A}:\boldsymbol{\alpha}_1,\boldsymbol{\alpha}_2,\cdots,\boldsymbol{\alpha}_s$ 和向量 $\boldsymbol{\beta}$,若存在一组数 $k_1,k_2,\cdots,k_s$,使
$$\boldsymbol{\beta}=k_1\boldsymbol{\alpha}_1+k_2\boldsymbol{\alpha}_2+\cdots+k_s\boldsymbol{\alpha}_s,$$
则称向量 $\boldsymbol{\beta}$ 是向量组 $\boldsymbol{A}$ 的线性组合,又称向量 $\boldsymbol{\beta}$ 能由向量组 $\boldsymbol{A}$ 线性表示(或线性表出).

注:(1) $\boldsymbol{\beta}$ 能由向量组 $\boldsymbol{\alpha}_1,\boldsymbol{\alpha}_2,\cdots,\boldsymbol{\alpha}_s$ 唯一线性表示的充分必要条件是线性方程组 $\boldsymbol{\alpha}_1x_1+\boldsymbol{\alpha}_2x_2+\cdots+\boldsymbol{\alpha}_sx_s=\boldsymbol{\beta}$ 有唯一解;

(2) $\boldsymbol{\beta}$ 能由向量组 $\boldsymbol{\alpha}_1,\boldsymbol{\alpha}_2,\cdots,\boldsymbol{\alpha}_s$ 线性表示且表示不唯一的充分必要条件是线性方程组 $\boldsymbol{\alpha}_1x_1+\boldsymbol{\alpha}_2x_2+\cdots+\boldsymbol{\alpha}_sx_s=\boldsymbol{\beta}$ 有无穷多个解;

(3) $\boldsymbol{\beta}$ 不能由向量组 $\boldsymbol{\alpha}_1,\boldsymbol{\alpha}_2,\cdots,\boldsymbol{\alpha}_s$ 线性表示的充分必要条件是线性方程组 $\boldsymbol{\alpha}_1x_1+\boldsymbol{\alpha}_2x_2+\cdots+\boldsymbol{\alpha}_sx_s=\boldsymbol{\beta}$ 无解.

定理 设向量
$$\boldsymbol{\beta}=\begin{pmatrix}\boldsymbol{b}_1\\\boldsymbol{b}_2\\\vdots\\\boldsymbol{b}_m\end{pmatrix},\boldsymbol{\alpha}_j=\begin{pmatrix}a_{1j}\\a_{2j}\\\vdots\\a_{mj}\end{pmatrix}\quad(j=1,2,\cdots,s),$$
则向量 $\boldsymbol{\beta}$ 能由向量组 $\boldsymbol{\alpha}_1,\boldsymbol{\alpha}_2,\cdots,\boldsymbol{\alpha}_s$ 线性表示的充分必要条件是矩阵 $\boldsymbol{A}=(\boldsymbol{\alpha}_1,\boldsymbol{\alpha}_2,\cdots,\boldsymbol{\alpha}_s)$ 与矩阵 $\widetilde{\boldsymbol{A}}=(\boldsymbol{\alpha}_1,\boldsymbol{\alpha}_2,\cdots,\boldsymbol{\alpha}_s,\boldsymbol{\beta})$ 的秩相等.

3. 向量组间的线性表示

定义 6 设有两向量组
$$\boldsymbol{A}:\boldsymbol{\alpha}_1,\boldsymbol{\alpha}_2,\cdots,\boldsymbol{\alpha}_s;\quad \boldsymbol{B}:\boldsymbol{\beta}_1,\boldsymbol{\beta}_2,\cdots,\boldsymbol{\beta}_t,$$
若向量组 $\boldsymbol{B}$ 中的每一个向量都能由向量组 $\boldsymbol{A}$ 线性表示,则称向量组 $\boldsymbol{B}$ 能由向量组 $\boldsymbol{A}$ 线性表示.若向量组 $\boldsymbol{A}$ 与向量组 $\boldsymbol{B}$ 能相互线性表示,则称这两个向量组等价.

按定义,若向量组 $\boldsymbol{B}$ 能由向量组 $\boldsymbol{A}$ 线性表示,则存在
$$k_{1j},k_{2j},\cdots,k_{sj}\quad(j=1,2,\cdots,t)$$
使
$$\boldsymbol{\beta}_j=k_{1j}\boldsymbol{\alpha}_1+k_{2j}\boldsymbol{\alpha}_2+\cdots+k_{sj}\boldsymbol{\alpha}_s=(\boldsymbol{\alpha}_1,\boldsymbol{\alpha}_2,\cdots,\boldsymbol{\alpha}_s)\begin{pmatrix}k_{1j}\\k_{2j}\\\vdots\\k_{sj}\end{pmatrix},$$

所以

$$(\boldsymbol{\beta}_1,\boldsymbol{\beta}_2,\cdots,\boldsymbol{\beta}_t)=(\boldsymbol{\alpha}_1,\boldsymbol{\alpha}_2,\cdots,\boldsymbol{\alpha}_s)\begin{pmatrix} k_{11} & k_{12} & \cdots & k_{1t} \\ k_{21} & k_{22} & \cdots & k_{2t} \\ \vdots & \vdots & & \vdots \\ k_{s1} & k_{s2} & \cdots & k_{st} \end{pmatrix},$$

其中矩阵 $\boldsymbol{K}_{s\times t}=(k_{ij})_{s\times t}$ 称为这一线性表示的系数矩阵.

引理　若 $\boldsymbol{C}_{s\times n}=\boldsymbol{A}_{s\times t}\boldsymbol{B}_{t\times n}$，则矩阵 $\boldsymbol{C}$ 的列向量组能由矩阵 $\boldsymbol{B}$ 的列向量组线性表示，$\boldsymbol{A}$ 为这一表示的系数矩阵.而矩阵 $\boldsymbol{C}$ 的行向量组能由 $\boldsymbol{A}$ 的行向量组线性表示，$\boldsymbol{B}$ 为这一表示的系数矩阵.

定理　若向量组 $\boldsymbol{A}$ 可由向量组 $\boldsymbol{B}$ 线性表示，向量组 $\boldsymbol{B}$ 可由向量组 $\boldsymbol{C}$ 线性表示，则向量组 $\boldsymbol{A}$ 可由向量组 $\boldsymbol{C}$ 线性表示.

4. 线性相关性概念

定义 7　给定向量组 $\boldsymbol{A}:\boldsymbol{\alpha}_1,\boldsymbol{\alpha}_2,\cdots,\boldsymbol{\alpha}_s$，如果存在不全为零的数 $k_1,k_2,\cdots,k_s$，使

$$k_1\boldsymbol{\alpha}_1+k_2\boldsymbol{\alpha}_2+\cdots+k_s\boldsymbol{\alpha}_s=\boldsymbol{O}, \tag{3}$$

则称向量组 $\boldsymbol{A}$ 线性相关，否则称为线性无关.

注:① 当且仅当 $k_1=k_2=\cdots=k_s=0$ 时，式(3)成立，向量组 $\boldsymbol{\alpha}_1,\boldsymbol{\alpha}_2,\cdots,\boldsymbol{\alpha}_s$ 线性无关.

② 包含零向量的任何向量组都是线性相关的.

③ 当向量组只含有一个向量 $\boldsymbol{\alpha}$ 时，则

a. $\boldsymbol{\alpha}\neq\boldsymbol{O}$ 的充分必要条件是 $\boldsymbol{\alpha}$ 是线性无关的;

b. $\boldsymbol{\alpha}=\boldsymbol{O}$ 的充分必要条件是 $\boldsymbol{\alpha}$ 是线性相关的.

④ 仅含两个向量的向量组线性相关的充分必要条件是这两个向量的对应分量成比例;反之，仅含两个向量的向量组线性无关的充分必要条件是这两个向量的对应分量不成比例.

⑤ 两个向量线性相关的几何意义是这两个向量共线，三个向量线性相关的几何意义是这三个向量共面.

5. 线性相关性的判定

定理 1　向量组 $\boldsymbol{\alpha}_1,\boldsymbol{\alpha}_2,\cdots,\boldsymbol{\alpha}_s(s\geqslant 2)$ 线性相关的充必要条件是向量组中至少有一个向量可由其余 $s-1$ 个向量线性表示.

定理 2　设有列向量组 $\boldsymbol{\alpha}_j=\begin{pmatrix} \boldsymbol{a}_{1j} \\ \boldsymbol{a}_{2j} \\ \vdots \\ \boldsymbol{a}_{nj} \end{pmatrix}(j=1,2,\cdots,s)$，则向量组 $\boldsymbol{\alpha}_1,\boldsymbol{\alpha}_2,\cdots,\boldsymbol{\alpha}_s$ 线性相关的充要条件是矩阵 $\boldsymbol{A}=(\boldsymbol{\alpha}_1,\boldsymbol{\alpha}_2,\cdots,\boldsymbol{\alpha}_s)$ 的秩小于向量的个数 s.

推论 1　n 个 n 维列向量组 $\boldsymbol{\alpha}_1,\boldsymbol{\alpha}_2,\cdots,\boldsymbol{\alpha}_n$ 线性无关(线性相关)的充要条件是矩阵 $\boldsymbol{A}=(\boldsymbol{\alpha}_1,\boldsymbol{\alpha}_2,\cdots,\boldsymbol{\alpha}_n)$ 的秩等于(小于)向量的个数 n.

推论 2　n 个 n 维列向量组 $\boldsymbol{\alpha}_1,\boldsymbol{\alpha}_2,\cdots,\boldsymbol{\alpha}_n$ 线性无关(线性相关)的充要条件是矩阵 $\boldsymbol{A}=(\boldsymbol{\alpha}_1,\boldsymbol{\alpha}_2,\cdots,\boldsymbol{\alpha}_n)$ 的行列式不等于(等于)零.

注:上述结论对于矩阵的行向量组也同样成立.

推论 3　当向量组中所含向量的个数大于向量的维数时，此向量组必线性相关.

定理 3　如果向量组中有一部分向量(部分组)线性相关，则整个向量组线性相关.

推论 4 线性无关的向量组中的任何一个分组皆线性无关.

定理 4 若向量组 $\boldsymbol{\alpha}_1,\cdots,\boldsymbol{\alpha}_s,\boldsymbol{\beta}$ 线性相关,而向量组 $\boldsymbol{\alpha}_1,\boldsymbol{\alpha}_2,\cdots,\boldsymbol{\alpha}_s$ 线性无关,则向量 $\boldsymbol{\beta}$ 可由 $\boldsymbol{\alpha}_1,\boldsymbol{\alpha}_2,\cdots,\boldsymbol{\alpha}_s$ 线性表示且表示法唯一.

定理 5 设有两向量组

$$\boldsymbol{A}:\boldsymbol{\alpha}_1,\boldsymbol{\alpha}_2,\cdots,\boldsymbol{\alpha}_s;\quad \boldsymbol{B}:\boldsymbol{\beta}_1,\boldsymbol{\beta}_2,\cdots,\boldsymbol{\beta}_t,$$

向量组 $\boldsymbol{B}$ 能由向量组 $\boldsymbol{A}$ 线性表示,若 $s<t$,则向量组 $\boldsymbol{B}$ 线性相关.

推论 5 向量组 $\boldsymbol{B}$ 能由向量组 $\boldsymbol{A}$ 线性表示,若向量组 $\boldsymbol{B}$ 线性无关,则 $s\geqslant t$.

6. 最大线性无关向量组

定义 8 设有向量组 $\boldsymbol{A}:\boldsymbol{\alpha}_1,\boldsymbol{\alpha}_2,\cdots,\boldsymbol{\alpha}_s$,若在向量组 $\boldsymbol{A}$ 中能选出 r 个向量 $\boldsymbol{\alpha}_1,\boldsymbol{\alpha}_2,\cdots,\boldsymbol{\alpha}_r$,满足

(1) 向量组 $\boldsymbol{A}_0:\boldsymbol{\alpha}_1,\boldsymbol{\alpha}_2,\cdots,\boldsymbol{\alpha}_r$ 线性无关;

(2) 向量组 $\boldsymbol{A}$ 中任意 $r+1$ 个向量(若有的话)都线性相关.

则称向量组 $\boldsymbol{A}_0$ 是向量组 $\boldsymbol{A}$ 的一个极大线性无关向量组(简称为极大无关组).

注:(1) 含有零向量的向量组没有极大无关组;

(2) 向量组的极大无关组可能不止一个,但由上节推论 6 知,其向量的个数是相同的.

定理 如果 $\alpha_{j_1},\alpha_{j_2},\cdots,\alpha_{j_r}$ 是 $\boldsymbol{\alpha}_1,\boldsymbol{\alpha}_2,\cdots,\boldsymbol{\alpha}_s$ 的线性无关部分组,则它是极大无关组的充分必要条件是 $\boldsymbol{\alpha}_1,\boldsymbol{\alpha}_2,\cdots,\boldsymbol{\alpha}_s$ 中的每一个向量都可由 $\alpha_{j_1},\alpha_{j_2},\cdots,\alpha_{j_r}$ 线性表示.

注:由定理 1 知,向量组与其极大线性无关组可相互线性表示,即向量组与其极大线性无关组等价.

7. 向量组的秩

定义 9 向量组 $\boldsymbol{\alpha}_1,\boldsymbol{\alpha}_2,\cdots,\boldsymbol{\alpha}_s$ 的极大无关组所含向量的个数称为该向量的秩,记为

$$r(\boldsymbol{\alpha}_1,\boldsymbol{\alpha}_2,\cdots,\boldsymbol{\alpha}_s).$$

规定:由零向量组成的向量组的秩为 0.

8. 矩阵与向量组秩的关系

定理 1 设 $\boldsymbol{A}$ 为 $m\times n$ 矩阵,则矩阵 $\boldsymbol{A}$ 的秩等于它的列向量组的秩,也等于它的行向量组的秩.

推论 1 矩阵 $\boldsymbol{A}$ 的行向量组的秩与列向量组的秩相等.

由定理 2 证明知,若 D_r 是矩阵 $\boldsymbol{A}$ 的一个最高阶非零子式,则 D_r 所在的 r 列就是 $\boldsymbol{A}$ 的列向量组的一个极大无关组;D_r 所在的 r 行即是 $\boldsymbol{A}$ 的行向量组的一个极大无关组.

以向量组中各向量为列向量组成矩阵后,只作初等行变换,将该矩阵化为行阶梯形矩阵,则可直接写出所求向量组的极大无关组.

同理,也可以向量组中各向量为行向量组成矩阵,通过作初等列变换来求所求向量组的极大无关组.

定理 2 若向量组 $\boldsymbol{B}$ 能由向量组 $\boldsymbol{A}$ 线性表示,则 $r(\boldsymbol{B})\leqslant r(\boldsymbol{A})$.

推论 1 等价的向量组的秩相等.

推论 2 设 $\boldsymbol{C}_{m\times n}=\boldsymbol{A}_{m\times s}\boldsymbol{B}_{s\times n}$,则 $r(\boldsymbol{C})\leqslant\min\{r(\boldsymbol{A}),r(\boldsymbol{B})\}$.

推论 3 设向量组 $\boldsymbol{B}$ 是向量组 $\boldsymbol{A}$ 的部分组,若向量组 $\boldsymbol{B}$ 线性无关,且向量组 $\boldsymbol{A}$ 能由向量组 $\boldsymbol{B}$ 线性表示,则向量组 $\boldsymbol{B}$ 是向量组 $\boldsymbol{A}$ 的一个极大无关组.

9. 向量空间与子空间

定义 10 设 V 为 n 维向量的集合,若集合 V 非空,且集合 V 对于 n 维向量的加法及数乘

两种运算封闭,即

(1) 若 $\boldsymbol{\alpha}\in V,\boldsymbol{\beta}\in V$,则 $\boldsymbol{\alpha}+\boldsymbol{\beta}\in V$;

(2) 若 $\boldsymbol{\alpha}\in V,\boldsymbol{\lambda}\in \mathbf{R}$,则 $\lambda\boldsymbol{\alpha}\in V$.

则称集合 V 为 $\mathbf{R}$ 上的向量空间.

记所有 n 维向量的集合为 $\mathbf{R}^n$,由 n 维向量的线性运算规律,容易验证集合 $\mathbf{R}^n$ 对于加法及数乘两种运算封闭.因而集合 $\mathbf{R}^n$ 构成一向量空间,称 $\mathbf{R}^n$ 为 n 维向量空间.

注:$n=3$ 时,三维向量空间 $\mathbf{R}^3$ 表示实体空间;

$n=2$ 时,二维向量空间 $\mathbf{R}^2$ 表示平面;

$n=1$ 时,一维向量空间 $\mathbf{R}^1$ 表示数轴.

$n>3$ 时,$\mathbf{R}^n$ 没有直观的几何形象.

定义 11　设有向量空间 V_1 和 V_2,若向量空间 $V_1\subset V_2$,则称 V_1 是 V_2 的子空间.

10. 向量空间的基与维数

定义 12　设 V 是向量空间,若有 r 个向量 $\boldsymbol{\alpha}_1,\boldsymbol{\alpha}_2,\cdots,\boldsymbol{\alpha}_r\in V$,且满足

(1) $\boldsymbol{\alpha}_1,\cdots,\boldsymbol{\alpha}_r$ 线性无关;

(2) V 中任一向量都可由 $\boldsymbol{\alpha}_1,\cdots,\boldsymbol{\alpha}_r$ 线性表示.

则称向量组 $\boldsymbol{\alpha}_1,\cdots,\boldsymbol{\alpha}_r$ 为向量空间 V 的一个基,数 r 称为向量空间 V 的维数,记为 $\dim V=r$,并称 V 为 r 维向量空间.

注:(1) 只含零向量的向量空间称为 0 维向量空间,它没有基;

(2) 若把向量空间 V 看作向量组,则 V 的基就是向量组的极大无关组,V 的维数就是向量组的秩;

(3) 若向量组 $\boldsymbol{\alpha}_1,\cdots,\boldsymbol{\alpha}_r$ 是向量空间 V 的一个基,则 V 可表示为

$$V=\{x\mid x=\lambda_1\boldsymbol{\alpha}_1+\cdots+\lambda_r\boldsymbol{\alpha}_r,\lambda_1,\lambda_2,\cdots,\lambda_r\in\mathbf{R}\}.$$

此时,V 又称为由基 $\boldsymbol{\alpha}_1,\cdots,\boldsymbol{\alpha}_r$ 所生成的向量空间.故数组 $\lambda_1,\cdots,\lambda_r$ 称为向量 x 在基 $\boldsymbol{\alpha}_1,\cdots,\boldsymbol{\alpha}_r$ 中的坐标.

注:如果在向量空间 V 中取定一个基 $\boldsymbol{a}_1,\boldsymbol{a}_2,\cdots,\boldsymbol{a}_r$,那么 V 中任一向量 $\boldsymbol{x}$ 可唯一地表示为

$$\boldsymbol{x}=\lambda_1\boldsymbol{a}_1+\lambda_2\boldsymbol{a}_2+\cdots+\lambda_r\boldsymbol{a}_r,$$

数组 $\lambda_1,\lambda_2,\cdots,\lambda_r$ 称为向量 $\boldsymbol{x}$ 在基 $\boldsymbol{a}_1,\boldsymbol{a}_2,\cdots,\boldsymbol{a}_r$ 中的坐标.

特别地,在 n 维向量空间 $\mathbf{R}^n$ 中取单位坐标向量组 $\boldsymbol{e}_1,\boldsymbol{e}_2,\cdots,\boldsymbol{e}_n$ 为基,则以 $\boldsymbol{x}_1,\boldsymbol{x}_2,\cdots,\boldsymbol{x}_n$ 为分量的向量 $\boldsymbol{x}$,可表示为

$$\boldsymbol{x}=\boldsymbol{x}_1\boldsymbol{e}_1+\boldsymbol{x}_2\boldsymbol{e}_2+\cdots+\boldsymbol{x}_n\boldsymbol{e}_n.$$

可见,向量在基 $\boldsymbol{e}_1,\boldsymbol{e}_2,\cdots,\boldsymbol{e}_n$ 中的坐标就是该向量的分量.因此 $\boldsymbol{e}_1,\boldsymbol{e}_2,\cdots,\boldsymbol{e}_n$ 叫作 $\mathbf{R}^n$ 中的自然基.

11. 齐次线性方程组解的结构

设有齐次线性方程组

$$\begin{cases}a_{11}x_1+a_{12}x_2+\cdots+a_{1n}x_n=0,\\ a_{21}x_1+a_{22}x_2+\cdots+a_{2n}x_n=0,\\ \cdots\quad\cdots\quad\cdots\quad\cdots\\ a_{m1}x_1+a_{m2}x_2+\cdots+a_{mn}x_n=0.\end{cases}\tag{4}$$

若记

$$A=\begin{pmatrix}a_{11} & a_{12} & \cdots & a_{1n}\\ a_{21} & a_{22} & \cdots & a_{2n}\\ \vdots & \vdots & & \vdots\\ a_{m1} & a_{m2} & \cdots & a_{mn}\end{pmatrix},\quad X=\begin{pmatrix}x_1\\ x\\ \vdots\\ x_n\end{pmatrix},$$

则方程组(4)可写为向量方程

$$AX=O. \tag{5}$$

称方程(5)的解 $X=\begin{pmatrix}x_1\\ x_2\\ \vdots\\ x_n\end{pmatrix}$ 为方程组(4)的解向量.

齐次线性方程组解的性质:

性质 1 若 $\boldsymbol{\xi}_1$、$\boldsymbol{\xi}_2$ 为方程组(5)的解,则 $\boldsymbol{\xi}_1+\boldsymbol{\xi}_2$ 也是该方程组的解.

性质 2 若 $\boldsymbol{\xi}_1$ 为方程组(5)的解,k 为实数,则 $k\boldsymbol{\xi}_1$ 也是方程组(5)的解.

注:齐次线性方程组若有非零解,则它有无穷多个解.

由上节知:线性方程组 $AX=O$ 的全体解向量所构成的集合对于加法和数乘是封闭的,因此构成一个向量空间.称此向量空间为齐次线性方程组 $AX=O$ 的解空间.

定义 12 齐次线性方程组 $AX=O$ 的有限个解 $\boldsymbol{\eta}_1,\boldsymbol{\eta}_2,\cdots,\boldsymbol{\eta}_t$ 满足:

(1) $\boldsymbol{\eta}_1,\boldsymbol{\eta}_2,\cdots,\boldsymbol{\eta}_t$ 线性无关;

(2) $AX=O$ 的任意一个解均可由 $\boldsymbol{\eta}_1,\boldsymbol{\eta}_2,\cdots,\boldsymbol{\eta}_t$ 线性表示.

则称 $\boldsymbol{\eta}_1,\boldsymbol{\eta}_2,\cdots,\boldsymbol{\eta}_t$ 是齐次线性方程组 $AX=O$ 的一个基础解系.

注:方程组 $AX=O$ 的一个基础解系即为其解空间的一个基,易见,方程组 $AX=O$ 基础解系不是唯一的,其解空间也不是唯一的.

按上述定义,若 $\boldsymbol{\eta}_1,\boldsymbol{\eta}_2,\cdots,\boldsymbol{\eta}_t$ 是齐次线性方程组 $AX=O$ 的一个基础解系,则 $AX=O$ 的通解可表示为

$$X=k_1\boldsymbol{\eta}_1+k_2\boldsymbol{\eta}_2+\cdots+k_t\boldsymbol{\eta}_t.$$

其中,$k_1,k_2,\cdots,k_t$ 为任意常数.

当一个齐次线性方程组只有零解时,该方程组没有基础解系;而当一个齐次线性方程组有非零解时,是否一定有基础解系呢?如果有,怎样求它的基础解系?下面的定理 1 回答了这两个问题.

定理 对齐次线性方程组 $AX=O$,若 $r(A)=r<n$,则该方程组的基础解系一定存在,且每个基础解系中所含解向量的个数均等于 $n-r$,其中 n 是方程组所含未知量的个数.

注:定理 1 的证明过程实际上已给出了求齐次线性方程组的基础解系的方法.且若已知 $\boldsymbol{\eta}_1,\boldsymbol{\eta}_2,\cdots,\boldsymbol{\eta}_{n-r}$是线性方程组 $AX=O$ 的一个基础解系,则 $AX=O$ 的全部解可表为

$$\boldsymbol{x}=c_1\boldsymbol{\eta}_1+c_2\boldsymbol{\eta}_2+\cdots+c_{n-r}\boldsymbol{\eta}_{n-r}, \tag{6}$$

其中,$c_1,c_2,\cdots,c_{n-r}$为任意实数.表达式(6)为线性方程组 $AX=O$ 的通解.

设 A 为 $m\times n$ 矩阵,则 n 元齐次线性方程组 $AX=O$ 的全体解构成的集合 V 是一个向量空间,称为该方程组的解空间.当系数矩阵的秩 $r(A)=r$ 时,解空间 V 的维数为 $n-r$.当 $r(A)=n$ 时,方程组 $AX=O$ 只有零解,此时解空间 V 只含有一个零向量,解空间 V 的维数为 0.当 $r(A)=r<n$ 时,方程组 $AX=O$ 必含有 $n-r$ 个向量的基础解系 $\boldsymbol{\eta}_1,\boldsymbol{\eta}_2,\cdots,\boldsymbol{\eta}_{n-r}$,此时方程组的任一解可

表示为

$$x=k_1\boldsymbol{\eta}_1+k_2\boldsymbol{\eta}_2+\cdots+k_{n-r}\boldsymbol{\eta}_{n-r},$$

其中,$k_1,k_2,\cdots,k_{n-r}$为任意实数.而解空间 V 可表示为

$$V=\{x\mid x=k_1\boldsymbol{\eta}_1+k_2\boldsymbol{\eta}_2+\cdots+k_{n-r}\boldsymbol{\eta}_{n-r},k_1,k_2,\cdots,k_{n-r}\in\mathbf{R}\}.$$

12. 非齐次线性方程组解的结构

设有非齐次线性方程组

$$\begin{cases}a_{11}x_1+a_{12}x_2+\cdots+a_{1n}x_n=b_1,\\ a_{21}x_1+a_{22}x_2+\cdots+a_{2n}x_n=b_2,\\ \cdots\quad\cdots\quad\cdots\quad\cdots\\ a_{m1}x_1+a_{m2}x_2+\cdots+a_{mn}x_n=b_m.\end{cases}\tag{7}$$

它也可写作向量方程

$$\boldsymbol{AX}=\boldsymbol{b}.\tag{8}$$

性质 1　设 $\boldsymbol{\eta}_1$、$\boldsymbol{\eta}_2$ 是非齐次线性方程组 $\boldsymbol{AX}=\boldsymbol{b}$ 的解,则 $\boldsymbol{\eta}_1-\boldsymbol{\eta}_2$ 是对应的齐次线性方程组 $\boldsymbol{AX}=\boldsymbol{O}$ 的解.

性质 2　设 $\boldsymbol{\eta}$ 是非齐次线性方程组 $\boldsymbol{AX}=\boldsymbol{b}$ 的解,$\boldsymbol{\xi}$ 为对应的齐次线性方程组 $\boldsymbol{AX}=\boldsymbol{O}$ 的解,则 $\boldsymbol{\xi}+\boldsymbol{\eta}$ 为非齐次线性方程组 $\boldsymbol{AX}=\boldsymbol{b}$ 的解.

定理　设 $\boldsymbol{\eta}^*$ 是非齐次线性方程组 $\boldsymbol{AX}=\boldsymbol{b}$ 的一个解,$\boldsymbol{\xi}$ 是对应齐次线性方程组 $\boldsymbol{AX}=\boldsymbol{O}$ 的通解,则 $\boldsymbol{x}=\boldsymbol{\xi}+\boldsymbol{\eta}^*$ 是非齐次线性方程组 $\boldsymbol{AX}=\boldsymbol{b}$ 的通解.

注:设有非齐次线性方程组 $\boldsymbol{AX}=\boldsymbol{b}$,而 $\boldsymbol{\alpha}_1,\boldsymbol{\alpha}_2,\cdots,\boldsymbol{\alpha}_n$ 是系数矩阵 $\boldsymbol{A}$ 的列向量组,则下列四个命题等价:

(1) 非齐次线性方程组 $\boldsymbol{AX}=\boldsymbol{b}$ 有解;

(2) 向量 $\boldsymbol{b}$ 能由向量组 $\boldsymbol{\alpha}_1,\boldsymbol{\alpha}_2,\cdots,\boldsymbol{\alpha}_n$ 线性表示;

(3) 向量组 $\boldsymbol{\alpha}_1,\boldsymbol{\alpha}_2,\cdots,\boldsymbol{\alpha}_n$ 与向量组 $\boldsymbol{\alpha}_1,\boldsymbol{\alpha}_2,\cdots,\boldsymbol{\alpha}_n,\boldsymbol{b}$ 等价;

(4) $R(\boldsymbol{A})=R(\boldsymbol{A}\quad\boldsymbol{b})$.

第二节　解题方法

1. 判断向量能否由某一向量组线性表示

判断一个向量 $\boldsymbol{\beta}$ 能否由向量组 $\boldsymbol{\alpha}_1,\boldsymbol{\alpha}_2,\cdots,\boldsymbol{\alpha}_m$ 线性表示时,先令

$$\boldsymbol{\beta}=x_1\boldsymbol{\alpha}_1+x_2\boldsymbol{\alpha}_2+\cdots+x_m\boldsymbol{\alpha}_m.$$

由向量对应关系得到以 $x_1,x_2,\cdots,x_m$ 为未知数的非齐次线性方程组,然后判断此方程组是否有解或求解此方程组.如果方程组无解,则 $\boldsymbol{\beta}$ 不能由 $\boldsymbol{\alpha}_1,\boldsymbol{\alpha}_2,\cdots,\boldsymbol{\alpha}_m$ 线性表示;如果方程组有解,则 $\boldsymbol{\beta}$ 能由 $\boldsymbol{\alpha}_1,\boldsymbol{\alpha}_2,\cdots,\boldsymbol{\alpha}_m$ 线性表示,且当解唯一时,其表达式唯一,由解可得到具体的表达式的系数.

对于抽象向量组 $\boldsymbol{\alpha}_1,\boldsymbol{\alpha}_2,\cdots,\boldsymbol{\alpha}_m,\boldsymbol{\beta}$,为证 $\boldsymbol{\beta}$ 能由 $\boldsymbol{\alpha}_1,\boldsymbol{\alpha}_2,\cdots,\boldsymbol{\alpha}_m$ 线性表示,可证线性表达式 $k_1\boldsymbol{\alpha}_1+k_2\boldsymbol{\alpha}_2+\cdots+k_m\boldsymbol{\alpha}_m+k\boldsymbol{\beta}=\boldsymbol{O}$(此表达式记为 *)中 $k\neq0$;也可以利用唯一表示定理,如果 $\boldsymbol{\alpha}_1,\boldsymbol{\alpha}_2,\cdots,\boldsymbol{\alpha}_m$ 线性无关,$\boldsymbol{\alpha}_1,\boldsymbol{\alpha}_2,\cdots,\boldsymbol{\alpha}_m,\boldsymbol{\beta}$ 线性相关,则向量 $\boldsymbol{\beta}$ 必能由 $\boldsymbol{\alpha}_1,\boldsymbol{\alpha}_2,\cdots,\boldsymbol{\alpha}_m$ 线性表示,这是一个充分性方法.而秩 $r(\boldsymbol{\alpha}_1,\boldsymbol{\alpha}_2,\cdots,\boldsymbol{\alpha}_m)=r(\boldsymbol{\alpha}_1,\boldsymbol{\alpha}_2,\cdots,\boldsymbol{\alpha}_m,\boldsymbol{\beta})$ 是 $\boldsymbol{\beta}$ 能由 $\boldsymbol{\alpha}_1,\boldsymbol{\alpha}_2,\cdots,\boldsymbol{\alpha}_m$ 线性表示的充分必要条件.同理,为证 $\boldsymbol{\beta}$ 不能由 $\boldsymbol{\alpha}_1,\boldsymbol{\alpha}_2,\cdots,\boldsymbol{\alpha}_m$ 线性表示,可证式(*)只有当 $k=0$ 时才成

立,或证 $\boldsymbol{\alpha}_1,\boldsymbol{\alpha}_2,\cdots,\boldsymbol{\alpha}_m,\boldsymbol{\beta}$ 线性无关,或证 $r(\boldsymbol{\alpha}_1,\boldsymbol{\alpha}_2,\cdots,\boldsymbol{\alpha}_m)\neq r(\boldsymbol{\alpha}_1,\boldsymbol{\alpha}_2,\cdots,\boldsymbol{\alpha}_m,\boldsymbol{\beta})$.

注:在证 $\boldsymbol{\beta}$ 不能由 $\boldsymbol{\alpha}_1,\boldsymbol{\alpha}_2,\cdots,\boldsymbol{\alpha}_m$ 线性表示时,要重视反证法的思想.

2. 判断向量组的线性相关性

对于具体给出的向量组 $\boldsymbol{\alpha}_1,\boldsymbol{\alpha}_2,\cdots,\boldsymbol{\alpha}_m$,判断其线性相关还是线性无关通常采用以下方法:

(1) 定义法.先根据定义设 $k_1\boldsymbol{\alpha}_1+k_2\boldsymbol{\alpha}_2+\cdots+k_m\boldsymbol{\alpha}_m=\boldsymbol{O}$,再根据向量对应关系写出相应的齐次线性方程组.若该方程组有非零解(即无穷多解),则向量组 $\boldsymbol{\alpha}_1,\boldsymbol{\alpha}_2,\cdots,\boldsymbol{\alpha}_m$ 线性相关;若该方程组只有零解,则 $\boldsymbol{\alpha}_1,\boldsymbol{\alpha}_2,\cdots,\boldsymbol{\alpha}_m$ 线性无关.

(2) 求秩法.将向量 $\boldsymbol{\alpha}_1,\boldsymbol{\alpha}_2,\cdots,\boldsymbol{\alpha}_m$ 写成矩阵 $\boldsymbol{A}$,再求 $\boldsymbol{A}$ 的秩,若 $R(\boldsymbol{A})<m$,则向量组 $\boldsymbol{\alpha}_1,\boldsymbol{\alpha}_2,\cdots,\boldsymbol{\alpha}_m$ 线性相关;若 $R(\boldsymbol{A})=m$,则向量组 $\boldsymbol{\alpha}_1,\boldsymbol{\alpha}_2,\cdots,\boldsymbol{\alpha}_m$ 线性无关.

(3) 行列式法.对于 n 个 n 维向量 $\boldsymbol{\alpha}_1,\boldsymbol{\alpha}_2,\cdots,\boldsymbol{\alpha}_n$,将其写成 n 阶方阵 $\boldsymbol{A}$,若 $|\boldsymbol{A}|=0$,则向量组线性相关;若 $|\boldsymbol{A}|\neq 0$,则向量组线性无关.

(4) 利用有关结论,如"部分相关,则整体相关""$n+1$ 个 n 维向量必线性相关"等来判定.

3. 求向量组的秩与最大无关组

(1) 设 $\boldsymbol{\alpha}_1,\boldsymbol{\alpha}_2,\cdots,\boldsymbol{\alpha}_n$ 是 m 维向量组,将其写成矩阵 $\boldsymbol{A}=(\boldsymbol{\alpha}_1,\boldsymbol{\alpha}_2,\cdots,\boldsymbol{\alpha}_n)$($\boldsymbol{\alpha}_1,\boldsymbol{\alpha}_2,\cdots,\boldsymbol{\alpha}_n$ 均是列向量)或 $\boldsymbol{A}=\begin{pmatrix}\boldsymbol{\alpha}_1\\ \boldsymbol{\alpha}_2\\ \vdots\\ \boldsymbol{\alpha}_n\end{pmatrix}$(当 $\boldsymbol{\alpha}_1,\boldsymbol{\alpha}_2,\cdots,\boldsymbol{\alpha}_n$ 均是行向量时),则 $R(\boldsymbol{A})$ 是该向量组的秩.在 $\boldsymbol{A}$ 中找非零的 r 阶子式 D_r,则包含 D_r 的 r 个列(或行)向量即是该向量组的一个最大无关组.

(2) 设 $\boldsymbol{\alpha}_1,\boldsymbol{\alpha}_2,\cdots,\boldsymbol{\alpha}_n$ 是 m 维向量组,将其写成 $m\times n$ 矩阵 $\boldsymbol{A}=(\boldsymbol{\alpha}_1,\boldsymbol{\alpha}_2,\cdots,\boldsymbol{\alpha}_n)$,并用初等行变换化为行阶梯形矩阵 $\boldsymbol{J}$ 或最简行阶梯形矩阵 $\boldsymbol{H}$,则 $\boldsymbol{J}$ 或 $\boldsymbol{H}$ 中非零行的行数为该向量组的秩;由于 $\boldsymbol{J}$ 或 $\boldsymbol{H}$ 的 $i_1,i_2,\cdots,i_r$ 列(各非零行的第 1 个非零元素所在的列)构成的列向量组线性无关,因此 $\alpha_{i1},\alpha_{i2},\cdots,\alpha_{ir}$ 是向量组 $\boldsymbol{\alpha}_1,\boldsymbol{\alpha}_2,\cdots,\boldsymbol{\alpha}_n$ 的一个最大无关组.

4. 求解齐次线性方程组基础解系的方法

设 $\boldsymbol{A}$ 是 $m\times n$ 的矩阵,且 $R(\boldsymbol{A})=r<n$.用初等行变换化 $\boldsymbol{A}$ 为最简行阶梯形矩阵,不妨设

$$\boldsymbol{A}\xrightarrow{\text{初等行变换}}\begin{pmatrix}1 & 0 & \cdots & 0 & c_{1,r+1} & \cdots & c_{1n}\\ 0 & 1 & \cdots & 0 & c_{2,r+1} & \cdots & c_{2n}\\ \vdots & \vdots & & \vdots & \vdots & & \vdots\\ 0 & 0 & \cdots & 1 & c_{r,r+1} & \cdots & c_{rn}\\ 0 & 0 & \cdots & 0 & 0 & \cdots & 0\\ \vdots & \vdots & & \vdots & \vdots & & \vdots\\ 0 & 0 & \cdots & 0 & 0 & \cdots & 0\end{pmatrix},$$

则可得到与齐次线性方程组 $\boldsymbol{Ax}=\boldsymbol{O}$ 同解的方程组

$$\begin{cases}x_1=-c_{1,r+1}x_{r+1}-\cdots-c_{1n}x_n,\\ x_2=-c_{2,r+1}x_{r+1}-\cdots-c_{2n}x_n,\\ \quad\cdots\quad\cdots\quad\cdots\quad\cdots\\ x_r=-c_{r,r+1}x_{r+1}-\cdots-c_{rn}x_n.\end{cases}\quad \text{记为}(*_1).$$

(1) 依次取 $\begin{pmatrix} x_{r+1} \\ x_{r+2} \\ \vdots \\ x_n \end{pmatrix} = \begin{pmatrix} 1 \\ 0 \\ \vdots \\ 0 \end{pmatrix}, \begin{pmatrix} 0 \\ 1 \\ \vdots \\ 0 \end{pmatrix}, \cdots, \begin{pmatrix} 0 \\ 0 \\ \vdots \\ 1 \end{pmatrix}$.

由式($*_1$)依次求得 $\begin{pmatrix} x_1 \\ x_2 \\ \vdots \\ x_r \end{pmatrix} = \begin{pmatrix} -c_{1,r+1} \\ -c_{2,r+1} \\ \vdots \\ -c_{r,r+1} \end{pmatrix}, \begin{pmatrix} -c_{1,r+2} \\ -c_{2,r+2} \\ \vdots \\ -c_{r,r+2} \end{pmatrix}, \cdots, \begin{pmatrix} -c_{1n} \\ -c_{2n} \\ \vdots \\ -c_{rn} \end{pmatrix}$.

从而 $\boldsymbol{Ax}=\boldsymbol{O}$ 的基础解系为

$$\boldsymbol{\xi}_1 = \begin{pmatrix} -c_{1,r+1} \\ -c_{2,r+1} \\ \vdots \\ -c_{r,r+1} \\ 1 \\ 0 \\ \vdots \\ 0 \end{pmatrix}, \boldsymbol{\xi}_2 = \begin{pmatrix} -c_{1,r+2} \\ -c_{2,r+2} \\ \vdots \\ -c_{r,r+2} \\ 0 \\ 1 \\ \vdots \\ 0 \end{pmatrix}, \quad \cdots, \quad \boldsymbol{\xi}_{n-r} = \begin{pmatrix} -c_{1n} \\ -c_{2n} \\ \vdots \\ -c_{rn} \\ 0 \\ 0 \\ \vdots \\ 1 \end{pmatrix} \quad \text{记为(**)}.$$

(2) 由式($*_1$)直接可得到通解的向量形式:

$$\begin{pmatrix} x_1 \\ x_2 \\ \vdots \\ x_r \\ x_{r+1} \\ x_{r+2} \\ \vdots \\ x_n \end{pmatrix} = k_1 \begin{pmatrix} -c_{1,r+1} \\ -c_{2,r+1} \\ \vdots \\ -c_{r,r+1} \\ 1 \\ 0 \\ \vdots \\ 0 \end{pmatrix} + k_2 \begin{pmatrix} -c_{1,r+2} \\ -c_{2,r+2} \\ \vdots \\ -c_{r,r+2} \\ 0 \\ 1 \\ \vdots \\ 0 \end{pmatrix} + \cdots + k_{n-r} \begin{pmatrix} -c_{1n} \\ -c_{2n} \\ \vdots \\ -c_{rn} \\ 0 \\ 0 \\ \vdots \\ 1 \end{pmatrix} \quad (k_1, k_2, \cdots, k_{n-r} \in \mathbf{R}),$$

右端的 $n-r$ 个列向量式(**)是 $\boldsymbol{Ax}=\boldsymbol{O}$ 的基础解系.

第三节　典型例题

例 1　设 $\boldsymbol{\alpha}_1=(2,-4,1,-1)^{\mathrm{T}}$, $\boldsymbol{\alpha}_2=(-3,-1,2,-5/2)^{\mathrm{T}}$,如果向量满足 $3\boldsymbol{\alpha}_1-2(\boldsymbol{\beta}+\boldsymbol{\alpha}_2)=\boldsymbol{O}$,求 $\boldsymbol{\beta}$.

解　由题设条件,有 $3\boldsymbol{\alpha}_1-2\boldsymbol{\beta}-2\boldsymbol{\alpha}_2=\boldsymbol{O}$,得

$$\boldsymbol{\beta}=-\frac{1}{2}(2\boldsymbol{\alpha}_2-3\boldsymbol{\alpha}_1)=-\boldsymbol{\alpha}_2+\frac{3}{2}\boldsymbol{\alpha}_1=-(-3,-1,2,-5/2)^{\mathrm{T}}+\frac{3}{2}(2,-4,1,-1)^{\mathrm{T}}=(6,-5,-1/2,1)^{\mathrm{T}}.$$

例 2　证明:向量 $\boldsymbol{\beta}=(-1,1,5)$ 是向量 $\boldsymbol{\alpha}_1=(1,2,3)$, $\boldsymbol{\alpha}_2=(0,1,4)$, $\boldsymbol{\alpha}_3=(2,3,6)$ 的线性组合,并具体将 $\boldsymbol{\beta}$ 用 $\boldsymbol{\alpha}_1,\boldsymbol{\alpha}_2,\boldsymbol{\alpha}_3$ 表示出来.

证　先假定 $\boldsymbol{\beta}=\lambda_1\boldsymbol{\alpha}_1+\lambda_2\boldsymbol{\alpha}_2+\lambda_3\boldsymbol{\alpha}_3$,其中,$\lambda_1,\lambda_2,\lambda_3$ 为待定常数,则

$$(-1,1,5)=\lambda_1(1,2,3)+\lambda_2(0,1,4)+\lambda_3(2,3,6)=(\lambda_1,2\lambda_1,3\lambda_1)+(0,\lambda_2,4\lambda_2)+(2\lambda_3,3\lambda_3,6\lambda_3)$$
$$=(\lambda_1+2\lambda_3,2\lambda_1+\lambda_2+3\lambda_3,3\lambda_1+4\lambda_2+6\lambda_3).$$

由于两个向量相等的充要条件是它们的分量分别对应相等,因此可得方程组:

$$\begin{cases}\lambda_1+\qquad 2\lambda_3=-1,\\ 2\lambda_1+\lambda_2+3\lambda_3=1,\\ 3\lambda_1+4\lambda_2+6\lambda_3=5.\end{cases}\Rightarrow\begin{cases}\lambda_1=1,\\ \lambda_2=2,\\ \lambda_3=-1.\end{cases}$$

于是$\boldsymbol{\beta}$可以表示为$\boldsymbol{\alpha}_1,\boldsymbol{\alpha}_2,\boldsymbol{\alpha}_3$的线性组合,它的表示式为$\boldsymbol{\beta}=\boldsymbol{\alpha}_1+2\boldsymbol{\alpha}_2-\boldsymbol{\alpha}_3$.

例3 判断向量$\boldsymbol{\beta}_1=(4,3,-1,11)^{\mathrm{T}}$与$\boldsymbol{\beta}_2=(4,3,0,11)^{\mathrm{T}}$是否各为向量组$\boldsymbol{\alpha}_1=(1,2,-1,5)^{\mathrm{T}}$,$\boldsymbol{\alpha}_2=(2,-1,1,1)^{\mathrm{T}}$的线性组合.若是线性组合,请写出表示式.

解 设$k_1\boldsymbol{\alpha}_1+k_2\boldsymbol{\alpha}_2=\boldsymbol{\beta}_1$,对矩阵$(\boldsymbol{\alpha}_1,\boldsymbol{\alpha}_2,\boldsymbol{\beta}_1)$施以初等行变换:

$$\begin{pmatrix}1&2&4\\2&-1&3\\-1&1&-1\\5&1&11\end{pmatrix}\to\begin{pmatrix}1&2&4\\0&-5&-5\\0&3&3\\0&-9&-9\end{pmatrix}\to\begin{pmatrix}1&2&4\\0&1&1\\0&0&0\\0&0&0\end{pmatrix}\to\begin{pmatrix}1&0&2\\0&1&1\\0&0&0\\0&0&0\end{pmatrix}.$$

可见,$R(\boldsymbol{\alpha}_1,\boldsymbol{\alpha}_2,\boldsymbol{\beta})=R(\boldsymbol{\alpha}_1,\boldsymbol{\alpha}_2)=2$,故$\boldsymbol{\beta}_1$可由$\boldsymbol{\alpha}_1,\boldsymbol{\alpha}_2$线性表示,且由上面的初等变换可知$k_1=2,k_2=1$,即$\boldsymbol{\beta}_1=2\boldsymbol{\alpha}_1+\boldsymbol{\alpha}_2$.类似地,对矩阵$(\boldsymbol{\alpha}_1,\boldsymbol{\alpha}_2,\boldsymbol{\beta}_2)$施以初等行变换:

$$\begin{pmatrix}1&2&4\\2&-1&3\\-1&1&0\\5&1&11\end{pmatrix}\to\begin{pmatrix}1&2&4\\0&-5&-5\\0&3&4\\0&-9&-9\end{pmatrix}\to\begin{pmatrix}1&2&4\\0&1&1\\0&0&1\\0&0&0\end{pmatrix}.$$

可见,$R(\boldsymbol{\alpha}_1,\boldsymbol{\alpha}_2,\boldsymbol{\beta})=3$,$R(\boldsymbol{\alpha}_1,\boldsymbol{\alpha}_2)=2$.故$\boldsymbol{\beta}_2$不能由$\boldsymbol{\alpha}_1,\boldsymbol{\alpha}_2$线性表示.

例4 已知$\boldsymbol{\alpha}_1=\begin{pmatrix}1\\1\\1\end{pmatrix}$,$\boldsymbol{\alpha}_2=\begin{pmatrix}0\\2\\5\end{pmatrix}$,$\boldsymbol{\alpha}_3=\begin{pmatrix}2\\4\\7\end{pmatrix}$,试讨论向量组$\boldsymbol{\alpha}_1,\boldsymbol{\alpha}_2,\boldsymbol{\alpha}_3$及$\boldsymbol{\alpha}_1,\boldsymbol{\alpha}_2$的线性相关性.

解 设$\boldsymbol{A}=(\boldsymbol{\alpha}_1,\boldsymbol{\alpha}_2,\boldsymbol{\alpha}_3)$,$\boldsymbol{B}=(\boldsymbol{\alpha}_1,\boldsymbol{\alpha}_2)$.对矩阵$\boldsymbol{A}$施以初等行变换,转换成行阶梯形矩阵

$$(\boldsymbol{\alpha}_1,\boldsymbol{\alpha}_2,\boldsymbol{\alpha}_3)=\begin{pmatrix}1&0&2\\1&2&4\\1&5&7\end{pmatrix}\to\begin{pmatrix}1&0&2\\0&2&2\\0&5&5\end{pmatrix}\to\begin{pmatrix}1&0&2\\0&2&2\\0&0&0\end{pmatrix},$$

可见,$R(\boldsymbol{A})=2$,$R(\boldsymbol{B})=2$.由线性相关性判定定理可知,向量组$\boldsymbol{\alpha}_1,\boldsymbol{\alpha}_2,\boldsymbol{\alpha}_3$,线性相关;向量组$\boldsymbol{\alpha}_1,\boldsymbol{\alpha}_2$线性无关.

例5 判断下列向量组是否线性相关:

$$\boldsymbol{\alpha}_1=\begin{pmatrix}1\\2\\-1\\5\end{pmatrix},\quad\boldsymbol{\alpha}_2=\begin{pmatrix}2\\-1\\1\\1\end{pmatrix},\quad\boldsymbol{\alpha}_3=\begin{pmatrix}4\\3\\-1\\11\end{pmatrix}.$$

解 对矩阵$\boldsymbol{A}=(\boldsymbol{\alpha}_1,\boldsymbol{\alpha}_2,\boldsymbol{\alpha}_3)$施以初等行变换,化为阶梯形矩阵:

$$\begin{pmatrix}1&2&4\\2&-1&3\\-1&1&-1\\5&1&11\end{pmatrix}\to\begin{pmatrix}1&2&4\\0&-5&-5\\0&3&3\\0&-9&-9\end{pmatrix}\to\begin{pmatrix}1&2&4\\0&1&1\\0&0&0\\0&0&0\end{pmatrix}$$

$R(\boldsymbol{A})=2<3$,所以向量组 $\boldsymbol{\alpha}_1,\boldsymbol{\alpha}_2,\boldsymbol{\alpha}_3$ 线性相关.

例 6　证明:若向量组 $\boldsymbol{\alpha},\boldsymbol{\beta},\boldsymbol{\gamma}$ 线性无关,则向量组 $\boldsymbol{\alpha}+\boldsymbol{\beta},\boldsymbol{\beta}+\boldsymbol{\gamma},\boldsymbol{\gamma}+\boldsymbol{\alpha}$ 亦线性无关.

证　设有一组数 k_1,k_2,k_3,使

$$k_1(\boldsymbol{\alpha}+\boldsymbol{\beta})+k_2(\boldsymbol{\beta}+\boldsymbol{\gamma})+k_3(\boldsymbol{\gamma}+\boldsymbol{\alpha})=\boldsymbol{O} \tag{9}$$

成立,整理得 $(k_1+k_3)\boldsymbol{\alpha}+(k_1+k_2)\boldsymbol{\beta}+(k_2+k_3)\boldsymbol{\gamma}=\boldsymbol{O}$.

由于 $\boldsymbol{\alpha},\boldsymbol{\beta},\boldsymbol{\gamma}$ 线性无关,故

$$\begin{cases} k_1 \quad +k_3=0, \\ k_1+k_2 \quad =0, \\ \quad k_2+k_3=0. \end{cases} \tag{10}$$

因为 $\begin{vmatrix} 1 & 0 & 1 \\ 1 & 1 & 0 \\ 0 & 1 & 1 \end{vmatrix}=2\neq 0$,故方程组(2)仅有零解.即只有 $k_1=k_2=k_3=0$ 时式(9)才成立.

因而向量组 $\boldsymbol{\alpha}+\boldsymbol{\beta},\boldsymbol{\beta}+\boldsymbol{\gamma},\boldsymbol{\gamma}+\boldsymbol{\alpha}$ 线性无关.

例 7　设矩阵 $\boldsymbol{A}=\begin{pmatrix} 2 & -1 & -1 & 1 & 2 \\ 1 & 1 & -2 & 1 & 4 \\ 4 & -6 & 2 & -2 & 4 \\ 3 & 6 & -9 & 7 & 9 \end{pmatrix}$,求矩阵 $\boldsymbol{A}$ 的列向量组的一个极大无关组,并用此最大无关组表示其他列向量.

解　对 $\boldsymbol{A}$ 施行初等变换化为行阶梯形矩阵:

$$\boldsymbol{A}\to\begin{pmatrix} 1 & 1 & -2 & 1 & 4 \\ 0 & 1 & -1 & 1 & 0 \\ 0 & 0 & 0 & 1 & -3 \\ 0 & 0 & 0 & 0 & 0 \end{pmatrix}\to\begin{pmatrix} 1 & 1 & -2 & 1 & 4 \\ 0 & 1 & -1 & 1 & 0 \\ 0 & 0 & 0 & 1 & -3 \\ 0 & 0 & 0 & 0 & 0 \end{pmatrix}.$$

$R(\boldsymbol{A})=3$,故列向量组的极大无关组含 3 个向量.

而三个非零首元在第 1,2,4 三列,故 $\boldsymbol{\alpha}_1,\boldsymbol{\alpha}_2,\boldsymbol{\alpha}_4$ 为列向量组的一个极大无关组.

由 $\boldsymbol{A}$ 的最简行阶梯形矩阵,可得:$\begin{cases} \boldsymbol{\alpha}_3=-\boldsymbol{\alpha}_1-\boldsymbol{\alpha}_2, \\ \boldsymbol{\alpha}_5=4\boldsymbol{\alpha}_1+3\boldsymbol{\alpha}_2-3\boldsymbol{\alpha}_4. \end{cases}$

例 8　求向量组 $\boldsymbol{\alpha}_1=(1,2,-1,1)^{\mathrm{T}},\boldsymbol{\alpha}_2=(2,0,t,0)^{\mathrm{T}},\boldsymbol{\alpha}_3=(0,-4,5,-2)^{\mathrm{T}},\boldsymbol{\alpha}_4=(3,-2,t+4,-1)^{\mathrm{T}}$ 的秩和一个极大无关组.

解　向量的分量中含参数 t,向量组的秩和极大无关组与 t 的取值有关.对下列矩阵作初等行变换:

$$(\boldsymbol{\alpha}_1,\boldsymbol{\alpha}_2,\boldsymbol{\alpha}_3,\boldsymbol{\alpha}_4)=\begin{pmatrix} 1 & 2 & 0 & 3 \\ 2 & 0 & -4 & -2 \\ -1 & t & 5 & t+4 \\ 1 & 0 & -2 & -1 \end{pmatrix}\to\begin{pmatrix} 1 & 2 & 0 & 3 \\ 0 & -4 & -4 & -8 \\ 0 & t+2 & 5 & t+7 \\ 0 & -2 & -2 & -4 \end{pmatrix}\to\begin{pmatrix} 1 & 2 & 0 & 3 \\ 0 & 1 & 1 & 2 \\ 0 & 0 & 3-t & 3-t \\ 0 & 0 & 0 & 0 \end{pmatrix},$$

显然,$\boldsymbol{\alpha}_1,\boldsymbol{\alpha}_2$ 线性无关,且

(1) 当 $t=3$ 时,$r(\boldsymbol{\alpha}_1,\boldsymbol{\alpha}_2,\boldsymbol{\alpha}_3,\boldsymbol{\alpha}_4)=2$,$\boldsymbol{\alpha}_1,\boldsymbol{\alpha}_2$ 是极大无关组;

(2) 当 $t\neq 3$ 时,$r(\boldsymbol{\alpha}_1,\boldsymbol{\alpha}_2,\boldsymbol{\alpha}_3,\boldsymbol{\alpha}_4)=3$,$\boldsymbol{\alpha}_1,\boldsymbol{\alpha}_2,\boldsymbol{\alpha}_3$ 是极大无关组.

例 9 判别下列集合是否为向量空间：

$$V_1=\{x=(0,x_2,\cdots,x_n)^{\mathrm{T}}\mid x_2,\cdots,x_n\in\mathbf{R}\},V_2=\{x=(1,x_2,\cdots,x_n)^{\mathrm{T}}\mid x_2,\cdots,x_n\in\mathbf{R}\}.$$

解 V_1 是向量空间.因为对于 V_1 的任意两个元素

$$\boldsymbol{\alpha}=(0,\boldsymbol{a}_2,\cdots,\boldsymbol{a}_n)^{\mathrm{T}},\quad \boldsymbol{\beta}=(0,\boldsymbol{b}_2,\cdots,\boldsymbol{b}_n)^{\mathrm{T}}\in V_1,$$

有 $\boldsymbol{\alpha}+\boldsymbol{\beta}=(0,\boldsymbol{a}_2+\boldsymbol{b}_2,\cdots,\boldsymbol{a}_n+\boldsymbol{b}_n)^{\mathrm{T}}\in V_1,\lambda\boldsymbol{\alpha}=(0,\lambda\boldsymbol{a}_2,\cdots,\lambda\boldsymbol{a}_n)^{\mathrm{T}}\in V_1$.

V_2 不是向量空间,因为若 $\boldsymbol{\alpha}=(1,\boldsymbol{a}_2,\cdots,\boldsymbol{a}_n,)^{\mathrm{T}}\in V_2$,则 $2\boldsymbol{\alpha}=(2,2\boldsymbol{a}_2,\cdots,2\boldsymbol{a}_n,)^{\mathrm{T}}\notin V_2$.

例 10 给定向量

$$\boldsymbol{\alpha}_1=(-2,4,1)^{\mathrm{T}},\quad \boldsymbol{\alpha}_2=(-1,3,5)^{\mathrm{T}},\quad \boldsymbol{\alpha}_3=(2,-3,1)^{\mathrm{T}},\quad \boldsymbol{\beta}=(1,1,3)^{\mathrm{T}}.$$

试证明:向量组 $\boldsymbol{\alpha}_1,\boldsymbol{\alpha}_2,\boldsymbol{\alpha}_3$ 是三维向量空间 $\mathbf{R}^3$ 的一个基,并将向量 $\boldsymbol{\beta}$ 用这个基线性表示.

证 令矩阵 $\boldsymbol{A}=(\boldsymbol{\alpha}_1,\boldsymbol{\alpha}_2,\boldsymbol{\alpha}_3)$,要证明 $\boldsymbol{\alpha}_1,\boldsymbol{\alpha}_2,\boldsymbol{\alpha}_3$ 是 $\mathbf{R}^3$ 的一个基,只需证明 $\boldsymbol{A}\to\boldsymbol{E}$;又设 $\boldsymbol{\beta}=x_1\boldsymbol{\alpha}_1+x_2\boldsymbol{\alpha}_2+x_3\boldsymbol{\alpha}_3$ 或 $\boldsymbol{AX}=\boldsymbol{\beta}$,则对 $(\boldsymbol{A},\boldsymbol{\beta})$ 进行初等行变换,当将 $\boldsymbol{A}$ 化为单位矩阵 $\boldsymbol{E}$ 时,同时将向量 $\boldsymbol{\beta}$ 化为 $\boldsymbol{X}=\boldsymbol{A}^{-1}\boldsymbol{\beta}$.

$$(\boldsymbol{A},\boldsymbol{\beta})=\begin{pmatrix}-2&-1&2&1\\4&3&-3&1\\1&5&1&3\end{pmatrix}\xrightarrow{\text{初等行变换}}\begin{pmatrix}1&0&0&4\\0&1&0&-1\\0&0&1&4\end{pmatrix},$$

故向量组 $\boldsymbol{\alpha}_1,\boldsymbol{\alpha}_2,\boldsymbol{\alpha}_3$ 是 $\mathbf{R}^3$ 的一个基,且 $\boldsymbol{\beta}=4\boldsymbol{\alpha}_1-\boldsymbol{\alpha}_2+4\boldsymbol{\alpha}_3$.

例 11 求齐次线性方程组$\begin{cases}x_1+x_2-x_3-x_4=0,\\2x_1-5x_2+3x_3+2x_4=0,\\7x_1-7x_2+3x_3+x_4=0\end{cases}$的基础解系与通解.

解 对系数矩阵 $\boldsymbol{A}$ 作初等行变换,化为最简行阶梯形矩阵:

$$\boldsymbol{A}=\begin{pmatrix}1&1&-1&-1\\2&-5&3&2\\7&-7&3&1\end{pmatrix}\to\begin{pmatrix}1&0&-2/7&-3/7\\0&1&-5/7&-4/7\\0&0&0&0\end{pmatrix},$$

得到原方程组的同解方程组$\begin{cases}x_1=\dfrac{2}{7}x_3+\dfrac{3}{7}x_4,\\x_2=\dfrac{5}{7}x_3+\dfrac{4}{7}x_4.\end{cases}$

令$\begin{pmatrix}x_3\\x_4\end{pmatrix}=\begin{pmatrix}1\\0\end{pmatrix},\begin{pmatrix}0\\1\end{pmatrix}$,即得基础解系:$\boldsymbol{\xi}_1=\begin{pmatrix}2/7\\5/7\\1\\0\end{pmatrix},\boldsymbol{\xi}_2=\begin{pmatrix}3/7\\4/7\\0\\1\end{pmatrix}$,

并由此得到通解

$$\begin{pmatrix}x_1\\x_2\\x_3\\x_4\end{pmatrix}=C_1\begin{pmatrix}2/7\\5/7\\1\\0\end{pmatrix}+C_2\begin{pmatrix}3/7\\4/7\\0\\1\end{pmatrix}\quad(C_1,C_2\in\mathbf{R}).$$

例 12　用基础解系表示如下线性方程组的通解

$$\begin{cases} x_1+x_2+x_3+4x_4-3x_5=0, \\ x_1-x_2+3x_3-2x_4-x_5=0, \\ 2x_1+x_2+3x_3+5x_4-5x_5=0, \\ 3x_1+x_2+5x_3+6x_4-7x_5=0. \end{cases}$$

解　对系数矩阵 $\boldsymbol{A}$ 施以初等行变换：

$$\boldsymbol{A}=\begin{pmatrix} 1 & 1 & 1 & 4 & -3 \\ 1 & -1 & 3 & -2 & -1 \\ 2 & 1 & 3 & 5 & -5 \\ 3 & 1 & 5 & 6 & -7 \end{pmatrix} \to \begin{pmatrix} 1 & 1 & 1 & 4 & -3 \\ 0 & -2 & 2 & -6 & 2 \\ 0 & -1 & 1 & -3 & 1 \\ 0 & -2 & 2 & -6 & 2 \end{pmatrix} \to \begin{pmatrix} 1 & 0 & 2 & 1 & -2 \\ 0 & 0 & 0 & 0 & 0 \\ 0 & 1 & -1 & 3 & -1 \\ 0 & 0 & 0 & 0 & 0 \end{pmatrix},$$

即原方程组与下面方程组同解：

$$\begin{cases} x_1=-2x_3-x_4+2x_5, \\ x_2=x_3-3x_4+x_5. \end{cases}$$ 其中 x_3、x_4、x_5 为自由未知量.

令 $\begin{pmatrix} x_3 \\ x_4 \\ x_5 \end{pmatrix}=\begin{pmatrix} 1 \\ 0 \\ 0 \end{pmatrix},\begin{pmatrix} 0 \\ 1 \\ 0 \end{pmatrix},\begin{pmatrix} 0 \\ 0 \\ 1 \end{pmatrix}$，基础解系为：$\boldsymbol{\xi}_1=\begin{pmatrix} -2 \\ 1 \\ 1 \\ 0 \\ 0 \end{pmatrix}$，$\boldsymbol{\xi}_2=\begin{pmatrix} -1 \\ -3 \\ 0 \\ 1 \\ 0 \end{pmatrix}$，$\boldsymbol{\xi}_3=\begin{pmatrix} 2 \\ 1 \\ 0 \\ 0 \\ 1 \end{pmatrix}$.

因此，其通解可由基础解系表示为：$\boldsymbol{x}=c_1\boldsymbol{\xi}_1+c_2\boldsymbol{\xi}_2+c_3\boldsymbol{\xi}_3(c_1、c_2、c_3\in\mathbf{R})$.

例 13　求解下列齐次线性方程组：

$$\begin{cases} x_1+x_2-x_3+2x_4+x_5=0, \\ x_3+3x_4-x_5=0, \\ 2x_3+x_4-2x_5=0. \end{cases}$$

解　对方程组的系数矩阵 $\boldsymbol{A}$ 作如下初等变换：

$$\boldsymbol{A}=\begin{pmatrix} 1 & 1 & -1 & 2 & 1 \\ 0 & 0 & 1 & 3 & -1 \\ 0 & 0 & 2 & 1 & -2 \end{pmatrix} \to \begin{pmatrix} 1 & 1 & -1 & 2 & 1 \\ 0 & 0 & 1 & 3 & -1 \\ 0 & 0 & 0 & 5 & 0 \end{pmatrix} \to \begin{pmatrix} 1 & 1 & -1 & 2 & 1 \\ 0 & 0 & 1 & 3 & -1 \\ 0 & 0 & 0 & 1 & 0 \end{pmatrix},$$

做到这里可以继续初等行变换，但很显然，目前这个矩阵已经不可能用初等行变换变成所要求的左上角为单位块的形状了，所以这里可以借助于列对调.值得注意的是运用列对调时，列所对应的 x_i 在对调后仍要与原来保持不变.

$$\begin{matrix} x_1 & x_2 & x_3 & x_4 & x_5 \end{matrix} \qquad \begin{matrix} x_1 & x_3 & x_2 & x_4 & x_5 \end{matrix} \qquad \begin{matrix} x_1 & x_3 & x_4 & x_2 & x_5 \end{matrix}$$

$$\begin{pmatrix} 1 & 1 & -1 & 2 & 1 \\ 0 & 0 & 1 & 3 & -1 \\ 0 & 0 & 0 & 1 & 0 \end{pmatrix} \xrightarrow{c_2\leftrightarrow c_3} \begin{pmatrix} 1 & -1 & 1 & 2 & 1 \\ 0 & 1 & 0 & 3 & -1 \\ 0 & 0 & 0 & 1 & 0 \end{pmatrix} \xrightarrow{c_3\leftrightarrow c_4} \begin{pmatrix} 1 & -1 & 2 & 1 & 1 \\ 0 & 1 & 3 & 0 & -1 \\ 0 & 0 & 1 & 0 & 0 \end{pmatrix}$$

$$\xrightarrow{r_1+r_2} \begin{pmatrix} 1 & 0 & 5 & 1 & 0 \\ 0 & 1 & 3 & 0 & -1 \\ 0 & 0 & 1 & 0 & 0 \end{pmatrix} \xrightarrow{r_1-5r_3} \begin{pmatrix} 1 & 0 & 0 & 1 & 0 \\ 0 & 1 & 3 & 0 & -1 \\ 0 & 0 & 1 & 0 & 0 \end{pmatrix} \xrightarrow{r_2-3r_3} \begin{pmatrix} 1 & 0 & 0 & 1 & 0 \\ 0 & 1 & 0 & 0 & -1 \\ 0 & 0 & 1 & 0 & 0 \end{pmatrix}.$$

即原方程与下面方程组同解：

$\begin{cases} x_1=-x_2, \\ x_3=x_5, \\ x_4=0. \end{cases}$ 基础解系为：$\boldsymbol{\xi}_1=(-1,1,0,0,0)^{\mathrm{T}}$，$\boldsymbol{\xi}_2=(0,0,1,0,1)^{\mathrm{T}}$，

于是原方程组的解为：$\boldsymbol{x}=c_1\boldsymbol{\xi}_1+c_2\boldsymbol{\xi}_2(c_1,c_2\in\mathbf{R})$.

例 14 求出一个齐次线性方程组，使它的基础解系由下列向量组成：

$$\boldsymbol{\xi}_1=\begin{pmatrix}1\\2\\3\\4\end{pmatrix},\quad \boldsymbol{\xi}_2=\begin{pmatrix}4\\3\\2\\1\end{pmatrix}.$$

解 设所求的齐次线性方程组为 $\boldsymbol{Ax}=\boldsymbol{O}$，系数矩阵 $\boldsymbol{A}$ 的行向量形如 $\boldsymbol{\alpha}^{\mathrm{T}}=(\boldsymbol{a}_1,\boldsymbol{a}_2,\boldsymbol{a}_3,\boldsymbol{a}_4)$，根据题意，有 $\boldsymbol{\alpha}^{\mathrm{T}}\boldsymbol{\xi}_1=\boldsymbol{O}$，$\boldsymbol{\alpha}^{\mathrm{T}}\boldsymbol{\xi}_2=\boldsymbol{O}$，即$\begin{cases} \boldsymbol{a}_1+2\boldsymbol{a}_2+3\boldsymbol{a}_3+4\boldsymbol{a}_4=0, \\ 4\boldsymbol{a}_1+3\boldsymbol{a}_2+2\boldsymbol{a}_3+\boldsymbol{a}_4=0. \end{cases}$

设这个方程组系数矩阵为 $\boldsymbol{B}$，对 $\boldsymbol{B}$ 进行初等行变换，得

$$\boldsymbol{B}=\begin{pmatrix}1&2&3&4\\4&3&2&1\end{pmatrix}\to\begin{pmatrix}1&2&3&4\\0&-5&-10&-15\end{pmatrix}\to\begin{pmatrix}1&0&-1&-2\\0&1&2&3\end{pmatrix}.$$

这个方程组的同解方程组为：$\begin{cases} a_1-a_3-2a_4=0, \\ a_2+2a_3+3a_4=0. \end{cases}$

其基础解系为：$\begin{pmatrix}1\\-2\\1\\0\end{pmatrix}$，$\begin{pmatrix}2\\-3\\0\\1\end{pmatrix}$，故可取矩阵 $\boldsymbol{A}$ 的行向量为 $\boldsymbol{\alpha}_1^{\mathrm{T}}=(1,-2,1,0)$，$\boldsymbol{\alpha}_2^{\mathrm{T}}=(2,-3,0,1)$，故

所求齐次线性方程组的系数矩阵 $\boldsymbol{A}=\begin{pmatrix}1&-2&1&0\\2&-3&0&1\end{pmatrix}$，

即所求齐次线性方程组为：$\begin{cases} x_1-2x_2+x_3=0, \\ 2x_1-3x_2+x_4=0. \end{cases}$

例 15 求下列方程组的通解$\begin{cases} x_1+x_2+x_3+3x_4+x_5=7, \\ 3x_1+x_2+2x_3+x_4-3x_5=-2, \\ 2x_2+x_3+2x_4+6x_5=23. \end{cases}$

解 对方程组的增广矩阵做初等变换

$$\boldsymbol{B}=(\boldsymbol{A},\boldsymbol{b})=\begin{pmatrix}1&1&1&1&1&7\\3&1&2&1&-3&-2\\0&2&1&2&6&23\end{pmatrix}\to\begin{pmatrix}1&0&1/2&0&-2&-9/2\\0&1&1/2&1&3&23/2\\0&0&0&0&0&0\end{pmatrix}.$$

可见 $R(\boldsymbol{B})=R(\boldsymbol{A},\boldsymbol{b})=2$，故方程组有无穷多解，且原方程组的同解方程组为

$$\begin{cases} x_1=-\dfrac{1}{2}x_3+\quad 2x_5-\dfrac{9}{2}, \\ x_2=-\dfrac{1}{2}x_3-x_4-3x_5+\dfrac{23}{2}. \end{cases}$$

令 $\begin{pmatrix}x_3\\x_4\\x_5\end{pmatrix}=\begin{pmatrix}1\\0\\0\end{pmatrix},\begin{pmatrix}0\\1\\0\end{pmatrix},\begin{pmatrix}0\\0\\1\end{pmatrix}$,分别代入等价方程组对应的齐次方程组中,求得基础解系为:

$$\boldsymbol{\xi}_1=\begin{pmatrix}-1/2\\-1/2\\1\\0\\0\end{pmatrix},\quad \boldsymbol{\xi}_2=\begin{pmatrix}0\\-1\\0\\1\\0\end{pmatrix},\quad \boldsymbol{\xi}_3=\begin{pmatrix}2\\-3\\0\\0\\1\end{pmatrix}.$$

令 $x_3=x_4=x_5=0$,得方程组的一个特解为:$\boldsymbol{\eta}^*=\begin{pmatrix}-9/2\\23/2\\0\\0\\0\end{pmatrix}$,

故所求通解为 $x=c_1\begin{pmatrix}-1/2\\-1/2\\1\\0\\0\end{pmatrix}+c_2\begin{pmatrix}0\\-1\\0\\1\\0\end{pmatrix}+c_3\begin{pmatrix}2\\-3\\0\\0\\1\end{pmatrix}+\begin{pmatrix}-9/2\\23/2\\0\\0\\0\end{pmatrix}(c_1,c_2,c_3\in\mathbf{R})$.

第四节　习题详解

一、选择题

1. 已知向量组 $\boldsymbol{\alpha}_1,\boldsymbol{\alpha}_2,\boldsymbol{\alpha}_3$ 线性相关,$\boldsymbol{\alpha}_2,\boldsymbol{\alpha}_3,\boldsymbol{\alpha}_4$ 线性无关,则下列结论中哪项正确?(　　)

A. $\boldsymbol{\alpha}_1$ 不能由 $\boldsymbol{\alpha}_2,\boldsymbol{\alpha}_3$ 线性表示　　B. $\boldsymbol{\alpha}_4$ 不能由 $\boldsymbol{\alpha}_1,\boldsymbol{\alpha}_2,\boldsymbol{\alpha}_3$ 线性表示

C. $\boldsymbol{\alpha}_4$ 能由 $\boldsymbol{\alpha}_1,\boldsymbol{\alpha}_2,\boldsymbol{\alpha}_3$ 线性表示　　D. $\boldsymbol{\alpha}_2,\boldsymbol{\alpha}_3$ 线性相关

答案:B

解析: $\left.\begin{array}{l}\boldsymbol{\alpha}_2,\boldsymbol{\alpha}_3,\boldsymbol{\alpha}_4\text{ 无关}\Rightarrow\boldsymbol{\alpha}_2,\boldsymbol{\alpha}_3\text{ 无关}\\ \boldsymbol{\alpha}_1,\boldsymbol{\alpha}_2,\boldsymbol{\alpha}_3\text{ 无关}\end{array}\right\}\Rightarrow\boldsymbol{\alpha}_1$ 可由 $\boldsymbol{\alpha}_2,\boldsymbol{\alpha}_3$ 表示.

设 $\boldsymbol{\alpha}_1=\lambda_2\boldsymbol{\alpha}_2+\lambda_3\boldsymbol{\alpha}_3$,

若 $\boldsymbol{\alpha}_4$ 能由 $\boldsymbol{\alpha}_1,\boldsymbol{\alpha}_2,\boldsymbol{\alpha}_3$ 表示,则有 $\boldsymbol{\alpha}_4=k_1\boldsymbol{\alpha}_1+k_2\boldsymbol{\alpha}_2+k_3\boldsymbol{\alpha}_3$,从而 $\boldsymbol{\alpha}_4=(k_1\lambda_2+k_2)\boldsymbol{\alpha}_2+(k_1\lambda_3+k_3)\boldsymbol{\alpha}_3$

$\Rightarrow(k_1\lambda_2+k_2)\boldsymbol{\alpha}_2+(k_1\lambda_3+k_3)\boldsymbol{\alpha}_3-\boldsymbol{\alpha}_4=\boldsymbol{O}$

$\Rightarrow\boldsymbol{\alpha}_2,\boldsymbol{\alpha}_3,\boldsymbol{\alpha}_4$ 相关,矛盾.

故 $\boldsymbol{\alpha}_4$ 不能由 $\boldsymbol{\alpha}_1,\boldsymbol{\alpha}_2,\boldsymbol{\alpha}_3$ 表示.

2. 对任意实数 a、b、c,线性无关的向量组是(　　).

A. $(a,1,2),(2,b,3),(0,0,0)$

B. $(b,1,1),(1,a,3),(2,3,c),(a,0,c)$

C. $(1,a,1,1),(1,b,1,0),(1,c,0,0)$

D. $(1,1,1,a),(2,2,2,b),(0,0,0,c)$

答案:C

解析:$\begin{pmatrix}1&1&1\\a&b&c\\1&1&0\\1&0&0\end{pmatrix}\to\begin{pmatrix}1&1&1\\c&b&a\\0&1&1\\0&0&1\end{pmatrix}\to\begin{pmatrix}1&1&1\\0&1&1\\0&0&1\\c&b&a\end{pmatrix}$.

无论 a,b,c 取何值,均有 $R=3$.

3. 设向量组 $\boldsymbol{\alpha}_1,\boldsymbol{\alpha}_2,\boldsymbol{\alpha}_3$ 线性无关,向量 $\boldsymbol{\beta}_1$ 可由 $\boldsymbol{\alpha}_1,\boldsymbol{\alpha}_2,\boldsymbol{\alpha}_3$ 线性表示,而向量 $\boldsymbol{\beta}_2$ 不能由 $\boldsymbol{\alpha}_1,\boldsymbol{\alpha}_2,\boldsymbol{\alpha}_3$ 线性表示,则对任意常数 k,必有(　　).

A. $\boldsymbol{\alpha}_1,\boldsymbol{\alpha}_2,\boldsymbol{\alpha}_3,k\boldsymbol{\beta}_1+\boldsymbol{\beta}_2$ 线性无关

B. $\boldsymbol{\alpha}_1,\boldsymbol{\alpha}_2,\boldsymbol{\alpha}_3,k\boldsymbol{\beta}_1+\boldsymbol{\beta}_2$ 线性相关

C. $\boldsymbol{\alpha}_1,\boldsymbol{\alpha}_2,\boldsymbol{\alpha}_3,\boldsymbol{\beta}_1+k\boldsymbol{\beta}_2$ 线性无关

D. $\boldsymbol{\alpha}_1,\boldsymbol{\alpha}_2,\boldsymbol{\alpha}_3,\boldsymbol{\beta}_1+k\boldsymbol{\beta}_2$ 线性相关

答案:A

解析:$\boldsymbol{\alpha}_1,\boldsymbol{\alpha}_2,\boldsymbol{\alpha}_3,\boldsymbol{\beta}_1$ 相关,$\boldsymbol{\alpha}_1,\boldsymbol{\alpha}_2,\boldsymbol{\alpha}_3,\boldsymbol{\beta}_2$ 无关.

① 取 $k=0$,可知 B、C 错.

② 对于 D,若成立,则有不全为 $\boldsymbol{O}$ 的 $\boldsymbol{\alpha}_1,\boldsymbol{\alpha}_2,\boldsymbol{\alpha}_3,\boldsymbol{\alpha}_4$ 使

$\lambda_1\boldsymbol{\alpha}_1+\lambda_2\boldsymbol{\alpha}_2+\lambda_3\boldsymbol{\alpha}_3+\lambda_4(\boldsymbol{\beta}_1+k\boldsymbol{\beta}_2)=\boldsymbol{O}$,

而 $\boldsymbol{\beta}_1=k_1\lambda_1+k_2\lambda_2+k_3\lambda_3$,

$\lambda_1\boldsymbol{\alpha}_1+\lambda_2\boldsymbol{\alpha}_2+\lambda_3\boldsymbol{\alpha}_3+\lambda_4(k_1\boldsymbol{\alpha}_1+k_2\boldsymbol{\alpha}_2+k_4\lambda_4\boldsymbol{\alpha}_3)+\lambda_4k\boldsymbol{\beta}_2=\boldsymbol{O}$

$\Rightarrow(\lambda_1+\lambda_4k_1)\boldsymbol{\alpha}_1+(\lambda_2+\lambda_4k_2)\boldsymbol{\alpha}_2+(\lambda_3+\lambda_4k_4)\boldsymbol{\alpha}_3+\lambda_4k\boldsymbol{\beta}_2=\boldsymbol{O}$.

因为 $\boldsymbol{\beta}_2,\boldsymbol{\alpha}_1,\boldsymbol{\alpha}_2,\boldsymbol{\alpha}_3$ 无关,所以 $\boldsymbol{\lambda}_4=\boldsymbol{O},\boldsymbol{\lambda}_1=\boldsymbol{\lambda}_2=\boldsymbol{\lambda}_3=\boldsymbol{O}$ 矛盾,所以 D 选项为无关.

③ 对于 $\boldsymbol{A}$,设 $\boldsymbol{\beta}_1=k_1\lambda_1+k_2\lambda_2+k_3\lambda_3$,则

$\lambda_1\boldsymbol{\alpha}_1+\lambda_2\boldsymbol{\alpha}_2+\lambda_3\boldsymbol{\alpha}_3+\lambda_4(k\boldsymbol{\beta}_1+\boldsymbol{\beta}_2)=\boldsymbol{O}$,

$\lambda_1\boldsymbol{\alpha}_1+\lambda_2\boldsymbol{\alpha}_2+\lambda_3\boldsymbol{\alpha}_3+\lambda_4k(k_1\boldsymbol{\alpha}_1+k_2\boldsymbol{\alpha}_2+k_3\boldsymbol{\alpha}_3)+\lambda_4\boldsymbol{\beta}_2=\boldsymbol{O}$,

$(\lambda_1+\lambda_4kk_1)\boldsymbol{\alpha}_1+(\lambda_2+\lambda_4kk_2)\boldsymbol{\alpha}_2+(\lambda_3+\lambda_4kk_3)\boldsymbol{\alpha}_3+\lambda_4\boldsymbol{\beta}_2=\boldsymbol{O}$.

因为 $\boldsymbol{\alpha}_1,\boldsymbol{\alpha}_2,\boldsymbol{\alpha}_3,\boldsymbol{\beta}_2$ 无关,

所以 $\lambda_4=0\Rightarrow\lambda_1=\lambda_2=\lambda_3=0$.　所以 A 选项无关.

4. 下列说法正确的是(　　).

A. 线性相关的向量组的部分组一定线性相关

B. 若向量组 $\boldsymbol{\alpha}=(a,b,c)$,$\boldsymbol{\beta}=(d,e,f)$线性相关,则向量组 $\boldsymbol{\alpha}_1=(a,b,c,1)$,$\boldsymbol{\beta}_1=(d,e,f,2)$一定线性相关

C. 如果一个向量组的部分组线性无关,则此向量组必线性无关

D. 若矩阵 $\boldsymbol{A}_{n\times n}$ 非退化,则其 n 个行向量构成的向量组线性无关

答案:D

解析:A:反例,任意两个非零向量线性无关;

B:反例,$\boldsymbol{\alpha}=(2,0,0)$,$\boldsymbol{\beta}=(1,0,0)$;

C:参考向量秩的概念.

5. 设 $\boldsymbol{A}$ 是 $m\times n$ 矩阵,非齐次线性方程组 $\boldsymbol{AX}=\boldsymbol{b}$ 的导出组为 $\boldsymbol{AX}=\boldsymbol{O}$,则下列说法正确的是(　　).

A. 若 $\boldsymbol{AX}=\boldsymbol{b}$ 有唯一解,则其导出组必有非零解

B. 若 $\boldsymbol{AX}=\boldsymbol{O}$ 有无穷多解,则 $\boldsymbol{AX}=\boldsymbol{b}$ 也必有无穷多解

C. 若 $\boldsymbol{AX}=\boldsymbol{O}$ 有唯一解,则 $\boldsymbol{AX}=\boldsymbol{b}$ 也只有唯一解

D. 若 $\boldsymbol{AX}=\boldsymbol{b}$ 有无穷多解,则其导出组必有非零解

答案:D

解析:A:$\boldsymbol{AX}=\boldsymbol{b}$ 有唯一解$\Rightarrow R(\boldsymbol{A})=n\Rightarrow \boldsymbol{Ax}=\boldsymbol{O}$ 只有零解;

B:$\boldsymbol{Ax}=\boldsymbol{O}$ 有无穷多解$\Rightarrow R(\boldsymbol{A})<n$,$R(\boldsymbol{A})$ 未必与 $R(\boldsymbol{B})$ 相同,可能无解;

C:$\boldsymbol{Ax}=\boldsymbol{O}$ 有唯一解$\Rightarrow R(\boldsymbol{A})=n$,$\boldsymbol{B}=(\boldsymbol{Ab})$ 为 $m\times(n+1)$,

若 $m>n$,则可能 $R(\boldsymbol{B})>R(\boldsymbol{A})$,无解.

6. 如果向量组 $\boldsymbol{\alpha}_1,\boldsymbol{\alpha}_2,\boldsymbol{\alpha}_3$ 线性相关,$\boldsymbol{\alpha}_2,\boldsymbol{\alpha}_3,\boldsymbol{\alpha}_4$ 线性无关,$\boldsymbol{\beta}_1,\boldsymbol{\beta}_2,\boldsymbol{\beta}_3,\boldsymbol{\beta}_4$ 分别是 $\boldsymbol{\alpha}_1,\boldsymbol{\alpha}_2,\boldsymbol{\alpha}_3,\boldsymbol{\alpha}_4$ 的延长向量,$\boldsymbol{\gamma}_1,\boldsymbol{\gamma}_2,\boldsymbol{\gamma}_3,\boldsymbol{\gamma}_4$ 分别是 $\boldsymbol{\alpha}_1,\boldsymbol{\alpha}_2,\boldsymbol{\alpha}_3,\boldsymbol{\alpha}_4$ 的缩短向量,则下列说法正确的是(　　).

A. $\boldsymbol{\alpha}_4$ 能由 $\boldsymbol{\alpha}_1,\boldsymbol{\alpha}_2,\boldsymbol{\alpha}_3$ 线性表示

B. $\boldsymbol{\beta}_1,\boldsymbol{\beta}_2,\boldsymbol{\beta}_3,\boldsymbol{\beta}_4$ 线性相关

C. $\boldsymbol{\beta}_1,\boldsymbol{\beta}_2,\boldsymbol{\beta}_3,\boldsymbol{\beta}_4$ 线性无关

D. $\boldsymbol{\gamma}_1,\boldsymbol{\gamma}_2,\boldsymbol{\gamma}_3,\boldsymbol{\gamma}_4$ 线性相关

答案:D

解析:$\left.\begin{array}{l}\boldsymbol{\alpha}_1,\boldsymbol{\alpha}_2,\boldsymbol{\alpha}_3\text{ 相关}\\ \boldsymbol{\alpha}_2,\boldsymbol{\alpha}_3,\boldsymbol{\alpha}_4\text{ 无关}\end{array}\right\}\Rightarrow\boldsymbol{\alpha}_1,\boldsymbol{\alpha}_2,\boldsymbol{\alpha}_3,\boldsymbol{\alpha}_4$ 相关.

A:$\boldsymbol{\alpha}_2,\boldsymbol{\alpha}_3,\boldsymbol{\alpha}_4$ 无关$\Rightarrow\left.\begin{array}{l}\boldsymbol{\alpha}_2,\boldsymbol{\alpha}_3\text{ 无关}\\ \boldsymbol{\alpha}_1,\boldsymbol{\alpha}_2,\boldsymbol{\alpha}_3\text{ 相关}\end{array}\right\}\Rightarrow\boldsymbol{\alpha}_1=\lambda_2\boldsymbol{\alpha}_2+\lambda_3\boldsymbol{\alpha}_3$.

若 $\boldsymbol{\alpha}_4$ 可由 $\boldsymbol{\alpha}_1,\boldsymbol{\alpha}_2,\boldsymbol{\alpha}_3$ 表示,则

$$\begin{aligned}\boldsymbol{\alpha}_4&=k_1\boldsymbol{\alpha}_1+k_2\boldsymbol{\alpha}_2+k_3\boldsymbol{\alpha}_3=k_1(\lambda_2\boldsymbol{\alpha}_2+\lambda_3\boldsymbol{\alpha}_3)+k_2\boldsymbol{\alpha}_2+k_3\boldsymbol{\alpha}_3\\&=(k_1\lambda_1+k_2)\boldsymbol{\alpha}_2+(k_1\lambda_3+k_3)\boldsymbol{\alpha}_3\\&\Rightarrow(k_1\lambda_2+k_2)\boldsymbol{\alpha}_2+(k_1\boldsymbol{\alpha}_3+k_3)\boldsymbol{\alpha}_3-\boldsymbol{\alpha}_4=\boldsymbol{O}.\end{aligned}$$

$\boldsymbol{\alpha}_2,\boldsymbol{\alpha}_3,\boldsymbol{\alpha}_4$ 相关,矛盾.

B:反例

$$\boldsymbol{\beta}_1=\begin{pmatrix}2\\0\\0\\1\end{pmatrix},\boldsymbol{\beta}_2=\begin{pmatrix}1\\0\\0\\1\end{pmatrix},\boldsymbol{\beta}_3=\begin{pmatrix}1\\1\\0\\1\end{pmatrix},\boldsymbol{\beta}_4=\begin{pmatrix}1\\1\\1\\1\end{pmatrix}.$$

C:反例

$$\boldsymbol{\beta}_1=\begin{pmatrix}2\\0\\0\\0\end{pmatrix},\boldsymbol{\beta}_2=\begin{pmatrix}1\\0\\0\\0\end{pmatrix},\boldsymbol{\beta}_3=\begin{pmatrix}1\\1\\0\\0\end{pmatrix},\boldsymbol{\beta}_4=\begin{pmatrix}1\\1\\1\\1\end{pmatrix}.$$

7. 向量组 $\boldsymbol{\alpha}_1=(1,1,2)$,$\boldsymbol{\alpha}_2=(3,t,1)$,$\boldsymbol{\alpha}_3=(0,2,-t)$线性无关的充分必要条件是(　　).

A. $t=5$ 或 $t=-2$　　　　B. $t\neq5$ 且 $t\neq-2$

C. $t\neq5$ 或 $t\neq-2$　　　　D. 前三个选项都不正确

答案:B

解析:$A=(\alpha_1^T,\alpha_2^T,\alpha_3^T)=\begin{pmatrix}1&3&0\\1&t&2\\2&1&-t\end{pmatrix}\Rightarrow|A|=(t-5)(t+2)$,

$t=5$ 且 $t\neq-2$, $|A|\neq0\Leftrightarrow R(A)=3\Leftrightarrow\alpha_1,\alpha_2,\alpha_3$ 无关.

8. 设 A 是 $m\times n$ 矩阵,非齐次线性方程组 $AX=b$ 的导出组为 $AX=O$,如果 $m<n$,则(　　).

A. $AX=b$ 必有无穷多解　　B. $AX=b$ 必有唯一解

C. $AX=O$ 必有非零解　　D. $AX=O$ 必有唯一解

答案:C

解析:A:$R(A)$ 与 $R(B)$ 未必相同;

B:$R(A)\leqslant\min\{m\quad n\}=m<n$,不可能为唯一解;

D:$R(A)\leqslant m<n$ 有零解(无穷解);

9. 设 A 是 4 阶方阵,且 $|A|=0$,则 A 中(　　).

A. 必有一列元素全为零

B. 必有一列向量是其余列向量的线性组合

C. 必有两列元素对应成比例

D. 任意列向量是其余列向量的线性组合

答案:B

10. 设向量组 $A:\alpha_1,\alpha_2,\cdots,\alpha_s$,向量组 $B:\alpha_1,\alpha_2,\cdots,\alpha_s,\alpha_{s+1},\cdots,\alpha_{s+t}$,则下列条件中能判定向量组 A 为向量组 B 的一个最大线性无关组的是(　　).

A. $R(A)=R(B)$　　B. $R(A)=s$

C. $R(B)=s$　　D. $R(A)=s$ 且向量组 B 能由向量组 A 线性表示

答案:D

11. 设 A,B 均为 n 阶方阵,且 $R(A)=R(B)$,则(　　).

A. $R(A-B)=0$　　B. $R(A+B)=2R(A)$

C. $R(AB)=2R(A)$　　D. $R(A,B)\leqslant R(A)+R(B)$

答案:D

解析:A,B,C 反例:$A=\begin{pmatrix}1&0\\0&1\end{pmatrix}$,$B=\begin{pmatrix}2&0\\0&2\end{pmatrix}$.

二、填空题

1. 已知 $3(\alpha_1-\beta)+2(\alpha_2+\beta)=5(\alpha_3+\beta)$,其中 $\alpha_1=(2,5,1)^T$,$\alpha_2=(3,1,5)^T$,$\alpha_3=(5,2,-1)^T$,则 $\beta=$__________.

答案:$\left(-\frac{13}{6},\frac{7}{6},3\right)^T$

解析:$3(\alpha_1-\beta)+2(\alpha_2+\beta)=5(\alpha_3+\beta)$

$\Rightarrow3\alpha_1+2\alpha_2-\beta=5\alpha_3+5\beta$

$\Rightarrow6\beta=3\alpha_1+2\alpha_2-5\alpha_3$,

得 $\beta=\frac{1}{2}\alpha_1+\frac{1}{3}\alpha_2-\frac{5}{6}\alpha_3=\left(-\frac{13}{6},\frac{7}{6},3\right)^T$.

2. 如果向量 $\beta=(5,4,1)^T$ 可以由向量组 $\alpha_1=(2,3,k)^T$,$\alpha_2=(-1,2,3)^T$,$\alpha_3=(3,1,2)^T$ 唯

一线性表示，则 $k\neq$__________.

答案：5

解析：

$$(\boldsymbol{\alpha}_2,\boldsymbol{\alpha}_3,\boldsymbol{\alpha}_1,\boldsymbol{\beta})=\begin{pmatrix}-1&3&2&5\\2&1&3&4\\3&2&k&1\end{pmatrix}\xrightarrow[r_3+3r_1]{r_2+2r_1}\begin{pmatrix}-1&3&2&5\\0&7&7&14\\0&11&k+6&16\end{pmatrix}\xrightarrow{r_2\times\frac{1}{7}}$$

$$\begin{pmatrix}-1&3&2&5\\0&1&1&2\\0&11&k+6&16\end{pmatrix}\xrightarrow{r_3-11r_2}\begin{pmatrix}-1&3&2&5\\0&1&1&2\\0&0&k-5&-6\end{pmatrix},$$

所以当 $k\neq5$ 时，$R(\boldsymbol{A})=R(\boldsymbol{B})=3$ 有唯一解.

3. 已知向量组 $\boldsymbol{\alpha}_1=(1,3,5)^{\mathrm{T}},\boldsymbol{\alpha}_2=(2,-1,-3)^{\mathrm{T}},\boldsymbol{\alpha}_3=(5,1,t)^{\mathrm{T}}$ 线性相关，则 $t=$__________.

答案：-1

解析：$$(\boldsymbol{\alpha}_1,\boldsymbol{\alpha}_2,\boldsymbol{\alpha}_3)=\begin{pmatrix}1&2&5\\3&-1&1\\5&-3&t\end{pmatrix}\xrightarrow[r_3-5r_1]{r_2-3r_1}\begin{pmatrix}1&2&5\\0&-7&-14\\0&-13&t-25\end{pmatrix}\xrightarrow{r_2\times\left(-\frac{1}{7}\right)}$$

$$\begin{pmatrix}1&2&5\\0&1&2\\0&-13&t-25\end{pmatrix}\xrightarrow{r_3+13r_2}\begin{pmatrix}1&2&5\\0&1&2\\0&0&t+1\end{pmatrix}$$，所以当 $t=-1$ 时 $R=2<3$，相关.

4. 如果向量组 $\boldsymbol{\alpha}_1,\boldsymbol{\alpha}_2,\boldsymbol{\alpha}_3$ 线性无关，则向量组 $\boldsymbol{\alpha}_1,\boldsymbol{\alpha}_1+\boldsymbol{\alpha}_2,\boldsymbol{\alpha}_1+\boldsymbol{\alpha}_2+\boldsymbol{\alpha}_3$ 线性__________.

答案：无关

解析：$k_1\boldsymbol{\alpha}_1+k_2\boldsymbol{\alpha}_2+k_3(\boldsymbol{\alpha}_1+\boldsymbol{\alpha}_2+\boldsymbol{\alpha}_3)=\boldsymbol{O}\Rightarrow(k_1+k_2+k_3)\boldsymbol{\alpha}_1+(k_2+k_3)\boldsymbol{\alpha}_2+k_3\boldsymbol{\alpha}_3=\boldsymbol{O}$.

因为 $\boldsymbol{\alpha}_1,\boldsymbol{\alpha}_2,\boldsymbol{\alpha}_3$ 无关，

所以$\begin{cases}k_1+k_2+k_3=0,\\ \quad k_2+k_3=0,\\ \qquad k_3=0\end{cases}\Rightarrow k_1=k_2=k_3=0$，

所以无关.

5. 已知向量组 $\boldsymbol{\alpha}_1=(1,2,3,4)^{\mathrm{T}},\boldsymbol{\alpha}_2=(2,3,4,5)^{\mathrm{T}},\boldsymbol{\alpha}_3=(3,4,5,6)^{\mathrm{T}},\boldsymbol{\alpha}_4=(4,5,6,7)^{\mathrm{T}}$，则该向量组的秩为__________，最大线性无关组为__________.

答案：$R=2$，$\boldsymbol{\alpha}_1,\boldsymbol{\alpha}_2$ 为一个最大无关组

解析：$$(\boldsymbol{\alpha}_1,\boldsymbol{\alpha}_2,\boldsymbol{\alpha}_3,\boldsymbol{\alpha}_4)=\begin{pmatrix}1&2&3&4\\2&3&4&5\\3&4&5&6\\4&5&6&7\end{pmatrix}\xrightarrow[r_2-r_1]{\substack{r_4-r_3\\r_3-r_2}}\begin{pmatrix}1&2&3&4\\1&1&1&1\\1&1&1&1\\1&1&1&1\end{pmatrix}\xrightarrow[r_2-r_1]{\substack{r_4-r_3\\r_3-r_2}}\begin{pmatrix}1&2&3&4\\0&-1&-2&-3\\0&0&0&0\\0&0&0&0\end{pmatrix}$$，所以，$R=2$.

$\boldsymbol{\alpha}_1,\boldsymbol{\alpha}_2$ 为一个最大无关组.

6. 向量组 $\boldsymbol{\alpha}_1=(1,-1,2)^{\mathrm{T}},\boldsymbol{\alpha}_2=(2,1,1)^{\mathrm{T}},\boldsymbol{\alpha}_3=(3,1,2)^{\mathrm{T}},\boldsymbol{\alpha}_4=(1,1,0)$，则此向量组一定线性__________，此向量组的秩为__________，最大线性无关组为__________.

答案：相关，$R=2$，$\boldsymbol{\alpha}_1$、$\boldsymbol{\alpha}_2$

解析:$(\boldsymbol{\alpha}_1,\boldsymbol{\alpha}_2,\boldsymbol{\alpha}_3,\boldsymbol{\alpha}_4)=\begin{pmatrix}1&2&3&1\\-1&1&1&1\\2&1&2&0\end{pmatrix}\xrightarrow[r_3-2r_1]{r_3+r_1}\begin{pmatrix}1&2&3&1\\0&3&4&2\\0&-3&-4&-2\end{pmatrix}\xrightarrow{r_3+r_2}\begin{pmatrix}1&2&3&1\\0&3&4&2\\0&0&0&0\end{pmatrix}$,

所以线性无关,$R=2$,$\boldsymbol{\alpha}_1,\boldsymbol{\alpha}_2$ 为一个最大无关组.

7. 设 $\boldsymbol{A}$ 是 $n\times m$ 矩阵,$\boldsymbol{B}$ 是 $m\times s$ 矩阵($s\leqslant m,s\leqslant n$),若 $R(\boldsymbol{AB})=s$,则矩阵 $\boldsymbol{B}$ 的列向量组线性__________.

答案:无关

解析:考查 $\boldsymbol{BX}=\boldsymbol{O}$,两端右乘 $\boldsymbol{A}$,$\boldsymbol{B}$,$\boldsymbol{ABX}=\boldsymbol{O}$.

因为 $\boldsymbol{AB}$ 为 $n\times s$,$R(\boldsymbol{AB})=S$,所以 $\boldsymbol{ABX}=\boldsymbol{O}$,

$\boldsymbol{BX}=\boldsymbol{O}$ 只有零解,所以 $R(\boldsymbol{B})=S$,线性无关.

8. 已知齐次线性方程组 $\boldsymbol{A}_{6\times4}\boldsymbol{X}=\boldsymbol{O}$ 的基础解系含有 3 个向量,则 $\mathrm{R}(\boldsymbol{A})=$__________.

答案:1

解析:因为 $n=4$,$n-R(\boldsymbol{A})=3$,所以 $R(\boldsymbol{A})=1$.

9. 设 4 级方阵 $\boldsymbol{A}=(\boldsymbol{\alpha},\boldsymbol{\gamma}_2,\boldsymbol{\gamma}_3,\boldsymbol{\gamma}_4)$,$\boldsymbol{B}=(\boldsymbol{\beta},\boldsymbol{\gamma}_2,\boldsymbol{\gamma}_3,\boldsymbol{\gamma}_4)$,其中 $\boldsymbol{\alpha},\boldsymbol{\beta},\boldsymbol{\gamma}_2,\boldsymbol{\gamma}_3,\boldsymbol{\gamma}_4$ 均为四维的列向量,且 $|\boldsymbol{A}|=4$,$|\boldsymbol{B}|=1$,则 $|\boldsymbol{A}+\boldsymbol{B}|=$__________.

答案:40

解析:
$$\begin{aligned}|\boldsymbol{A}+\boldsymbol{B}|&=|\boldsymbol{\alpha}+\boldsymbol{\beta},2\boldsymbol{\gamma}_2,2\boldsymbol{\gamma}_3,2\boldsymbol{\gamma}_4|\\&=|\boldsymbol{\alpha},2\boldsymbol{\gamma}_2,2\boldsymbol{\gamma}_3,2\boldsymbol{\gamma}_4|+|\boldsymbol{\beta},2\boldsymbol{\gamma}_2,2\boldsymbol{\gamma}_3,2\boldsymbol{\gamma}_4|\\&=8|\boldsymbol{\alpha},2\boldsymbol{\gamma}_2,2\boldsymbol{\gamma}_3,2\boldsymbol{\gamma}_4|+8|\boldsymbol{\beta},2\boldsymbol{\gamma}_2,2\boldsymbol{\gamma}_3,2\boldsymbol{\gamma}_4|\\&=8(|\boldsymbol{A}|+|\boldsymbol{B}|)=8\times5=40.\end{aligned}$$

三、求下列向量组的秩及一个最大线性无关组,并将其余向量用此最大线性无关组线性表示

$$\boldsymbol{\alpha}_1=(-2,1,0,3)^{\mathrm{T}},\quad \boldsymbol{\alpha}_2=(1,-3,2,4)^{\mathrm{T}},\quad \boldsymbol{\alpha}_3=(3,0,2,-1)^{\mathrm{T}},\quad \boldsymbol{\alpha}_4=(2,-2,4,6)^{\mathrm{T}}.$$

解:$\boldsymbol{B}=(\boldsymbol{\alpha}_1,\boldsymbol{\alpha}_2,\boldsymbol{\alpha}_3,\boldsymbol{\alpha}_4)=\begin{pmatrix}-2&1&3&2\\1&-3&0&-2\\0&2&2&4\\3&4&-1&6\end{pmatrix}\xrightarrow{r_1+r_4}\begin{pmatrix}1&5&2&8\\1&-3&0&-2\\0&2&2&4\\3&4&-1&6\end{pmatrix}\xrightarrow[r_4-3r_1]{r_2-r_1}$

$$\begin{pmatrix}1&5&2&8\\0&-8&-2&-10\\0&2&2&4\\0&-11&-7&-18\end{pmatrix}\xrightarrow[r_3\times\frac{1}{2}]{r_2\times\left(-\frac{1}{2}\right)}\begin{pmatrix}1&5&2&8\\0&4&1&5\\0&1&1&2\\0&-11&-7&-18\end{pmatrix}\xrightarrow{r_2\leftrightarrow r_3}\begin{pmatrix}1&5&2&8\\0&1&1&2\\0&4&1&5\\0&-11&-7&-18\end{pmatrix}$$

$$\xrightarrow[r_4+11r_2]{r_3-4r_2}\begin{pmatrix}1&5&2&8\\0&1&1&2\\0&0&-3&-3\\0&0&4&4\end{pmatrix}\xrightarrow[r_4\times\frac{1}{4}]{r_3\times\left(-\frac{1}{3}\right)}\begin{pmatrix}1&5&2&8\\0&1&1&2\\0&0&1&1\\0&0&1&1\end{pmatrix}\xrightarrow{r_4-r_3}\begin{pmatrix}1&5&2&8\\0&1&1&2\\0&0&1&1\\0&0&0&0\end{pmatrix},$$

所以 $R=3$.$\boldsymbol{\alpha}_1,\boldsymbol{\alpha}_2,\boldsymbol{\alpha}_3$ 为一个最大无关组.

$$\boldsymbol{B}\to\begin{pmatrix}1&5&2&8\\0&1&1&2\\0&0&1&1\\0&0&0&0\end{pmatrix}\xrightarrow[r_1-2r_3]{r_2-r_3}\begin{pmatrix}1&5&0&6\\0&1&0&1\\0&0&1&1\\0&0&0&0\end{pmatrix}\xrightarrow{r_1-5r_2}\begin{pmatrix}1&0&0&1\\0&1&0&1\\0&0&1&1\\0&0&0&0\end{pmatrix},$$

所以 $\boldsymbol{\alpha}_4=\boldsymbol{\alpha}_1+\boldsymbol{\alpha}_2+\boldsymbol{\alpha}_3$.

四、判定下列向量组线性相关还是线性无关

(1) $\begin{pmatrix}-1\\3\\1\end{pmatrix},\begin{pmatrix}2\\1\\0\end{pmatrix},\begin{pmatrix}1\\4\\1\end{pmatrix}$;　　(2) $\begin{pmatrix}2\\3\\0\end{pmatrix},\begin{pmatrix}-1\\4\\0\end{pmatrix},\begin{pmatrix}0\\0\\2\end{pmatrix}$.

解　(1) $\boldsymbol{A}=\begin{pmatrix}-1&2&1\\3&1&4\\1&0&1\end{pmatrix}\xrightarrow[r_3+r_1]{r_2+3r_1}\begin{pmatrix}-1&2&1\\0&7&7\\0&2&2\end{pmatrix}\xrightarrow{r_3-\frac{2}{7}r_2}\begin{pmatrix}-1&2&1\\0&7&7\\0&0&0\end{pmatrix}$,

$R(\boldsymbol{A})=2<3$,线性相关;

(2) $\boldsymbol{A}=\begin{pmatrix}2&-1&0\\3&4&0\\0&0&2\end{pmatrix}\xrightarrow{r_1-r_2}\begin{pmatrix}-1&-5&0\\3&4&0\\0&0&2\end{pmatrix}\xrightarrow{r_2+3r_1}\begin{pmatrix}-1&5&0\\0&-11&0\\0&0&2\end{pmatrix}$,

$R(\boldsymbol{A})=3$,线性无关.

五、求下列非齐次线性方程组的通解

$$\begin{cases}x_1-x_2+x_4=0,\\2x_1-x_3-2x_4=0,\\-2x_2-x_3+4x_4=2.\end{cases}$$

解　$\boldsymbol{A}=\begin{pmatrix}1&-1&0&1\\2&0&-1&-2\\0&-2&-1&4\end{pmatrix}\xrightarrow{r_2-2r_1}\begin{pmatrix}1&-1&0&1\\0&2&-1&-4\\0&-2&-1&4\end{pmatrix}\xrightarrow{r_3+r_2}\begin{pmatrix}1&-1&0&1\\0&2&-1&-4\\0&0&-2&0\end{pmatrix}$

$\xrightarrow{r_3\times\left(-\frac{1}{2}\right)}\begin{pmatrix}1&-1&0&1\\0&2&-1&-4\\0&0&1&0\end{pmatrix}\xrightarrow{r_2+r_3}\begin{pmatrix}1&-1&0&1\\0&2&0&-4\\0&0&1&0\end{pmatrix}\xrightarrow{r_2\times\frac{1}{2}}\begin{pmatrix}1&-1&0&1\\0&1&0&-2\\0&0&1&0\end{pmatrix}\xrightarrow{r_1+r_2}$

$\begin{pmatrix}1&0&0&-1\\0&1&0&-2\\0&0&1&0\end{pmatrix}$,

所以 $\boldsymbol{AX}=\boldsymbol{O}$ 的三阶方程组为$\begin{cases}x_1-x_4=0,\\x_2-2x_4=0,\\x_3=0.\end{cases}$

令 $x_4=1$ 及 $\boldsymbol{Ax}=\boldsymbol{O}$,基础解为 $\boldsymbol{\gamma}=\begin{pmatrix}1\\2\\0\\1\end{pmatrix}$.

$\boldsymbol{AX}=\boldsymbol{O}$ 的通解为 $\boldsymbol{x}=c\begin{pmatrix}1\\2\\0\\1\end{pmatrix}$($c$ 为任意常数).

六、当 $\boldsymbol{\alpha}$ 取何值时下列向量组线性相关?

$$\boldsymbol{\alpha}_1=\begin{pmatrix}a\\1\\1\end{pmatrix},\boldsymbol{\alpha}_2=\begin{pmatrix}1\\a\\1\end{pmatrix},\boldsymbol{\alpha}_3=\begin{pmatrix}1\\-1\\a\end{pmatrix}.$$

解 $\boldsymbol{A}=\begin{pmatrix}a&1&1\\1&a&-1\\1&1&a\end{pmatrix}\xrightarrow{r_1\leftrightarrow r_2}\begin{pmatrix}1&a&-1\\a&1&1\\1&1&a\end{pmatrix}\xrightarrow[r_3-r_1]{r_2-a\,r_1}\begin{pmatrix}1&a&-1\\0&1-a^2&1+a\\0&1-a&a+1\end{pmatrix}.$

若 $a=0$,则 $\boldsymbol{A}\to\begin{pmatrix}1&0&-1\\0&1&1\\0&1&1\end{pmatrix}\xrightarrow{r_3-r_2}\begin{pmatrix}1&0&-1\\0&1&1\\0&0&0\end{pmatrix}$,相关;

若 $a=1$,则 $\boldsymbol{A}\to\begin{pmatrix}1&1&-1\\0&0&2\\0&0&2\end{pmatrix}\xrightarrow{r_3-r_2}\begin{pmatrix}1&1&-1\\0&0&2\\0&0&0\end{pmatrix}$,相关.

七、设 $\boldsymbol{\beta}_1=\boldsymbol{\alpha}_2+\boldsymbol{\alpha}_3+\cdots+\boldsymbol{\alpha}_r,\boldsymbol{\beta}_2=\boldsymbol{\alpha}_1+\boldsymbol{\alpha}_3+\cdots+\boldsymbol{\alpha}_r,\cdots,\boldsymbol{\beta}_r=\boldsymbol{\alpha}_1+\boldsymbol{\alpha}_2+\cdots+\boldsymbol{\alpha}_{r-1}$,证明 $\boldsymbol{\beta}_1,\boldsymbol{\beta}_2,\cdots,\boldsymbol{\beta}_r$ 与 $\boldsymbol{\alpha}_1,\boldsymbol{\alpha}_2,\cdots,\boldsymbol{\alpha}_r$ 有相同的秩

证:由题意可知

$\boldsymbol{\beta}_1,\boldsymbol{\beta}_2,\cdots,\boldsymbol{\beta}_r$ 可以由 $\boldsymbol{\alpha}_1,\boldsymbol{\alpha}_2,\cdots,\boldsymbol{\alpha}_r$ 线性表示,只需证 $\boldsymbol{\alpha}_1,\boldsymbol{\alpha}_2,\cdots,\boldsymbol{\alpha}_r$ 可以由 $\boldsymbol{\beta}_1,\boldsymbol{\beta}_2,\cdots,\boldsymbol{\beta}_r$ 线性表示.而由

$$\boldsymbol{\beta}_1=\boldsymbol{\alpha}_2+\boldsymbol{\alpha}_3+\cdots+\boldsymbol{\alpha}_r,\boldsymbol{\beta}_2=\boldsymbol{\alpha}_1+\boldsymbol{\alpha}_3+\cdots+\boldsymbol{\alpha}_r,\cdots,\boldsymbol{\beta}_r=\boldsymbol{\alpha}_1+\boldsymbol{\alpha}_2+\cdots+\boldsymbol{\alpha}_{r-1},$$

可知

$$\boldsymbol{\beta}_1+\boldsymbol{\beta}_2+\cdots+\boldsymbol{\beta}_r=(r-1)(\boldsymbol{\alpha}_1+\boldsymbol{\alpha}_2+\cdots+\boldsymbol{\alpha}_r)$$

所以,得到

$$\begin{aligned}\boldsymbol{\alpha}_1&=\left(\frac{1}{r-1}\right)(\boldsymbol{\beta}_1+\boldsymbol{\beta}_2+\cdots+\boldsymbol{\beta}_r)-(\boldsymbol{\alpha}_2+\cdots+\boldsymbol{\alpha}_r)\\&=\left(\frac{1}{r-1}\right)(\boldsymbol{\beta}_1+\boldsymbol{\beta}_2+\cdots+\boldsymbol{\beta}_r)-\boldsymbol{\beta}_1,\end{aligned}$$

即 $\boldsymbol{\alpha}_i=\left(\frac{1}{r-1}\right)(\boldsymbol{\beta}_1+\boldsymbol{\beta}_2+\cdots+\boldsymbol{\beta}_r)-\boldsymbol{\beta}_i$,即 $\boldsymbol{\alpha}_1,\boldsymbol{\alpha}_2,\cdots,\boldsymbol{\alpha}_r$ 可以由 $\boldsymbol{\beta}_1,\boldsymbol{\beta}_2,\cdots,\boldsymbol{\beta}_r$ 线性表示,得证.

第五节　章节测试

1. 设 $\boldsymbol{v}_1=(1,1,0)^{\mathrm{T}},\boldsymbol{v}_2=(0,1,1)^{\mathrm{T}},\boldsymbol{v}_3=(3,4,0)^{\mathrm{T}}$,求 $\boldsymbol{v}_1-\boldsymbol{v}_2,3\boldsymbol{v}_1+2\boldsymbol{v}_2-\boldsymbol{v}_3$.

2. 将下列题中的向量 $\boldsymbol{\beta}$ 表示为其他向量的线性组合:

$\boldsymbol{\beta}=(3,5,-6),\boldsymbol{\alpha}_1=(1,0,-1),\boldsymbol{\alpha}_2=(1,1,1),\boldsymbol{\alpha}_3=(0,-1,-1)$.

3. 设 $\begin{cases}\boldsymbol{\beta}_1=\boldsymbol{\alpha}_2+\boldsymbol{\alpha}_3+\cdots+\boldsymbol{\alpha}_n,\\\boldsymbol{\beta}_2=\boldsymbol{\alpha}_1+\boldsymbol{\alpha}_3+\cdots+\boldsymbol{\alpha}_n,\\\cdots\quad\cdots\quad\cdots\quad\cdots\\\boldsymbol{\beta}_n=\boldsymbol{\alpha}_1+\boldsymbol{\alpha}_2+\cdots+\boldsymbol{\alpha}_{n-1}.\end{cases}$ 证明向量组 $\boldsymbol{A}:\boldsymbol{\alpha}_1,\boldsymbol{\alpha}_2,\cdots,\boldsymbol{\alpha}_n$ 与向量组 $\boldsymbol{B}:\boldsymbol{\beta}_1,\boldsymbol{\beta}_2,\cdots,\boldsymbol{\beta}_n$ 等价.

4. 设有向量 $\boldsymbol{\alpha}_1=\begin{pmatrix}1+\lambda\\1\\1\end{pmatrix},\boldsymbol{\alpha}_2=\begin{pmatrix}1\\1+\lambda\\1\end{pmatrix},\boldsymbol{\alpha}_3=\begin{pmatrix}1\\1\\1+\lambda\end{pmatrix},\boldsymbol{\beta}=\begin{pmatrix}0\\\lambda\\\lambda^2\end{pmatrix}$,试问当 λ 取何值时:

(1) $\boldsymbol{\beta}$ 可由 $\boldsymbol{\alpha}_1,\boldsymbol{\alpha}_2,\boldsymbol{\alpha}_3$ 线性表示,且表达式唯一?

(2) $\boldsymbol{\beta}$ 可由 $\boldsymbol{\alpha}_1,\boldsymbol{\alpha}_2,\boldsymbol{\alpha}_3$ 线性表示,但表达式不唯一?

(3) $\boldsymbol{\beta}$ 不能由 $\boldsymbol{\alpha}_1,\boldsymbol{\alpha}_2,\boldsymbol{\alpha}_3$ 线性表示?

5. 设有向量 $\boldsymbol{\alpha}_1=\begin{pmatrix}1\\1\\0\end{pmatrix},\boldsymbol{\alpha}_2=\begin{pmatrix}5\\3\\2\end{pmatrix},\boldsymbol{\alpha}_3=\begin{pmatrix}1\\3\\-1\end{pmatrix},\boldsymbol{\alpha}_4=\begin{pmatrix}-2\\2\\-3\end{pmatrix}$,$\boldsymbol{A}$ 是三阶矩阵,且有 $\boldsymbol{A}\boldsymbol{\alpha}_1=\boldsymbol{\alpha}_2,\boldsymbol{A}\boldsymbol{\alpha}_2=\boldsymbol{\alpha}_3,\boldsymbol{A}\boldsymbol{\alpha}_3=\boldsymbol{\alpha}_4$,试求 $\boldsymbol{A}\boldsymbol{\alpha}_4$.

6. 判定下列向量组是线性相关还是无关:

(1) $\boldsymbol{\alpha}_1=(1,0,-1)^{\mathrm{T}},\boldsymbol{\alpha}_2=(-2,2,0)^{\mathrm{T}},\boldsymbol{\alpha}_3=(3,-5,2)^{\mathrm{T}}$;

(2) $\boldsymbol{\alpha}_1=(1,1,3,1)^{\mathrm{T}},\boldsymbol{\alpha}_2=(3,-1,2,,4)^{\mathrm{T}},\boldsymbol{\alpha}_3=(2,2,7,-1)^{\mathrm{T}}$;

(3) $\boldsymbol{\alpha}_1=(1,0,0,2,5)^{\mathrm{T}},\boldsymbol{\alpha}_2=(0,1,0,3,,4)^{\mathrm{T}},\boldsymbol{\alpha}_3=(0,0,1,4,7)^{\mathrm{T}},\boldsymbol{\alpha}_4=(2,-3,4,11,12)^{\mathrm{T}}$.

7. 当 $\boldsymbol{\alpha}$ 取何值时,向量组 $\boldsymbol{\alpha}_1=\begin{pmatrix}a\\1\\1\end{pmatrix},\boldsymbol{\alpha}_2=\begin{pmatrix}1\\a\\-1\end{pmatrix},\boldsymbol{\alpha}_3=\begin{pmatrix}1\\-1\\a\end{pmatrix}$线性无关?

8. 设 $\boldsymbol{\alpha}_1,\boldsymbol{\alpha}_2$ 线性无关,$\boldsymbol{\alpha}_1+\boldsymbol{\beta},\boldsymbol{\alpha}_2+\boldsymbol{\beta}$ 线性相关,求向量 $\boldsymbol{\beta}$ 由 $\boldsymbol{\alpha}_1,\boldsymbol{\alpha}_2$ 线性表示的表达式.

9. 设 $\boldsymbol{\beta}_1=\boldsymbol{\alpha}_1,\boldsymbol{\beta}_2=\boldsymbol{\alpha}_1+\boldsymbol{\alpha}_2,\cdots,\boldsymbol{\beta}_w=\boldsymbol{\alpha}_1+\boldsymbol{\alpha}_2+\cdots+\boldsymbol{\alpha}_r$,且向量组 $\boldsymbol{\alpha}_1,\boldsymbol{\alpha}_2,\cdots,\boldsymbol{\alpha}_r$ 线性无关,证明向量组 $\boldsymbol{\beta}_1,\boldsymbol{\beta}_2,\cdots,\boldsymbol{\beta}_r$ 线性无关.

10. 判断下列各命题是否正确.

(1) 设 $\boldsymbol{A}$ 为 n 阶矩阵,$R(\boldsymbol{A})=r<n$,则矩阵 $\boldsymbol{A}$ 的任意 r 个列向量线性无关;

(2) 设向量组 $\boldsymbol{\alpha}_1,\boldsymbol{\alpha}_2,\cdots,\boldsymbol{\alpha}_s$ 线性无关,且可由向量组 $\boldsymbol{\beta}_1,\boldsymbol{\beta}_2,\cdots,\boldsymbol{\beta}_t$ 线性表示,则必有 $s<t$;

(3) 设 $\boldsymbol{A}$ 为 $m\times n$ 阶矩阵,如果矩阵 $\boldsymbol{A}$ 的 n 个列向量线性无关,那么 $R(\boldsymbol{A})=n$;

(4) 如果向量组 $\boldsymbol{\alpha}_1,\boldsymbol{\alpha}_2,\cdots,\boldsymbol{\alpha}_s$ 的秩为 s,则向量组 $\boldsymbol{\alpha}_1,\boldsymbol{\alpha}_2,\cdots,\boldsymbol{\alpha}_s$ 中任一部分组都线性无关.

11. 设向量组 $\boldsymbol{\alpha}_1=\begin{pmatrix}a\\3\\1\end{pmatrix},\boldsymbol{\alpha}_2=\begin{pmatrix}2\\b\\3\end{pmatrix},\boldsymbol{\alpha}_3=\begin{pmatrix}1\\2\\1\end{pmatrix},\boldsymbol{\alpha}_4=\begin{pmatrix}2\\3\\1\end{pmatrix}$的秩为 2,求 a,b.

12. 求下列向量组的秩,并求一个极大无关组:

(1) $\boldsymbol{\alpha}_1=\begin{pmatrix}1\\2\\-1\\4\end{pmatrix},\boldsymbol{\alpha}_2=\begin{pmatrix}9\\100\\10\\4\end{pmatrix},\boldsymbol{\alpha}_3=\begin{pmatrix}-2\\-4\\2\\-8\end{pmatrix}$;

(2) $\boldsymbol{\alpha}_1^{\mathrm{T}}-(1,2,1,3),\boldsymbol{\alpha}_2^{\mathrm{T}}=(4,-1,-5,-6),\boldsymbol{\alpha}_3^{\mathrm{T}}=(1,-3,-4,-7)$.

13. 求下列向量组的一个极大无关组,并将其余向量用此极大无关组线性表示:

(1) $\boldsymbol{\alpha}_1=(1,1,1)^{\mathrm{T}},\boldsymbol{\alpha}_2=(1,1,0)^{\mathrm{T}},\boldsymbol{\alpha}_3=(1,0,0)^{\mathrm{T}},\boldsymbol{\alpha}_4=(1,2,-3)^{\mathrm{T}}$;

(2) $\boldsymbol{\alpha}_1=(2,1,1,1)^{\mathrm{T}},\boldsymbol{\alpha}_2=(-1,1,7,10)^{\mathrm{T}},\boldsymbol{\alpha}_3=(3,1,-1,-2)^{\mathrm{T}},\boldsymbol{\alpha}_4=(8,5,9,11)^{\mathrm{T}}$;

(3) $\boldsymbol{\alpha}_1=(1,1,3,1),\boldsymbol{\alpha}_2=(-1,1,-1,3),\boldsymbol{\alpha}_3=(5,-2,8,-9),\boldsymbol{\alpha}_4=(-1,3,1,7)$.

14. 设 $v_1=\{x=(x_1,x_2,\cdots,x_n)^{\mathrm{T}}\mid x_1,x_2,\cdots,x_n\in\mathbf{R}$,满足 $x_1+x_2+\cdots+x_n=0\}$,$v_2=\{x=(x_1,x_2,\cdots,x_n)^{\mathrm{T}}\mid x_1,x_2,\cdots,x_n\in\mathbf{R}$,满足 $x_1+x_2+\cdots+x_n=1\}$.问 v_1,v_2 是不是 $\mathbf{R}^n$ 的子空间,为什么?

15. 求下列齐次线性方程组的基础解系:

(1) $\begin{cases} x_1-8x_2+10x_3+2x_4=0, \\ 2x_1+4x_2+5x_3-x_4=0, \\ 3x_1+8x_2+6x_3-2x_4=0; \end{cases}$

(2) $\begin{cases} 2x_1-3x_2-2x_3+x_4=0, \\ 3x_1+5x_2+4x_3-2x_4=0, \\ 8x_1+7x_2+6x_3-3x_4=0. \end{cases}$

16. 求一个齐次线性方程组,使它的基础解系由下列向量组成:

(1) $\boldsymbol{\xi}_1=(0,1,2,3)^{\mathrm{T}},\boldsymbol{\xi}_2=(3,2,1,0)^{\mathrm{T}}$;

(2) $\boldsymbol{\xi}_1=\begin{pmatrix}1\\-2\\0\\3\\-1\end{pmatrix},\boldsymbol{\xi}_2=\begin{pmatrix}2\\-3\\2\\5\\-3\end{pmatrix},\boldsymbol{\xi}_3=\begin{pmatrix}1\\-2\\1\\2\\-2\end{pmatrix}$.

17. 求下列非齐次方程组的一个解及对应的齐次线性方程组的基础解系:

(1) $\begin{cases} x_1+x_2=5, \\ 2x_1+x_2+x_3+2x_4=1, \\ 5x_1+3x_2+2x_3+2x_4=3; \end{cases}$

(2) $\begin{cases} x_1-5x_2+2x_3-3x_4=11, \\ 5x_1+3x_2+6x_3-x_4=-1, \\ 2x_1+4x_2+2x_3+x_4=-6. \end{cases}$

附:章节测试答案

1. $(1,0,-1)^{\mathrm{T}},(0,1,2)^{\mathrm{T}}$.

2. $\boldsymbol{\beta}=-11\boldsymbol{\alpha}_1+14\boldsymbol{\alpha}_2+9\boldsymbol{\alpha}_3$.

3. 提示:构建矩阵 $\boldsymbol{A},\boldsymbol{B},\boldsymbol{B}=\boldsymbol{AK},|\boldsymbol{K}|\neq 0,\boldsymbol{K}$ 可逆,得 $\boldsymbol{A}=\boldsymbol{BK}^{-1}$.

4. (1) 当 $\lambda\neq 0$ 且 $\lambda\neq -3$ 时,$\boldsymbol{\beta}$ 可由 $\boldsymbol{\alpha}_1,\boldsymbol{\alpha}_2,\boldsymbol{\alpha}_3$ 唯一线性表示;

   (2) 当 $\lambda=0$ 时,$\boldsymbol{\beta}$ 可由 $\boldsymbol{\alpha}_1,\boldsymbol{\alpha}_2,\boldsymbol{\alpha}_3$ 线性表示,但表达式不唯一;

   (3) 当 $\lambda=-3$ 时,$\boldsymbol{\beta}$ 不能由 $\boldsymbol{\alpha}_1,\boldsymbol{\alpha}_2,\boldsymbol{\alpha}_3$ 线性表示.

5. $\boldsymbol{A\alpha}_4=2\boldsymbol{\alpha}_2-\boldsymbol{\alpha}_3+\boldsymbol{\alpha}_4=\begin{pmatrix}7\\5\\2\end{pmatrix}$.

6. (1) 线性相关;(2) 线性无关;(3) 线性无关.

7. $a=2$ 或 $a=-1$.

8. $\boldsymbol{\beta}=-\dfrac{k_1}{k_1+k_2}\boldsymbol{\alpha}_1-\dfrac{k_2}{k_1+k_2}\boldsymbol{\alpha}_2,k_1,k_2\in\mathbf{R},k_1+k_2\neq 0$.

9. 证明略.

10. (1) 不正确;(2) 不正确;(3) 正确;(4) 正确.

11. $a=2$ 且 $b=5$.

12. (1)秩为 2,极大无关组为 $\boldsymbol{\alpha}_1,\boldsymbol{\alpha}_2$;(2)秩为 2,极大无关组为 $\boldsymbol{\alpha}_1^{\mathrm{T}},\boldsymbol{\alpha}_2^{\mathrm{T}}$.

13. (1) 秩为 3,$\boldsymbol{\alpha}_1,\boldsymbol{\alpha}_2,\boldsymbol{\alpha}_3$ 是向量组的一个极大无关组,且 $\boldsymbol{\alpha}_4=-3\boldsymbol{\alpha}_1+5\boldsymbol{\alpha}_2-\boldsymbol{\alpha}_3$;

(2) 秩为 2,$\boldsymbol{\alpha}_1,\boldsymbol{\alpha}_2$ 是向量组的一个极大无关组,且 $\boldsymbol{\alpha}_3=\frac{4}{3}\boldsymbol{\alpha}_1-\frac{1}{3}\boldsymbol{\alpha}_2,\boldsymbol{\alpha}_4=\frac{13}{3}\boldsymbol{\alpha}_1+\frac{2}{3}\boldsymbol{\alpha}_2$;

(3) 秩为 2,$\boldsymbol{\alpha}_1,\boldsymbol{\alpha}_2$ 是向量组的一个极大无关组,且 $\boldsymbol{\alpha}_3=\frac{3}{2}\boldsymbol{\alpha}_1-\frac{7}{2}\boldsymbol{\alpha}_2,\boldsymbol{\alpha}_4=\boldsymbol{\alpha}_1+2\boldsymbol{\alpha}_2$.

14. v_1 是向量空间;v_2 不是向量空间,因为 v_2 关于加法不封闭,所以 v_2 不是子空间.

15. (1) $\boldsymbol{\xi}_1=\begin{pmatrix}-4\\0\\1\\-3\end{pmatrix},\boldsymbol{\xi}_2=\begin{pmatrix}0\\1\\0\\4\end{pmatrix}$;　(2) $\boldsymbol{\xi}_1=\begin{pmatrix}0\\0\\1\\2\end{pmatrix},\boldsymbol{\xi}_2=\begin{pmatrix}1\\7\\0\\19\end{pmatrix}$.

16. (1) $\begin{cases}2x_1-3x_2+x_4=0,\\x_1-3x_3+2x_4=0;\end{cases}$　(2) $\begin{cases}5x_1+x_2-x_3-x_4=0,\\x_1+x_2-x_3-x_5=0.\end{cases}$

17. (1) $\boldsymbol{\eta}^*=\begin{pmatrix}-8\\13\\0\\2\end{pmatrix},\boldsymbol{\xi}=\begin{pmatrix}-1\\1\\1\\0\end{pmatrix}$;　(2) $\boldsymbol{\eta}^*=\begin{pmatrix}1\\-2\\0\\0\end{pmatrix},\boldsymbol{\xi}_1=\begin{pmatrix}-9\\1\\7\\0\end{pmatrix},\boldsymbol{\xi}_2=\begin{pmatrix}1\\-1\\0\\2\end{pmatrix}$.

第5章

相似矩阵及二次型

相似变换是矩阵的一个重要变换.在理论研究与实际应用中,常常要求我们把一个矩阵化成与之相似的对角矩阵或其他比较简单的矩阵,这一问题与矩阵的特征值和特征向量的概念是密切相关的.相似对角化是本章的重点,要掌握可对角化的条件,注意一般矩阵与实对称矩阵在对角化方面的联系与区别.正定二次型是有广泛应用的一种特殊的二次型,要掌握它的判定方法.

第一节　内容要点

1. 特征值与特征向量的概念

定义1　设 $\boldsymbol{A}$ 是 n 阶方阵,非零向量 $\boldsymbol{X}$ 是 n 维列向量,如果存在数 λ 使关系式 $\boldsymbol{AX}=\lambda\boldsymbol{X}$ 成立,则称数 λ 为 $\boldsymbol{A}$ 的特征值,非零向量 $\boldsymbol{X}$ 为 $\boldsymbol{A}$ 的对应于 λ 的特征向量.

显然,若 $\boldsymbol{X}$ 是方阵 $\boldsymbol{A}$ 对应于特征值 λ 的特征向量,则 $k\boldsymbol{X}(k\neq 0)$ 也是 $\boldsymbol{A}$ 对应于 λ 的特征向量.

下面讨论如何求方阵 $\boldsymbol{A}$ 的特征值与相应的特征向量:$\boldsymbol{AX}=\lambda\boldsymbol{X}$ 可改写成

$$(\boldsymbol{A}-\lambda\boldsymbol{E})\boldsymbol{X}=\boldsymbol{O}.$$

这是 n 个未知数 n 个方程的齐次线性方程组,它有非零解 $\boldsymbol{X}$ 的充分必要条件是系数行列式为零,即

$$|\boldsymbol{A}-\lambda\boldsymbol{E}|=\begin{vmatrix} a_{11}-\lambda & a_{12} & \cdots & a_{1n} \\ a_{21} & a_{22}-\lambda & \cdots & a_{2n} \\ \vdots & \vdots & & \vdots \\ a_{n1} & a_{n2} & \cdots & a_{nn}-\lambda \end{vmatrix}=0.$$

上式左端 $|\boldsymbol{A}-\lambda\boldsymbol{E}|$ 是 λ 的 n 次多项式,称为方阵 $\boldsymbol{A}$ 的特征多项式,记作 $f(\lambda)$,称上式为方阵 $\boldsymbol{A}$ 的特征方程.而 $\boldsymbol{A}$ 的特征值 λ 就是特征方程的解.由于一元 n 次方程在复数范围内有 n 个根(重根按重数计算),因此在复数范围内,n 阶方阵 $\boldsymbol{A}$ 有 n 个特征值.

由上述讨论可知,求方阵 $\boldsymbol{A}$ 的特征值和特征向量的步骤如下:

(1) 求方阵 $\boldsymbol{A}$ 的特征方程 $f(\lambda)=|\boldsymbol{A}-\lambda\boldsymbol{E}|=0$ 的全部根 $\lambda_1,\lambda_2,\cdots,\lambda_n$,也就是方阵 $\boldsymbol{A}$ 的全

部特征值；

(2) 对方阵 $\boldsymbol{A}$ 的每一个特征值 λ_i，求出对应齐次线性方程组 $(\boldsymbol{A}-\lambda_i\boldsymbol{E})\boldsymbol{X}=\boldsymbol{O}$ 的一个基础解系 $\boldsymbol{\xi}_1,\boldsymbol{\xi}_2,\cdots,\boldsymbol{\xi}_m$，则其全部特征向量可表示为

$$k_1\boldsymbol{\xi}_1+k_2\boldsymbol{\xi}_2+\cdots+k_m\boldsymbol{\xi}_m,$$

其中，$k_1,k_2,\cdots,k_m$ 是不全为零的数.

2. 特征值与特征向量的性质

定理 1　设 n 阶方阵 $\boldsymbol{A}=(a_{ij})_{n\times n}$ 的特征值为 $\lambda_1,\lambda_2,\cdots,\lambda_n$，则

(1) $\lambda_1+\lambda_2+\cdots+\lambda_n=a_{11}+a_{22}+\cdots+a_{nn}$；

(2) $\lambda_1\lambda_2\cdots\lambda_n=|\boldsymbol{A}|$.

推论　设 $\boldsymbol{A}$ 是 n 阶方阵，则 0 是 $\boldsymbol{A}$ 的特征值的充分必要条件是 $|\boldsymbol{A}|=0$.

定理 2　设 λ 是 n 阶方阵 $\boldsymbol{A}$ 的特征值，$\boldsymbol{\xi}$ 是 $\boldsymbol{A}$ 对应于特征值 λ 的特征向量，则

(1) 对于任意常数 k，$k\lambda$ 是方阵 $k\boldsymbol{A}$ 的特征值；

(2) 对于任意正整数 m，λ^m 是方阵 $\boldsymbol{A}^m$ 的特征值；

(3) 若方阵 $\boldsymbol{A}$ 可逆，则 $\lambda\neq0$，λ^{-1} 是方阵 $\boldsymbol{A}^{-1}$ 的特征值，$\lambda^{-1}|\boldsymbol{A}|$ 是方阵 $\boldsymbol{A}$ 的伴随矩阵 $\boldsymbol{A}^*$ 的特征值，且 $\boldsymbol{\xi}$ 仍是方阵 $k\boldsymbol{A},\boldsymbol{A}^m,\boldsymbol{A}^{-1},\boldsymbol{A}^*$ 分别对应于特征值 $k\lambda,\lambda^m,\lambda^{-1},\lambda^{-1}|\boldsymbol{A}|$ 的特征向量；

(4) 方阵 $\boldsymbol{A}$ 与 $\boldsymbol{A}^{\mathrm{T}}$ 具有相同的特征多项式，因而具有相同的特征值.

定义 2　给定 m 次多项式 $\varphi(x)=a_0+a_1x+a_2x^2+\cdots+a_mx^m$，对于方阵 $\boldsymbol{A}$，记矩阵多项式 $\varphi(\boldsymbol{A})=a_0\boldsymbol{E}+a_1\boldsymbol{A}+a_2\boldsymbol{A}^2+\cdots+a_m\boldsymbol{A}^m$，并称 $\varphi(\boldsymbol{A})$ 为方阵 $\boldsymbol{A}$ 的 m 次多项式.

由定理 2 得：$\varphi(\lambda)=a_0+a_1\lambda+a_2\lambda^2+\cdots+a_m\lambda^m$ 是 $\varphi(\boldsymbol{A})$ 的特征值.

定理 3　设 $\lambda_1,\lambda_2,\cdots,\lambda_m$ 是方阵 $\boldsymbol{A}$ 的 m 个各不相等的特征值，$\boldsymbol{\xi}_1,\boldsymbol{\xi}_2,\cdots,\boldsymbol{\xi}_m$ 是与之对应的特征向量，则 $\boldsymbol{\xi}_1,\boldsymbol{\xi}_2,\cdots,\boldsymbol{\xi}_m$ 线性无关.

3. 相似矩阵

定义 3　设 $\boldsymbol{A}$、$\boldsymbol{B}$ 都是 n 阶方阵，如果存在 n 阶可逆矩阵 $\boldsymbol{P}$，使得

$$\boldsymbol{P}^{-1}\boldsymbol{A}\boldsymbol{P}=\boldsymbol{B},$$

则称矩阵 $\boldsymbol{A}$ 与 $\boldsymbol{B}$ 相似.对 $\boldsymbol{A}$ 进行的运算 $\boldsymbol{P}^{-1}\boldsymbol{A}\boldsymbol{P}$ 称为对 $\boldsymbol{A}$ 进行相似变换.

显然，相似是一种特殊的矩阵等价关系.

相似矩阵具有以下性质：

性质 1　如果 n 阶方阵 $\boldsymbol{A}$ 与 $\boldsymbol{B}$ 相似，则 $|\boldsymbol{A}|=|\boldsymbol{B}|$.

证　设 $\boldsymbol{A}$ 与 $\boldsymbol{B}$ 相似，即存在可逆矩阵 $\boldsymbol{P}$，使得 $\boldsymbol{P}^{-1}\boldsymbol{A}\boldsymbol{P}=\boldsymbol{B}$，于是

$$|\boldsymbol{B}|=|\boldsymbol{P}^{-1}\boldsymbol{A}\boldsymbol{P}|=|\boldsymbol{P}^{-1}||\boldsymbol{A}||\boldsymbol{P}|=|\boldsymbol{P}^{-1}||\boldsymbol{P}||\boldsymbol{A}|=|\boldsymbol{A}|.$$

性质 2　如果 n 阶方阵 $\boldsymbol{A}$ 与 $\boldsymbol{B}$ 相似，则 $\boldsymbol{A}$ 与 $\boldsymbol{B}$ 具有相同的特征多项式，从而 $\boldsymbol{A}$ 与 $\boldsymbol{B}$ 具有相同的特征值.

证　设 $\boldsymbol{A}$ 与 $\boldsymbol{B}$ 相似，即存在可逆矩阵 $\boldsymbol{P}$，使 $\boldsymbol{P}^{-1}\boldsymbol{A}\boldsymbol{P}=\boldsymbol{B}$.于是

$$\begin{aligned}|\boldsymbol{B}-\lambda\boldsymbol{E}|&=|\boldsymbol{P}^{-1}\boldsymbol{A}\boldsymbol{P}-\lambda\boldsymbol{P}^{-1}\boldsymbol{E}\boldsymbol{P}|\\&=|\boldsymbol{P}^{-1}(\boldsymbol{A}-\lambda\boldsymbol{E})\boldsymbol{P}|\\&=|\boldsymbol{P}^{-1}||\boldsymbol{A}-\lambda\boldsymbol{E}||\boldsymbol{P}|\\&=|\boldsymbol{P}^{-1}||\boldsymbol{P}||\boldsymbol{A}-\lambda\boldsymbol{E}|=|\boldsymbol{A}-\lambda\boldsymbol{E}|.\end{aligned}$$

需要指出的是，反之不成立，即方阵特征值相同，它们并不一定相似. 如：二阶方阵 $\boldsymbol{A}=\begin{pmatrix}1&2\\0&1\end{pmatrix}$ 与 $\boldsymbol{E}=\begin{pmatrix}1&0\\0&1\end{pmatrix}$，它们的特征值相同，但不存在可逆矩阵 $\boldsymbol{P}$，使 $\boldsymbol{P}^{-1}\boldsymbol{E}\boldsymbol{P}=\boldsymbol{A}$.

推论 如果 n 阶方阵 $\boldsymbol{A}$ 与对角阵

$$\boldsymbol{\Lambda}=\begin{pmatrix}\lambda_1 & & & \\ & \lambda_2 & & \\ & & \ddots & \\ & & & \lambda_n\end{pmatrix}$$

相似,则 $\lambda_1,\lambda_2,\cdots,\lambda_n$ 就是 $\boldsymbol{A}$ 的 n 个特征值.

证:因 $\lambda_1,\lambda_2,\cdots,\lambda_n$ 就是对角阵 $\boldsymbol{\Lambda}$ 的 n 个特征值,且 $\boldsymbol{A}$ 与 $\boldsymbol{\Lambda}$ 相似,由性质 2 知,$\lambda_1,\lambda_2,\cdots,\lambda_n$ 也就是 $\boldsymbol{A}$ 的 n 个特征值.

4. 相似对角化条件

定理 n 阶方阵 $\boldsymbol{A}$ 与对角矩阵相似(即 $\boldsymbol{A}$ 能对角化)的充分必要条件是 $\boldsymbol{A}$ 有 n 个线性无关的特征向量.

推论 如果 n 阶矩阵 $\boldsymbol{A}$ 的 n 个特征值互不相等,则 $\boldsymbol{A}$ 与对角矩阵相似.

5. 正交向量组与正交矩阵

定义 4 设有 n 维向量 $\boldsymbol{\alpha}=(a_1,a_2,\cdots,a_n)^{\mathrm{T}},\boldsymbol{\beta}=(b_1,b_2,\cdots,b_n)^{\mathrm{T}}$,称运算$[\boldsymbol{\alpha},\boldsymbol{\beta}]=a_1b_1+a_2b_2+\cdots+a_nb_n=\boldsymbol{\alpha}^{\mathrm{T}}\boldsymbol{\beta}$ 为向量 $\boldsymbol{\alpha}$ 与 $\boldsymbol{\beta}$ 的内积.

n 维向量的内积是数量积的一种推广,相似地,定义向量 $\boldsymbol{\alpha}$ 的长度(或范数)$\|\boldsymbol{\alpha}\|$与两非零向量 $\boldsymbol{\alpha},\boldsymbol{\beta}$ 的夹角$<\boldsymbol{\alpha},\boldsymbol{\beta}>$:

$$\|\boldsymbol{\alpha}\|=\sqrt{[\boldsymbol{\alpha},\boldsymbol{\alpha}]}=\sqrt{a_1^2+a_2^2+\cdots+a_n^2},\quad <\boldsymbol{\alpha},\boldsymbol{\beta}>=\arccos\frac{[\boldsymbol{\alpha},\boldsymbol{\beta}]}{\|\boldsymbol{\alpha}\|\|\boldsymbol{\beta}\|}.$$

定义 5 当两非零向量的内积$[\boldsymbol{\alpha},\boldsymbol{\beta}]=0$ 时,称这两个向量正交.一组两两正交的非零向量组称为正交向量组.

定理 正交向量组必是线性无关向量组.

在实际应用中,我们常采用正交向量组作为向量空间 V 的基,称为向量空间 V 的正交基,而且若都是单位向量,则称为向量空间 V 的一个**规范正交基**.例如 n 个两两正交的 n 维非零向量组

$$\boldsymbol{\varepsilon}_1=(1,0,\cdots,0)^{\mathrm{T}},\quad \boldsymbol{\varepsilon}_2=(0,1,\cdots,0)^{\mathrm{T}},\cdots,\boldsymbol{\varepsilon}_n=(0,0,\cdots,1)^{\mathrm{T}}$$

可构成向量空间 $\mathbf{R}^n$ 的一个规范正交基.

对任意一个线性无关的 n 维向量组,我们总可以找到一个与其等价的正交向量组,这个过程称为**施密特(Schimidt)正交化**,具体方法如下:

设 $\boldsymbol{\alpha}_1,\boldsymbol{\alpha}_2,\cdots,\boldsymbol{\alpha}_r$ 是线性无关向量组.先取

$$\boldsymbol{\beta}_1=\boldsymbol{\alpha}_1,$$

令 $\boldsymbol{\beta}_2=\boldsymbol{\alpha}_2+k\boldsymbol{\beta}_1$($k$ 待定),使 $\boldsymbol{\beta}_2$ 与 $\boldsymbol{\beta}_1$ 正交,即有

$$[\boldsymbol{\beta}_2,\boldsymbol{\beta}_1]=[\boldsymbol{\alpha}_2+k\boldsymbol{\beta}_1,\boldsymbol{\beta}_1]=[\boldsymbol{\alpha}_2,\boldsymbol{\beta}_1]+k[\boldsymbol{\beta}_1,\boldsymbol{\beta}_1]=0,$$

于是得

$$k=-\frac{[\boldsymbol{\alpha}_2,\boldsymbol{\beta}_1]}{[\boldsymbol{\beta}_1,\boldsymbol{\beta}_1]}.$$

从而得

$$\boldsymbol{\beta}_2=\boldsymbol{\alpha}_2-\frac{[\boldsymbol{\alpha}_2,\boldsymbol{\beta}_1]}{[\boldsymbol{\beta}_1,\boldsymbol{\beta}_1]}\boldsymbol{\beta}_1.$$

这样得到两个向量$\boldsymbol{\beta}_1,\boldsymbol{\beta}_2$,有$[\boldsymbol{\beta}_1,\boldsymbol{\beta}_2]=0$,即$\boldsymbol{\beta}_1,\boldsymbol{\beta}_2$ 正交.再令 $\boldsymbol{\beta}_3=\boldsymbol{\alpha}_3+k_1\boldsymbol{\beta}_1+k_2\boldsymbol{\beta}_2$($k_1,k_2$ 待定),使$\boldsymbol{\beta}_3$ 与$\boldsymbol{\beta}_1,\boldsymbol{\beta}_2$ 彼此正交,满足$[\boldsymbol{\beta}_1,\boldsymbol{\beta}_3]=0,[\boldsymbol{\beta}_2,\boldsymbol{\beta}_3]=0$,即有

$$[\boldsymbol{\beta}_3,\boldsymbol{\beta}_1]=[\boldsymbol{\alpha}_3,\boldsymbol{\beta}_1]+k_1[\boldsymbol{\beta}_1,\boldsymbol{\beta}_1]=0,$$

以及

$$[\boldsymbol{\beta}_3,\boldsymbol{\beta}_2]=[\boldsymbol{\alpha}_3,\boldsymbol{\beta}_2]+k_2[\boldsymbol{\beta}_2,\boldsymbol{\beta}_2]=0.$$

于是得

$$k_1=-\frac{[\boldsymbol{\alpha}_3,\boldsymbol{\beta}_1]}{[\boldsymbol{\beta}_1,\boldsymbol{\beta}_1]},\quad k_2=-\frac{[\boldsymbol{\alpha}_3,\boldsymbol{\beta}_2]}{[\boldsymbol{\beta}_2,\boldsymbol{\beta}_2]},$$

所以

$$\boldsymbol{\beta}_3=\boldsymbol{\alpha}_3-\frac{[\boldsymbol{\alpha}_3,\boldsymbol{\beta}_1]}{[\boldsymbol{\beta}_1,\boldsymbol{\beta}_1]}\boldsymbol{\beta}_1-\frac{[\boldsymbol{\alpha}_3,\boldsymbol{\beta}_2]}{[\boldsymbol{\beta}_2,\boldsymbol{\beta}_2]}\boldsymbol{\beta}_2.$$

这样求得三个向量 $\boldsymbol{\beta}_1,\boldsymbol{\beta}_2,\boldsymbol{\beta}_3$，彼此两两正交.

依此类推，一般有

$$\boldsymbol{\beta}_j=\boldsymbol{\alpha}_j-\frac{[\boldsymbol{\alpha}_j,\boldsymbol{\beta}_1]}{[\boldsymbol{\beta}_1,\boldsymbol{\beta}_1]}\boldsymbol{\beta}_1-\frac{[\boldsymbol{\alpha}_j,\boldsymbol{\beta}_2]}{[\boldsymbol{\beta}_2,\boldsymbol{\beta}_2]}\boldsymbol{\beta}_2-\cdots-\frac{[\boldsymbol{\alpha}_j,\boldsymbol{\beta}_{j-1}]}{[\boldsymbol{\beta}_{j-1},\boldsymbol{\beta}_{j-1}]}\boldsymbol{\beta}_{j-1}\quad(j=2,3,\cdots,r).$$

可以证明这样得到的正交向量组 $\boldsymbol{\beta}_1,\boldsymbol{\beta}_2,\cdots,\boldsymbol{\beta}_r$ 与向量组 $\boldsymbol{\alpha}_1,\boldsymbol{\alpha}_2,\cdots,\boldsymbol{\alpha}_r$ 等价.

如果再要求与 $\boldsymbol{\alpha}_1,\boldsymbol{\alpha}_2,\cdots,\boldsymbol{\alpha}_r$ 等价的单位正交向量组，只需取

$$\boldsymbol{e}_1=\frac{\boldsymbol{\beta}_1}{\|\boldsymbol{\beta}_1\|},\quad \boldsymbol{e}_2=\frac{\boldsymbol{\beta}_2}{\|\boldsymbol{\beta}_2\|},\quad \cdots,\quad \boldsymbol{e}_r=\frac{\boldsymbol{\beta}_r}{\|\boldsymbol{\beta}_r\|}.$$

定义 6　如果 n 阶方阵 $\boldsymbol{A}$ 满足

$$\boldsymbol{A}^{\mathrm{T}}\boldsymbol{A}=\boldsymbol{E},\quad (\text{即 }\boldsymbol{A}^{-1}=\boldsymbol{A}^{\mathrm{T}})$$

则称 $\boldsymbol{A}$ 为**正交矩阵**(简称正交阵).

正交阵具有以下性质：

性质 1　设 $\boldsymbol{A}$ 是正交阵，则 $|\boldsymbol{A}|=\pm1$.

性质 2　设 $\boldsymbol{A}$ 是正交阵，则 $\boldsymbol{A}^{\mathrm{T}},\boldsymbol{A}^{-1},\boldsymbol{A}^*$ 也是正交阵.

性质 3　若 $\boldsymbol{A},\boldsymbol{B}$ 都是正交阵，则 $\boldsymbol{AB}$ 也是正交阵.

性质 4　$\boldsymbol{A}$ 是正交阵的充分必要条件是 $\boldsymbol{A}$ 的 n 个列(行)向量是单位正交向量组.

定义 4　若 $\boldsymbol{P}$ 为正交阵，则线性变换 $\boldsymbol{y}=\boldsymbol{Px}$ 称为**正交变换**.

设 $\boldsymbol{y}=\boldsymbol{Px}$ 为正交变换，则

$$\|\boldsymbol{y}\|=\sqrt{\boldsymbol{y}^{\mathrm{T}}\boldsymbol{y}}=\sqrt{\boldsymbol{x}^{\mathrm{T}}\boldsymbol{P}^{\mathrm{T}}\boldsymbol{Px}}=\sqrt{\boldsymbol{x}^{\mathrm{T}}\boldsymbol{x}}=\|\boldsymbol{x}\|.$$

$\|\boldsymbol{x}\|$表示向量的长度，相当于线段的长度. $\|\boldsymbol{y}\|=\|\boldsymbol{x}\|$说明经过正交变换向量的长度保持不变，这是正交变换的优良特性.

6. 实对称矩阵的特征值与特征向量

实对称矩阵的特征值和特征向量具有一些特殊性质：

定理 1　实对称矩阵的特征值全为实数.

定理 2　实对称矩阵对应于不同特征值的特征向量正交.

定理 3　设 $\boldsymbol{A}$ 是 n 阶实对称矩阵，λ 是 $\boldsymbol{A}$ 的特征方程的 r 重根，那么，齐次线性方程组 $(\boldsymbol{A}-\lambda\boldsymbol{E})\boldsymbol{X}=\boldsymbol{O}$的系数矩阵的秩 $R(\boldsymbol{A}-\lambda\boldsymbol{E})=n-r$，从而对应于特征值 λ 的线性无关的特征向量恰有 r 个.

7. 实对称矩阵正交相似于对角矩阵

定理 1　设 $\boldsymbol{A}$ 是 n 阶对称矩阵，则必存在正交阵 $\boldsymbol{P}$，使得 $\boldsymbol{P}^{-1}\boldsymbol{AP}=\boldsymbol{\Lambda}$，其中 $\boldsymbol{\Lambda}$ 为对角矩阵，

且 $\boldsymbol{\Lambda}$ 对角线上的元素是方阵 $\boldsymbol{A}$ 的 n 个特征值.

定理 1 表明,对称矩阵不仅相似于对角矩阵,而且正交相似于对角矩阵,正交矩阵 $\boldsymbol{P}$ 的具体构造过程如下:

(1) 求出 $\boldsymbol{A}$ 的全部特征值 $\lambda_1,\lambda_2,\cdots,\lambda_s$,它们的重数分别为 $r_1,r_2,\cdots,r_s$,且 $r_1+r_2+\cdots+r_s=n$. $\lambda_1,\lambda_2,\cdots,\lambda_s$ 全为实数,对应的特征向量全取实向量.

(2) 求出 $\boldsymbol{A}$ 的对应于特征值 $\lambda_i(i=1,2,\cdots,s)$ 的全部特征向量. $\boldsymbol{A}$ 对应于 λ_i 的线性无关的特征向量恰有 r_i 个,并且这 r_i 个特征向量就是线性方程组 $(\boldsymbol{A}-\lambda_i\boldsymbol{E})x=0$ 的一个基础解系.

(3) 由定理 3 知,不同特征值对应的特征向量正交,因此只需分别将对应于 λ_i 的 r_i 个特征向量正交化、单位化,由此得到 $\boldsymbol{A}$ 的 n 个单位正交特征向量.

(4) 这样得到的 n 个单位正交特征向量构成矩阵 $\boldsymbol{P}$,那么,$\boldsymbol{P}$ 就是正交矩阵,且 $\boldsymbol{P}^{-1}\boldsymbol{A}\boldsymbol{P}=\boldsymbol{\Lambda}$,$\boldsymbol{\Lambda}$ 的对角线上的元素恰是 $\boldsymbol{A}$ 的 n 个特征值.

8. 二次型及其矩阵表示形式

定义 7 含有 n 个变量 $x_1,x_2,\cdots,x_n$ 的二次齐次多项式

$$
\begin{aligned}
f(x_1,x_2,\cdots,x_n)=&a_{11}x_1^2+2a_{12}x_1x_2+2a_{13}x_1x_3+\cdots+2a_{1n}x_1x_n+\\
&a_{22}x_2^2+2a_{23}x_2x_3+\cdots+2a_{2n}x_2x_n+\\
&\cdots\ \cdots\ \cdots\ \cdots+\\
&a_{nn}x_n^2
\end{aligned}
$$

称为 n **元二次型**(简称**二次型**).其中系数 $a_{ij}(i,j=1,2,\cdots,n)$ 为实数时,称为**实二次型**,a_{ij} 为复数时,称为**复二次型**.本书只讨论实二次型.

对于上式,取 $a_{ij}=a_{ji}$,则 $2a_{ij}x_ix_j=a_{ij}x_ix_j+a_{ji}x_jx_i$,利用矩阵,二次型可表示为

$$
\begin{aligned}
f=&x_1(a_{11}x_1+a_{12}x_2+\cdots+a_{1n}x_n)+\\
&x_2(a_{21}x_1+a_{22}x_2+\cdots+a_{2n}x_n)+\\
&\cdots\ \cdots\ \cdots\ \cdots+\\
&x_n(a_{n1}x_1+a_{n2}x_2+\cdots+a_{nn}x_n)\\
=&(x_1,x_2,\cdots,x_n)\begin{pmatrix}a_{11}x_1+a_{12}x_2+\cdots+a_{1n}x_n\\a_{21}x_1+a_{22}x_2+\cdots+a_{2n}x_n\\\cdots\ \cdots\ \cdots\ \cdots\\a_{n1}x_1+a_{n2}x_2+\cdots+a_{nn}x_n\end{pmatrix}\\
=&(x_1,x_2,\cdots,x_n)\begin{pmatrix}a_{11}&a_{12}&\cdots&a_{1n}\\a_{21}&a_{22}&\cdots&a_{2n}\\\vdots&\vdots&&\vdots\\a_{n1}&a_{n2}&\cdots&a_{nn}\end{pmatrix}\begin{pmatrix}x_1\\x_2\\\vdots\\x_n\end{pmatrix},
\end{aligned}
$$

记

$$
\boldsymbol{A}=\begin{pmatrix}a_{11}&a_{12}&\cdots&a_{1n}\\a_{21}&a_{22}&\cdots&a_{n}\\\vdots&\vdots&&\vdots\\a_{n1}&a_{n2}&\cdots&a_{nn}\end{pmatrix},\quad \boldsymbol{X}=\begin{pmatrix}x_1\\x_2\\\vdots\\x_n\end{pmatrix},
$$

那么二次型可记作

$$
f=\boldsymbol{X}^{\mathrm{T}}\boldsymbol{A}\boldsymbol{X},
$$

其中,$\boldsymbol{A}$ 为实对称矩阵.

例如,二次型 $f=x_1^2+3x_3^2-2x_1x_2+2x_1x_3+4x_2x_3$ 用矩阵记法写出来,就是

$$f=(x_1,x_2,x_3)\begin{pmatrix}1&-1&1\\-1&0&2\\1&2&3\end{pmatrix}\begin{pmatrix}x_1\\x_2\\x_3\end{pmatrix}.$$

任给一个二次型,就唯一地确定一个对称矩阵;反之,任给一个对称矩阵,也可唯一确定一个二次型.这样,二次型与对称矩阵之间存在一一对应的关系.因此,我们把对称矩阵 $\boldsymbol{A}$ 叫作二次型 f 的矩阵,也把 f 叫作对称矩阵 $\boldsymbol{A}$ 的二次型.对称矩阵 $\boldsymbol{A}$ 的秩就叫作**二次型 f 的秩**.

9. 化二次型为标准形

对于二次型,我们主要讨论的问题是:寻求可逆的线性变换

$$\begin{cases}x_1=c_{11}y_1+c_{12}y_2+\cdots+c_{1n}y_n,\\x_2=c_{21}y_1+c_{22}y_2+\cdots+c_{2n}y_n,\\\cdots\cdots\cdots\cdots\\x_n=c_{n1}y_1+c_{n2}y_2+\cdots+c_{nn}y_n.\end{cases}$$

其矩阵表示形式是

$$\boldsymbol{X}=\boldsymbol{CY},\quad \boldsymbol{C}=(c_{ij})_{n\times n},$$

使得二次型只含平方项,也就是把 $\boldsymbol{X}=\boldsymbol{CY}$ 代入 $f=\boldsymbol{X}^{\mathrm{T}}\boldsymbol{AX}$,得到

$$f=k_1y_1^2+k_2y_2^2+\cdots+k_ny_n^2.$$

我们称这种只含平方项的二次型为**标准形**.

即
$$f=\boldsymbol{X}^{\mathrm{T}}\boldsymbol{AX}=(\boldsymbol{CY})^{\mathrm{T}}\boldsymbol{ACY}=\boldsymbol{Y}^{\mathrm{T}}(\boldsymbol{C}^{\mathrm{T}}\boldsymbol{AC})\boldsymbol{Y}.$$

定义 8　设 $\boldsymbol{A},\boldsymbol{B}$ 为 n 阶方阵,若有 n 阶可逆阵 $\boldsymbol{C}$,使得 $\boldsymbol{C}^{\mathrm{T}}\boldsymbol{AC}=\boldsymbol{B}$,则称 $\boldsymbol{A}$ 与 $\boldsymbol{B}$ 合同.

定理 1　若 $\boldsymbol{A}$ 为 n 阶对称矩阵,方阵 $\boldsymbol{B}$ 与 $\boldsymbol{A}$ 合同,即有 n 阶可逆阵 $\boldsymbol{C}$,使得 $\boldsymbol{C}^{\mathrm{T}}\boldsymbol{AC}=\boldsymbol{B}$,则 $\boldsymbol{B}$ 亦为对称矩阵,且 $R(\boldsymbol{A})=R(\boldsymbol{B})$.

化二次型为标准形的主要问题就是寻找可逆矩阵 $\boldsymbol{C}$,使 $\boldsymbol{C}^{\mathrm{T}}\boldsymbol{AC}$ 为对角矩阵.常用方法主要有:正交变换法、配方法等.

定理 2　任给二次型 $f=\sum\limits_{i,j=1}^{n}a_{ij}x_ix_j(a_{ij}=a_{ji})$,总有正交变换 $\boldsymbol{X}=\boldsymbol{PY}$,使 f 化为标准形 $f=\lambda_1y_1^2+\lambda_2y_2^2+\cdots+\lambda_ny_n^2$,其中 $\lambda_1,\lambda_2,\cdots,\lambda_n$ 是 f 的矩阵 $\boldsymbol{A}$ 的特征值.

10. 正定二次型

定理 1　设有二次型 $f=\boldsymbol{x}^{\mathrm{T}}\boldsymbol{Ax}$,它的秩为 r,有两个实可逆变换 $\boldsymbol{x}=\boldsymbol{Cy}$ 及 $\boldsymbol{x}=\boldsymbol{Pz}$,使 $f=k_1y_1^2+k_2y_2^2+\cdots+k_ry_r^2(k_i\neq0)$,$f=\lambda_1z_1^2+\lambda_2z_2^2+\cdots+\lambda_rz_r^2(\lambda_i\neq0)$,则 $k_1,k_2,\cdots,k_r$ 中正数的个数与 $\lambda_1,\lambda_2,\cdots,\lambda_r$ 中正数的个数相等,这个定理称为**惯性定理**.

定义 9　设有实二次型 $f=\boldsymbol{x}^{\mathrm{T}}\boldsymbol{Ax}$,如果对任何 $x\neq0$,都有 $f(x)>0$(显然 $f(0)=0$),则称 f 为正定二次型,并称对称矩阵 $\boldsymbol{A}$ 是正定的;如果对任何 $x\neq0$,都有 $f(x)<0$,则称 f 为负定二次型,并称对称矩阵 $\boldsymbol{A}$ 是正定的.

定理 2　实二次型 $f=\boldsymbol{x}^{\mathrm{T}}\boldsymbol{Ax}$ 为正定的充分必要条件是它的标准形的 n 个系数全为正.

推论　对称矩阵 $\boldsymbol{A}$ 为正定的充分必要条件是 $\boldsymbol{A}$ 的特征值全为正.

定理 3　对称矩阵 $\boldsymbol{A}$ 为正定的充分必要条件是 $\boldsymbol{A}$ 的各阶主子式都为正,即

$$a_{11}>0,\ \begin{vmatrix} a_{11} & a_{12} \\ a_{21} & a_{22} \end{vmatrix}>0,\ \cdots,\ \begin{vmatrix} a_{11} & \cdots & a_{1n} \\ \vdots & & \vdots \\ a_{n1} & \cdots & a_{nn} \end{vmatrix}>0;$$

对称矩阵 $\boldsymbol{A}$ 为负定的充分必要条件是:奇数阶主子式为负,而偶数阶主子式为正,即

$$(-1)^r \begin{vmatrix} a_{11} & \cdots & a_{1r} \\ \vdots & & \vdots \\ a_{r1} & \cdots & a_{rr} \end{vmatrix}>0\quad (r=1,2,\cdots,n).$$

这个定理称为**霍尔维茨定理**.

第二节 解题方法

1. 求特征值和特征向量

(设 $\boldsymbol{A}$ 是 n 阶方阵)

(1) 由 $|\boldsymbol{A}-\lambda\boldsymbol{E}|=0$ 求得 $\boldsymbol{A}$ 的 n 个特征值.设 $\lambda_1,\lambda_2,\cdots,\lambda_t$ 是 $\boldsymbol{A}$ 的互异特征值,其重数分别为 $r_1,r_2,\cdots,r_t$,且 $r_1+r_2+\cdots+r_t=n$.再求齐次线性方程组 $(\boldsymbol{A}-\lambda_i\boldsymbol{E})x=0(i=1,2,\cdots,t)$,其非零解向量即是对应特征值 λ_i 的特征向量,设基础解系为 $\boldsymbol{p}_{i1},\boldsymbol{p}_{i2},\cdots,\boldsymbol{p}_{is_i}(1\leqslant s_i\leqslant r_i)$,则对应的特征值 λ_i 的全部特征向量为 $k_{i1}\boldsymbol{p}_{i1}+k_{i2}\boldsymbol{p}_{i2}+\cdots+k_{is_i}\boldsymbol{p}_{is_i}(k_{i1},k_{i2},\cdots,k_{is}$ 不全为 $0)$.

(2) 用定义法 $\boldsymbol{AX}=\lambda\boldsymbol{X}(\boldsymbol{X}\neq\boldsymbol{O})$ 分析推导.

2. 相似对角化的计算

(设 $\boldsymbol{A}$ 是 n 阶方阵)相似对角化计算的步骤为:

(1) 求 $\boldsymbol{A}$ 的特征值和对应的线性无关特征向量.设 $\lambda_1,\lambda_2,\cdots,\lambda_t$ 是 $\boldsymbol{A}$ 的互异特征值,其重数分别为 $r_1,r_2,\cdots,r_t$,且 $r_1+r_2+\cdots+r_t=n$.对应特征值 $\lambda_i(i=1,2,\cdots,t)$ 的 r_i 个线性无关的特征向量为 $\boldsymbol{p}_{i1},\boldsymbol{p}_{i2},\cdots,\boldsymbol{p}_{ir_i}(i=1,2,\cdots,t)$.

(2) 构造相似变换矩阵.

$$\boldsymbol{P}=(\boldsymbol{p}_{11},\boldsymbol{p}_{12},\cdots,\boldsymbol{p}_{1r_1},\boldsymbol{p}_{21},\boldsymbol{p}_{22},\cdots,\boldsymbol{p}_{2r_2},\cdots,\boldsymbol{p}_{t1},\boldsymbol{p}_{t2},\cdots,\boldsymbol{p}_{tr_t}),$$

则
$$\boldsymbol{P}^{-1}\boldsymbol{AP}=\begin{pmatrix} \lambda_1\boldsymbol{E}_{r_1} & & & \\ & \lambda_2\boldsymbol{E}_{r_2} & & \\ & & \ddots & \\ & & & \lambda_t\boldsymbol{E}_{r_t} \end{pmatrix}.$$

3. 实对称矩阵正交相似于对角矩阵的计算

(设 $\boldsymbol{A}$ 是 n 阶实对称矩阵)实对称矩阵正交相似于对角矩阵计算的步骤为:

(1) 求 $\boldsymbol{A}$ 的特征值和对应的线性无关特征向量.设 $\lambda_1,\lambda_2,\cdots,\lambda_t$ 是 $\boldsymbol{A}$ 的互异特征值,其重数分别为 $r_1,r_2,\cdots,r_t$,且 $r_1+r_2+\cdots+r_t=n$.对应特征值 $\lambda_i(i=1,2,\cdots,t)$ 的 r_i 个线性无关的特征向量为 $\boldsymbol{p}_{i1},\boldsymbol{p}_{i2},\cdots,\boldsymbol{p}_{ir_i}(i=1,2,\cdots,t)$.

(2) 将特征向量 $\boldsymbol{p}_{i1},\boldsymbol{p}_{i2},\cdots,\boldsymbol{p}_{ir_i}$ 用 **Schmidt** 正交化过程正交化,再单位化.

(3) 构造正交矩阵.

$$Q=(q_{11},q_{12},\cdots,q_{1r_1},q_{21},q_{22},\cdots,q_{2r_2},\cdots,q_{t1},q_{t2},\cdots,q_{tr_t}),$$

则
$$Q^{-1}AQ=Q^{\mathrm{T}}AQ=\begin{pmatrix}\lambda_1E_{r_1} & & & \\ & \lambda_2E_{r_2} & & \\ & & \ddots & \\ & & & \lambda_tE_{r_t}\end{pmatrix}.$$

4. 正交变换化二次型为标准形的计算

(设 f 是 n 元实二次型)化二次型为标准形的计算步骤为:

(1) 写出二次型 f 的矩阵 $\boldsymbol{A}$;

(2) 求 n 阶正交矩阵 $\boldsymbol{Q}$,使得 $Q^{-1}AQ=Q^{\mathrm{T}}AQ=\begin{pmatrix}\lambda_1 & & & \\ & \lambda_2 & & \\ & & \ddots & \\ & & & \lambda_n\end{pmatrix}$;

(3) 正交变换 $\boldsymbol{x}=\boldsymbol{Q}\boldsymbol{y}$,化二次型为 $f=\lambda_1y_1^2+\lambda_2y_2^2+\cdots+\lambda_ny_n^2$.

5. 正定矩阵的判定与证明

注:正定矩阵必须是实对称矩阵,因此在论证之前应注意其是否为实对称矩阵,若不是实对称矩阵,则根本谈不上正定性.

对于具体给出的实对称矩阵,判断是否正定通常是检验矩阵的各阶顺序主子式是否全大于零.

对于抽象给出的实对称矩阵,常采用一些方法判断其正定性:

(1) 用定义. $\forall x\neq 0$,总有 $\boldsymbol{x}^{\mathrm{T}}\boldsymbol{A}\boldsymbol{x}>0$,则矩阵 $\boldsymbol{A}$ 为正定矩阵.当证明若干个矩阵之和或之积为正定矩阵时,常用此法.

(2) 利用特征值.当矩阵的所有特征值大于零时,为正定矩阵.当证明矩阵的各种运算,如方幂、逆矩阵、伴随矩阵、多项式矩阵等为正定矩阵时,常用此法.

第三节　典型例题

例 1　设 $A=\begin{pmatrix}-2 & 1 & 1\\ 0 & 2 & 0\\ -4 & 1 & 3\end{pmatrix}$,求 $\boldsymbol{A}$ 的特征值与特征向量.

解　$|\lambda E-A|=\begin{vmatrix}\lambda+2 & -1 & -1\\ 0 & \lambda-2 & 0\\ 4 & -1 & \lambda-3\end{vmatrix}=(\lambda+1)(\lambda-2)^2.$

特征值 $\lambda_1=-1,\lambda_2=\lambda_3=2$.

当 $\lambda_1=-1$ 时,解方程 $(-A-E)x=0$.

由 $-A-E=\begin{pmatrix}1 & -1 & -1\\ 0 & -3 & 0\\ 4 & -1 & -4\end{pmatrix}\to\begin{pmatrix}1 & 0 & -1\\ 0 & 1 & 0\\ 0 & 0 & 0\end{pmatrix}$,基础解系 $p_1=\begin{pmatrix}1\\ 0\\ 1\end{pmatrix}$,

故对应于 $\lambda_1=-1$ 的全体特征向量为 $k_1\boldsymbol{p}_1(k_1\neq 0)$.

当 $\lambda_2=\lambda_3=2$ 时,解方程 $(2\boldsymbol{E}-\boldsymbol{A})x=0$.

由 $2\boldsymbol{E}-\boldsymbol{A}=\begin{pmatrix}4&-1&-1\\0&0&0\\4&-1&-1\end{pmatrix}\to\begin{pmatrix}4&-1&-1\\0&0&0\\0&0&0\end{pmatrix}$,基础解系 $\boldsymbol{p}_2=\begin{pmatrix}1\\4\\0\end{pmatrix}$,$\boldsymbol{p}_3=\begin{pmatrix}1\\0\\4\end{pmatrix}$,

故对应于 $\lambda_2=\lambda_3=2$ 的全部特征向量为:$k_2\boldsymbol{p}_2+k_3\boldsymbol{p}_3$ （k_2,k_3 不同时为 0).

例 2 求 n 阶数量矩阵 $\boldsymbol{A}=\begin{pmatrix}a&0&\cdots&0\\0&a&\cdots&0\\\vdots&\vdots&&\vdots\\0&0&\cdots&a\end{pmatrix}$ 的特征值与特征向量.

解 $|\lambda\boldsymbol{E}-\boldsymbol{A}|=\begin{vmatrix}\lambda-a&0&\cdots&0\\0&\lambda-a&\cdots&0\\\vdots&\vdots&&\vdots\\0&0&\cdots&\lambda-a\end{vmatrix}=(\lambda-a)^n=0$,

故 $\boldsymbol{A}$ 的特征值为 $\lambda_1=\lambda_2=\cdots=\lambda_n=a$.

把 $\lambda=a$ 代入 $(\lambda\boldsymbol{E}-\boldsymbol{A})x=0$,得 $0\cdot x_1=0,0\cdot x_2=0,\cdots,0\cdot x_n=0$.这个方程组的系数矩阵是零矩阵,所以任意 n 个线性无关的向量都是它的基础解系,取单位向量组

$$\boldsymbol{\varepsilon}_1=\begin{pmatrix}1\\0\\\vdots\\0\end{pmatrix},\quad \boldsymbol{\varepsilon}_n=\begin{pmatrix}0\\1\\\vdots\\0\end{pmatrix},\quad \cdots,\quad \boldsymbol{\varepsilon}_n=\begin{pmatrix}0\\0\\\vdots\\1\end{pmatrix}$$

作为基础解系,于是 $\boldsymbol{A}$ 的全部特征向量为

$$c_1\boldsymbol{\varepsilon}_1+c_2\boldsymbol{\varepsilon}_2+\cdots+c_n\boldsymbol{\varepsilon}_n\quad (c_1,c_2,\cdots,c_n \text{ 不全为零}).$$

例 3 求 3 阶矩阵 $\boldsymbol{A}=\begin{pmatrix}1&-1&1\\1&3&-1\\1&1&1\end{pmatrix}$ 的特征值以及相应的线性无关的特征向量组.

解 $\boldsymbol{A}$ 的特征多项式为

$$|\lambda\boldsymbol{E}-\boldsymbol{A}|=\begin{vmatrix}\lambda-1&1&-1\\-1&\lambda-3&1\\-1&-1&\lambda-1\end{vmatrix}=\lambda^3-5\lambda^2+8\lambda-4=(\lambda-2)^2(\lambda-1).$$

这个多项式的根为 $\lambda_1=1,\lambda_2=\lambda_3=2$,

因此 $\boldsymbol{A}$ 的特征值等于 1,2,2.接下来求特征向量:

对 $\lambda_1=1$,将 $\lambda=1$ 代入 $(\lambda\boldsymbol{E}-\boldsymbol{A})x=0$,得

$$(\boldsymbol{E}-\boldsymbol{A})x=\begin{pmatrix}0&1&-1\\-1&-2&1\\-1&-1&0\end{pmatrix}\begin{pmatrix}x_1\\x_2\\x_3\end{pmatrix}=\begin{pmatrix}0\\0\\0\end{pmatrix}.$$

基础解系只有一个线性无关的向量,$\boldsymbol{\eta}_1=(-1,1,1)^{\mathrm{T}}$.

对 $\lambda_2=\lambda_3=2$,将 $\lambda=2$ 代入可得齐次方程组:

$$\begin{pmatrix} 1 & 1 & -1 \\ -1 & -1 & 1 \\ -1 & -1 & 1 \end{pmatrix}\begin{pmatrix} x_1 \\ x_2 \\ x_3 \end{pmatrix}=\begin{pmatrix} 0 \\ 0 \\ 0 \end{pmatrix}.$$

求出这个齐次线性方程组的基础解系为 $\boldsymbol{\eta}_2=(1,0,1)^{\mathrm{T}},\boldsymbol{\eta}_3=(0,1,1)^{\mathrm{T}}$.

例 4　设有矩阵 $\boldsymbol{A}=\begin{pmatrix} 3 & 1 \\ 5 & -1 \end{pmatrix},\boldsymbol{B}=\begin{pmatrix} 4 & 0 \\ 0 & -2 \end{pmatrix}$,试验证存在可逆矩阵 $\boldsymbol{P}=\begin{pmatrix} 1 & 1 \\ 1 & -5 \end{pmatrix}$,使得 $\boldsymbol{A}$ 与 $\boldsymbol{B}$ 相似.

解　易见 $\boldsymbol{P}$ 可逆,且 $\boldsymbol{P}^{-1}=\begin{pmatrix} 5/6 & 1/6 \\ 1/6 & -1/6 \end{pmatrix}$,

$$\boldsymbol{P}^{-1}\boldsymbol{A}\boldsymbol{P}=\begin{pmatrix} 5/6 & 1/6 \\ 1/6 & -1/6 \end{pmatrix}\begin{pmatrix} 3 & 1 \\ 5 & -1 \end{pmatrix}\begin{pmatrix} 1 & 1 \\ 1 & -5 \end{pmatrix}=\begin{pmatrix} 4 & 0 \\ 0 & -2 \end{pmatrix}=\boldsymbol{B},$$

故 $\boldsymbol{A}$ 与 $\boldsymbol{B}$ 相似.

例 5　判断矩阵 $\boldsymbol{A}=\begin{pmatrix} 1 & -2 & 2 \\ -2 & -2 & 4 \\ 2 & 4 & -2 \end{pmatrix}$能否化为对角矩阵.

解　$|\boldsymbol{A}-\lambda\boldsymbol{E}|=\begin{vmatrix} 1-\lambda & -2 & 2 \\ -2 & -2-\lambda & 4 \\ 2 & 4 & -2-\lambda \end{vmatrix}=-(\lambda-2)^2(\lambda+7)=0$,

故 $\boldsymbol{A}$ 的特征值 $\lambda_1=\lambda_2=2,\lambda_3=-7$.

将 $\lambda_1=\lambda_2=2$ 代入 $(\boldsymbol{A}-\lambda\boldsymbol{E})x=0$,得方程组

$$\begin{cases} -x_1-2x_2+2x_3=0, \\ -2x_1-4x_2+4x_3=0, \\ 2x_1+4x_2-4x_3=0. \end{cases}\quad 基础解系\ \boldsymbol{p}_1=\begin{pmatrix} 2 \\ 0 \\ 1 \end{pmatrix},\quad \boldsymbol{p}_2=\begin{pmatrix} 0 \\ 1 \\ 1 \end{pmatrix}.$$

同理,代入 $\lambda_3=-7$,由 $(\boldsymbol{A}-\lambda_3\boldsymbol{E})x=0$,得基础解系 $\boldsymbol{p}_3=\begin{pmatrix} 1 \\ 2 \\ -2 \end{pmatrix}$.

由于 $\begin{vmatrix} 2 & 0 & 1 \\ 0 & 1 & 2 \\ 1 & 1 & -2 \end{vmatrix}\neq 0$,因此 $\boldsymbol{p}_1$、$\boldsymbol{p}_2$、$\boldsymbol{p}_3$ 线性无关,即 $\boldsymbol{A}$ 有 3 个线性无关的特征向量,因而 $\boldsymbol{A}$ 可对角化.

例 6　设 $\boldsymbol{A}=\begin{pmatrix} 0 & 0 & 1 \\ 1 & 1 & a \\ 1 & 0 & 0 \end{pmatrix}$,当 a 为何值时,矩阵 $\boldsymbol{A}$ 能对角化?

解　$|\lambda\boldsymbol{E}-\boldsymbol{A}|=\begin{vmatrix} \lambda & 0 & -1 \\ -1 & \lambda-1 & -a \\ -1 & 0 & \lambda \end{vmatrix}=(\lambda-1)^2(\lambda+1)$,**特征值** $\lambda_1=-1,\lambda_2=\lambda_3=1$.

对于单根 $\lambda_1=-1$,可求得线性无关的特征向量恰有 1 个,而对应重根 $\lambda_2=\lambda_3=1$,欲使矩阵 $\boldsymbol{A}$ 能对角化,应有 2 个线性无关的特征向量,即方程组 $(\boldsymbol{E}-\boldsymbol{A})x=0$ 有 2 个线性无关的解,亦即系数矩阵 $\boldsymbol{E}-\boldsymbol{A}$ 的秩 $R(\boldsymbol{E}-\boldsymbol{A})=1$,

$$E-A=\begin{pmatrix}1&0&-1\\-1&0&-a\\-1&0&1\end{pmatrix}\to\begin{pmatrix}1&0&-1\\0&0&a+1\\0&0&0\end{pmatrix},$$

要 $R(E-A)=1$，得 $a+1=0$，即 $a=-1$.因此，当 $a=-1$ 时，矩阵 A 能对角化.

例 7 求 $\mathbf{R}^3$ 中向量 $\boldsymbol{\alpha}=(4,0,3)^{\mathrm{T}},\boldsymbol{\beta}=(-\sqrt{3},3,2)^{\mathrm{T}}$ 之间的夹角 θ.

解 $\|\boldsymbol{\alpha}\|=\sqrt{4^2+0^2+3^2}=5,\|\boldsymbol{\beta}\|=\sqrt{(-\sqrt{3})^2+3^2+2^2}=4,$

$[\boldsymbol{\alpha},\boldsymbol{\beta}]=4(-\sqrt{3})+0\times3+3\times2=6-4\sqrt{3},$

所以

$$\cos\theta=\frac{[\boldsymbol{\alpha},\boldsymbol{\beta}]}{\|\boldsymbol{\alpha}\|\cdot\|\boldsymbol{\beta}\|}=\frac{6-4\sqrt{3}}{5\times4}=\frac{3-2\sqrt{3}}{10},\quad \theta=\arccos\frac{3-2\sqrt{3}}{10}.$$

例 8 设 $\boldsymbol{\alpha}_1=\begin{pmatrix}1\\2\\-1\end{pmatrix},\boldsymbol{\alpha}_2=\begin{pmatrix}-1\\3\\1\end{pmatrix},\boldsymbol{\alpha}_3=\begin{pmatrix}4\\-1\\0\end{pmatrix}$，试用施密特正交化方法，将向量组正交规范化.

解 不难证明 $\boldsymbol{\alpha}_1$、$\boldsymbol{\alpha}_2$、$\boldsymbol{\alpha}_3$ 是线性无关的.取 $\boldsymbol{\beta}_1=\boldsymbol{\alpha}_1$；

$$\boldsymbol{\beta}_2=\boldsymbol{\alpha}_2-\frac{[\boldsymbol{\alpha}_2,\boldsymbol{\beta}_1]}{\|\boldsymbol{\beta}_1\|^2}\boldsymbol{\beta}_1=\begin{pmatrix}-1\\3\\1\end{pmatrix}-\frac{4}{6}\begin{pmatrix}1\\2\\-1\end{pmatrix}=\frac{5}{3}\begin{pmatrix}-1\\1\\1\end{pmatrix};$$

$$\boldsymbol{\beta}_3=\boldsymbol{\alpha}_3-\frac{[\boldsymbol{\alpha}_3,\boldsymbol{\beta}_1]}{\|\boldsymbol{\beta}_1\|^2}\boldsymbol{\beta}_1-\frac{[\boldsymbol{\alpha}_3,\boldsymbol{\beta}_2]}{\|\boldsymbol{\beta}_2\|^2}\boldsymbol{\beta}_2=\begin{pmatrix}4\\-1\\0\end{pmatrix}-\frac{1}{3}\begin{pmatrix}1\\2\\-1\end{pmatrix}+\frac{5}{3}\begin{pmatrix}-1\\1\\1\end{pmatrix}=2\begin{pmatrix}1\\0\\1\end{pmatrix}.$$

再把它们单位化，取

$$\boldsymbol{e}_1=\frac{\boldsymbol{\beta}_1}{\|\boldsymbol{\beta}_1\|}=\frac{1}{\sqrt{6}}\begin{pmatrix}1\\2\\-1\end{pmatrix},\quad \boldsymbol{e}_2=\frac{\boldsymbol{\beta}_2}{\|\boldsymbol{\beta}_2\|}=\frac{1}{\sqrt{3}}\begin{pmatrix}-1\\1\\1\end{pmatrix},\quad \boldsymbol{e}_3=\frac{\boldsymbol{\beta}_3}{\|\boldsymbol{\beta}_3\|}=\frac{1}{\sqrt{2}}\begin{pmatrix}1\\0\\1\end{pmatrix}.$$

故 $\boldsymbol{e}_1$、$\boldsymbol{e}_2$、$\boldsymbol{e}_3$ 为所求.

例 9 设实对称矩阵 $A=\begin{pmatrix}1&-2&0\\-2&2&-2\\0&-2&3\end{pmatrix}$，求正交矩阵 P，使 $P^{-1}AP$ 为对角矩阵.

解 矩阵 A 的特征方程为 $|\lambda E-A|=\begin{vmatrix}\lambda-1&2&0\\2&\lambda-2&2\\0&2&\lambda-3\end{vmatrix}=0,$

即 $(\lambda+1)(\lambda-2)(\lambda-5)=0$.解得特征值为 $\lambda_1=-1,\lambda_2=2,\lambda_3=5$.

当 $\lambda_1=-1$ 时，由 $(-E-A)x=0$，得基础解系 $\boldsymbol{p}_1=(2,2,1)^{\mathrm{T}}$.

当 $\lambda_2=2$ 时，由 $(2E-A)x=0$，得基础解系 $\boldsymbol{p}_2=(2,-1,-2)^{\mathrm{T}}$.

当 $\lambda_3=5$ 时，由 $(5E-A)x=0$，得基础解系 $\boldsymbol{p}_3=(1,-2,2)^{\mathrm{T}}$.

不难验证 $\boldsymbol{p}_1$、$\boldsymbol{p}_2$、$\boldsymbol{p}_3$ 是正交向量组，把 $\boldsymbol{p}_1$、$\boldsymbol{p}_2$、$\boldsymbol{p}_3$ 单位化，得

$$\boldsymbol{\eta}_1=\frac{\boldsymbol{p}_1}{\|\boldsymbol{p}_1\|}=\begin{pmatrix}2/3\\2/3\\1/3\end{pmatrix},\quad \boldsymbol{\eta}_2=\frac{\boldsymbol{p}_2}{\|\boldsymbol{p}_2\|}=\begin{pmatrix}2/3\\-1/3\\-2/3\end{pmatrix},\quad \boldsymbol{\eta}_3=\frac{\boldsymbol{p}_3}{\|\boldsymbol{p}_3\|}=\begin{pmatrix}1/3\\-2/3\\2/3\end{pmatrix}.$$

令 $\boldsymbol{P}=(\boldsymbol{\eta}_1,\boldsymbol{\eta}_2,\boldsymbol{\eta}_3)=\begin{pmatrix}2/3 & 2/3 & 1/3\\ 2/3 & -1/3 & -2/3\\ 1/3 & -2/3 & 2/3\end{pmatrix}$，则 $\boldsymbol{P}^{-1}\boldsymbol{AP}=\boldsymbol{P}^{\mathrm{T}}\boldsymbol{AP}=\begin{pmatrix}-1 & 0 & 0\\ 0 & 2 & 0\\ 0 & 0 & 5\end{pmatrix}$.

例 10　设 $\boldsymbol{A}=\begin{pmatrix}2 & -1\\ -1 & 2\end{pmatrix}$，求 $\mathbf{A}^n$.

解　因为 $\boldsymbol{A}$ 对称，故 $\boldsymbol{A}$ 可对角化，即有可逆矩阵 $\boldsymbol{P}$ 及对角阵 $\boldsymbol{\Lambda}$，使 $\boldsymbol{P}^{-1}\boldsymbol{AP}=\boldsymbol{\Lambda}$.于是

$$\boldsymbol{A}=\boldsymbol{P\Lambda P}^{-1}\Rightarrow\boldsymbol{A}^n=\boldsymbol{P\Lambda}^n\boldsymbol{P}^{-1}.$$

由 $|\boldsymbol{A}-\lambda\boldsymbol{E}|=\begin{vmatrix}2-\lambda & -1\\ -1 & 2-\lambda\end{vmatrix}=\lambda^2-4\lambda+3=(\lambda-1)(\lambda-3)$，得 $\boldsymbol{A}$ 的特征值 $\lambda_1=1,\lambda_2=3$.

于是　$\boldsymbol{\Lambda}=\begin{pmatrix}1 & 0\\ 0 & 3\end{pmatrix}$，$\boldsymbol{\Lambda}^n=\begin{pmatrix}1 & 0\\ 0 & 3^n\end{pmatrix}$.

对应 $\lambda_1=1$，由 $(\boldsymbol{A}-\boldsymbol{E})x=0$，解得对应特征向量 $\boldsymbol{P}_1=\begin{pmatrix}1\\ 1\end{pmatrix}$.

对应 $\lambda_2=3$，由 $(\boldsymbol{A}-3\boldsymbol{E})x=0$，解得对应特征向量 $\boldsymbol{P}_2=\begin{pmatrix}1\\ -1\end{pmatrix}$.

令 $\boldsymbol{P}=(\boldsymbol{p}_1,\boldsymbol{p}_2)=\begin{pmatrix}1 & 1\\ 1 & -1\end{pmatrix}$，求出 $\boldsymbol{P}^{-1}=\frac{1}{2}\begin{pmatrix}1 & 1\\ 1 & -1\end{pmatrix}$.于是

$$\boldsymbol{A}^n=\boldsymbol{P\Lambda}^n\boldsymbol{P}^{-1}=\frac{1}{2}\begin{pmatrix}1 & 1\\ 1 & -1\end{pmatrix}\begin{pmatrix}1 & 0\\ 0 & 3^n\end{pmatrix}\begin{pmatrix}1 & 1\\ 1 & -1\end{pmatrix}=\frac{1}{2}\begin{pmatrix}1+3^n & 1-3^n\\ 1-3^n & 1+3^n\end{pmatrix}.$$

例 11　化二次型 $f=x_1^2+2x_2^2+5x_3^2+2x_1x_2+2x_1x_3+6x_2x_3$ 为标准形，并求所用的变换矩阵.

解　
$$\begin{aligned}f&=x_1^2+2x_2^2+5x_3^2+2x_1x_2+2x_1x_3+6x_2x_3\\&=x_1^2+2x_1x_2+2x_1x_3+2x_2^2+5x_3^2+6x_2x_3\\&=(x_1+x_2+x_3)^2-x_2^2-x_3^2-2x_2x_3+2x_2^2+5x_3^2+6x_2x_3\\&=(x_1+x_2+x_3)^2+x_2^2+4x_3^2+4x_2x_3\\&=(x_1+x_2+x_3)^2+(x_2+2x_3)^2.\end{aligned}$$

令 $\begin{cases}y_1=x_1+x_2+x_3,\\ y_2=\quad x_2+2x_3,\\ y_3=\qquad x_3.\end{cases}\Rightarrow\begin{cases}x_1=y_1-y_2+y_3,\\ x_2=\quad y_2-2y_3,\\ x_3=\qquad y_3.\end{cases}$

$$\begin{pmatrix}x_1\\ x_2\\ x_3\end{pmatrix}=\begin{pmatrix}1 & -1 & 1\\ 0 & 1 & -2\\ 0 & 0 & 1\end{pmatrix}\begin{pmatrix}y_1\\ y_2\\ y_3\end{pmatrix}.$$

所以 $f=x_1^2+2x_2^2+5x_3^2+2x_1x_2+2x_1x_3+6x_2x_3=y_1^2+y_2^2$.

所用变换矩阵为 $\boldsymbol{C}=\begin{pmatrix}1 & -1 & 1\\ 0 & 1 & -2\\ 0 & 0 & 1\end{pmatrix}$ $(|\boldsymbol{C}|=1\neq0)$.

例 12　将二次型 $f=17x_1^2+14x_2^2+14x_3^2-4x_1x_2-4x_1x_3-8x_2x_3$ 通过正交变换 $\boldsymbol{x}=\boldsymbol{PY}$，化成标准形.

解 (1) 写出二次型矩阵：$A=\begin{pmatrix}17&-2&-2\\-2&14&-4\\-2&-4&14\end{pmatrix}$；

(2) 求其特征值：

$|\lambda E-A|=\begin{vmatrix}\lambda-17&2&2\\2&\lambda-14&4\\2&4&\lambda-14\end{vmatrix}=(\lambda-18)^2(\lambda-9)$，解得特征值为：$\lambda_1=9,\lambda_2=\lambda_3=18$；

(3) 求特征向量：

将 $\lambda_1=9$ 代入 $(\lambda E-A)x=0$，得基础解系 $\xi_1=(1/2,1,1)^T$，

将 $\lambda_2=\lambda_3=18$ 代入 $(\lambda E-A)x=0$，得基础解系 $\xi_2=(-2,1,0)^T,\xi_3=(-2,0,1)^T$；

(4) 将特征向量正交化：

取 $\alpha_1=\xi_1,\alpha_2=\xi_2,\alpha_3=\xi_3-\dfrac{[\alpha_2,\xi_3]}{[\alpha_2,\alpha_2]}\alpha_2$，得正交向量组：

$\alpha_1=(1/2,1,1)^T,\alpha_2=(-2,1,0)^T,\alpha_3=(-2/5,-4/5,1)^T$.将其单位化得：

$$\eta_1=\begin{pmatrix}1/3\\2/3\\2/3\end{pmatrix},\quad \eta_2=\begin{pmatrix}-2/\sqrt{5}\\1/\sqrt{5}\\0\end{pmatrix},\quad \eta_3=\begin{pmatrix}-2/\sqrt{45}\\-4/\sqrt{45}\\5/\sqrt{45}\end{pmatrix}.$$

作正交矩阵：$P=\begin{pmatrix}1/3&-2/\sqrt{5}&-2/\sqrt{45}\\2/3&1/\sqrt{5}&-4/\sqrt{45}\\2/3&0&5/\sqrt{45}\end{pmatrix}$.

(5) 所求正交变换为 $\begin{pmatrix}x_1\\x_2\\x_3\end{pmatrix}=\begin{pmatrix}1/3&-2/\sqrt{5}&-2/\sqrt{45}\\2/3&1/\sqrt{5}&-4/\sqrt{45}\\2/3&0&5/\sqrt{45}\end{pmatrix}\begin{pmatrix}y_1\\y_2\\y_3\end{pmatrix}$，

在此变换下原二次型化为标准形为：$f=9y_1^2+18y_2^2+18y_3^2$.

例 13 当 λ 取何值时，二次型 $f(x_1,x_2,x_3)$ 是正定的：

$$f(x_1,x_2,x_3)=x_1^2+2x_1x_2+4x_1x_3+2x_2^2+6x_2x_3+\lambda x_3^2.$$

解 题设二次型的矩阵 $A=\begin{pmatrix}1&1&2\\1&2&3\\2&3&\lambda\end{pmatrix}$.

因为 $|A_1|=1>0,|A_2|=\begin{vmatrix}1&1\\1&2\end{vmatrix}=1>0,|A_3|=|A|=\lambda-5>0$，

所以 $\lambda>5$ 时，$f(x_1,x_2,x_3)$ 是正定的.

例 14 判别二次型 $f(x,y,z)$ 是否是负定的，

$$f(x,y,z)=-5x^2-6y^2-4z^2+4xy+4xz.$$

解 题设二次型的矩阵 $A=\begin{pmatrix}-5&2&2\\2&-6&0\\2&0&-4\end{pmatrix}$.

因为 $|A_1|=-5<0$, $|A_2|=\begin{vmatrix}-5 & 2\\ 2 & -6\end{vmatrix}=26>0$, $|A_3|=|A|=-80<0$,
所以 $f(x,y,z)$ 是负定的.

第四节　习题详解

1. 求下列矩阵的特征值以及对应于特征值的全部线性无关的特征向量：

(1) $A=\begin{pmatrix}1 & -1\\ 2 & 4\end{pmatrix}$； (2) $A=\begin{pmatrix}2 & -1 & 2\\ 5 & -3 & 3\\ -1 & 0 & -2\end{pmatrix}$； (3) $A=\begin{pmatrix}1 & 2 & 3\\ 2 & 1 & 3\\ 3 & 3 & 6\end{pmatrix}$.

解 (1) $|A-\lambda E|=\begin{vmatrix}1-\lambda & -1\\ 2 & 4-\lambda\end{vmatrix}=\lambda^2-5\lambda+6=(\lambda-2)(\lambda-3)=0$,

特征值为：$\lambda_1=2$, $\lambda_2=3$.

当 $\lambda_1=2$ 时，$A-2E=\begin{pmatrix}-1 & -1\\ 2 & 2\end{pmatrix}\to\begin{pmatrix}1 & 1\\ 0 & 0\end{pmatrix}$，由 $(A-2E)x=0$ 解得基础解系为 $\xi_1=\begin{pmatrix}-1\\ 1\end{pmatrix}$,

所以 $\lambda_1=2$ 对应的全部特征向量为 $k_1\xi_1(k_1\neq 0)$；

当 $\lambda_2=3$ 时，$A-3E=\begin{pmatrix}-2 & -1\\ 2 & 1\end{pmatrix}\to\begin{pmatrix}1 & \frac{1}{2}\\ 0 & 0\end{pmatrix}$，由 $(A-3E)x=0$ 解得基础解系为 $\xi_2=\begin{pmatrix}-\frac{1}{2}\\ 1\end{pmatrix}$,

所以 $\lambda_2=3$ 对应的全部特征向量为 $k_2\xi_2(k_2\neq 0)$.

(2) $|A-\lambda E|=\begin{vmatrix}2-\lambda & -1 & 2\\ 5 & -3-\lambda & 3\\ -1 & 0 & -2-\lambda\end{vmatrix}=(-1-\lambda)\begin{vmatrix}-\lambda & 1\\ -1 & -2-\lambda\end{vmatrix}=-(\lambda+1)^3=0$,

特征值为：$\lambda_1=\lambda_2=\lambda_3=-1$.

$$A+E=\begin{pmatrix}3 & -1 & 2\\ 5 & -2 & 3\\ -1 & 0 & -1\end{pmatrix}\to\begin{pmatrix}1 & 0 & 1\\ 0 & 1 & 1\\ 0 & 0 & 0\end{pmatrix},$$

由 $(A+E)x=0$ 解得基础解系为 $\xi_1=\begin{pmatrix}-1\\ -1\\ 1\end{pmatrix}$,

所以 $\lambda_1=\lambda_2=\lambda_3=-1$ 对应的全部特征向量为 $k_1\xi_1(k_1\neq 0)$.

(3) $|A-\lambda E|=\begin{vmatrix}1-\lambda & 2 & 3\\ 2 & 1-\lambda & 3\\ 3 & 3 & 6-\lambda\end{vmatrix}=-\lambda(1+\lambda)\begin{vmatrix}3-\lambda & 3\\ 2 & -1\end{vmatrix}=-\lambda(1+\lambda)(\lambda-9)=0$,

特征值为：$\lambda_1=-1$, $\lambda_2=0$, $\lambda_3=9$,

当 $\lambda_1=-1$ 时，$A+E=\begin{pmatrix}2 & 2 & 3\\ 2 & 2 & 3\\ 3 & 3 & 7\end{pmatrix}\to\begin{pmatrix}1 & 1 & 0\\ 0 & 0 & 1\\ 0 & 0 & 0\end{pmatrix}$,

由 $(A+E)x=0$ 解得基础解系为 $\xi_1=\begin{pmatrix}-1\\ 1\\ 0\end{pmatrix}$,

所以 $\lambda_1=-1$ 对应的全部特征向量为 $k_1\boldsymbol{\xi}_1(k_1\neq0)$；

当 $\lambda_2=0$ 时，$\boldsymbol{A}=\begin{pmatrix}1&2&3\\2&1&3\\3&3&6\end{pmatrix}\to\begin{pmatrix}1&0&1\\0&1&1\\0&0&0\end{pmatrix}$，

由 $\boldsymbol{A}x=0$ 解得基础解系为 $\boldsymbol{\xi}_2=\begin{pmatrix}-1\\-1\\1\end{pmatrix}$，

所以 $\lambda_2=0$ 对应的全部特征向量为 $k_2\boldsymbol{\xi}_2(k_2\neq0)$；

当 $\lambda_3=9$ 时，$\boldsymbol{A}-9\boldsymbol{E}=\begin{pmatrix}-8&2&3\\2&-8&3\\3&3&-3\end{pmatrix}\to\begin{pmatrix}1&0&-1/2\\0&1&-1/2\\0&0&0\end{pmatrix}$，

由 $(\boldsymbol{A}-9\boldsymbol{E})x=0$ 解得基础解系为 $\boldsymbol{\xi}_3=\begin{pmatrix}1/2\\1/2\\1\end{pmatrix}$，

所以 $\lambda_3=9$ 对应的全部特征向量为 $k_3\boldsymbol{\xi}_3(k_3\neq0)$.

2. 利用施密特正交化过程，将下列向量规范正化.

(1) $\boldsymbol{\alpha}_1=\begin{pmatrix}1\\1\\0\end{pmatrix}$，$\boldsymbol{\alpha}_2=\begin{pmatrix}1\\-1\\1\end{pmatrix}$，$\boldsymbol{\alpha}_3=\begin{pmatrix}0\\1\\2\end{pmatrix}$；

(2) $\boldsymbol{\alpha}_1=\begin{pmatrix}1\\0\\-1\\1\end{pmatrix}$，$\boldsymbol{\alpha}_2=\begin{pmatrix}1\\-1\\0\\1\end{pmatrix}$，$\boldsymbol{\alpha}_3=\begin{pmatrix}-1\\1\\1\\0\end{pmatrix}$.

解 (1) 正交化：

$$\boldsymbol{\beta}_1=\boldsymbol{\alpha}_1=\begin{pmatrix}1\\1\\0\end{pmatrix},\quad \boldsymbol{\beta}_2=\boldsymbol{\alpha}_2-\frac{[\boldsymbol{\alpha}_2,\boldsymbol{\beta}_1]}{[\boldsymbol{\beta}_1,\boldsymbol{\beta}_1]}\boldsymbol{\beta}_1=\begin{pmatrix}1\\-1\\0\end{pmatrix}-0\begin{pmatrix}1\\1\\0\end{pmatrix}=\begin{pmatrix}1\\-1\\1\end{pmatrix},$$

$$\boldsymbol{\beta}_3=\boldsymbol{\alpha}_3-\frac{[\boldsymbol{\alpha}_3,\boldsymbol{\beta}_1]}{[\boldsymbol{\beta}_1,\boldsymbol{\beta}_1]}\boldsymbol{\beta}_1-\frac{[\boldsymbol{\alpha}_3,\boldsymbol{\beta}_2]}{[\boldsymbol{\beta}_2,\boldsymbol{\beta}_2]}\boldsymbol{\beta}_2=\begin{pmatrix}0\\1\\2\end{pmatrix}-\frac{1}{2}\begin{pmatrix}1\\1\\0\end{pmatrix}-\frac{1}{3}\begin{pmatrix}1\\-1\\1\end{pmatrix}=\begin{pmatrix}-5/6\\5/6\\5/3\end{pmatrix},$$

规范化：

$$\boldsymbol{\eta}_1=\frac{1}{\|\boldsymbol{\beta}_1\|}\boldsymbol{\beta}_1=\frac{1}{\sqrt{2}}\begin{pmatrix}1\\1\\0\end{pmatrix},\quad \boldsymbol{\eta}_2=\frac{1}{\|\boldsymbol{\beta}_2\|}\boldsymbol{\beta}_2=\frac{1}{\sqrt{3}}\begin{pmatrix}1\\-1\\1\end{pmatrix},\quad \boldsymbol{\eta}_3=\frac{1}{\|\boldsymbol{\beta}_3\|}\boldsymbol{\beta}_3=\frac{1}{\sqrt{6}}\begin{pmatrix}-1\\1\\2\end{pmatrix}.$$

(2) 正交化：

$$\boldsymbol{\beta}_1=\boldsymbol{\alpha}_1=\begin{pmatrix}1\\0\\-1\\1\end{pmatrix},\quad \boldsymbol{\beta}_2=\boldsymbol{\alpha}_2-\frac{[\boldsymbol{\alpha}_2,\ \boldsymbol{\beta}_1]}{[\boldsymbol{\beta}_1,\boldsymbol{\beta}_1]}\boldsymbol{\beta}_1=\begin{pmatrix}1\\-1\\0\\1\end{pmatrix}-\frac{2}{3}\begin{pmatrix}1\\0\\-1\\1\end{pmatrix}=\begin{pmatrix}1/3\\-1\\2/3\\1/3\end{pmatrix},$$

$$\boldsymbol{\beta}_3=\boldsymbol{\alpha}_3-\frac{[\boldsymbol{\alpha}_3,\boldsymbol{\beta}_1]}{[\boldsymbol{\beta}_1,\boldsymbol{\beta}_1]}\boldsymbol{\beta}_1-\frac{[\boldsymbol{\alpha}_3,\boldsymbol{\beta}_2]}{[\boldsymbol{\beta}_2,\boldsymbol{\beta}_2]}\boldsymbol{\beta}_2=\begin{pmatrix}-1\\1\\1\\0\end{pmatrix}+\frac{2}{3}\begin{pmatrix}1\\0\\-1\\1\end{pmatrix}+\frac{2}{5}\begin{pmatrix}1/3\\-1\\2/3\\1/3\end{pmatrix}=\begin{pmatrix}-1/5\\3/5\\3/5\\4/5\end{pmatrix},$$

规范化：

$$\boldsymbol{\eta}_1=\frac{1}{\|\boldsymbol{\beta}_1\|}\boldsymbol{\beta}_1=\frac{1}{3}\begin{pmatrix}1\\0\\-1\\1\end{pmatrix},\quad \boldsymbol{\eta}_2=\frac{1}{\boldsymbol{\beta}_2}\boldsymbol{\beta}_2=\frac{1}{\sqrt{15}}\begin{pmatrix}1\\-3\\2\\1\end{pmatrix},\quad \boldsymbol{\eta}_3=\frac{1}{\|\boldsymbol{\beta}_3\|}\boldsymbol{\beta}_3=\frac{1}{\sqrt{35}}\begin{pmatrix}-1\\3\\3\\4\end{pmatrix}.$$

3. 判定下列矩阵是否为正交阵：

（1）$\boldsymbol{B}=\begin{pmatrix}0&1&0\\\frac{1}{\sqrt{2}}&0&\frac{1}{\sqrt{2}}\\-\frac{1}{\sqrt{2}}&0&\frac{1}{\sqrt{2}}\end{pmatrix}$；　　（2）$\boldsymbol{A}=\begin{pmatrix}1&-\frac{1}{2}&\frac{1}{3}\\-\frac{1}{2}&1&\frac{1}{2}\\-\frac{1}{3}&\frac{1}{2}&1\end{pmatrix}$.

解　（1）令 $\boldsymbol{\beta}_1=\begin{pmatrix}0\\1/\sqrt{2}\\-1/\sqrt{2}\end{pmatrix},\boldsymbol{\beta}_2=\begin{pmatrix}1\\0\\0\end{pmatrix},\boldsymbol{\beta}_3=\begin{pmatrix}0\\1/\sqrt{2}\\1/\sqrt{2}\end{pmatrix}$，

则 $\boldsymbol{B}=(\boldsymbol{\beta}_1,\boldsymbol{\beta}_2,\boldsymbol{\beta}_3)$，由于 $\boldsymbol{\beta}_1,\boldsymbol{\beta}_2,\boldsymbol{\beta}_3$ 为规范正交化，因此 $\boldsymbol{B}$ 是正交矩阵.

（2）$\boldsymbol{\alpha}_1=\begin{pmatrix}1\\-1/2\\-1/3\end{pmatrix},\boldsymbol{\alpha}_2=\begin{pmatrix}-1/2\\1\\1/2\end{pmatrix},\boldsymbol{\alpha}_3=\begin{pmatrix}1/3\\1/2\\1\end{pmatrix}$，

则 $\boldsymbol{A}=(\boldsymbol{\alpha}_1,\boldsymbol{\alpha}_2,\boldsymbol{\alpha}_3)$，由于 $[\boldsymbol{\alpha}_1,\boldsymbol{\alpha}_2]=-\frac{7}{6}\neq0$，

因此 $\boldsymbol{\alpha}_1,\boldsymbol{\alpha}_2,\boldsymbol{\alpha}_3$ 不是规范正交组，故 $\boldsymbol{A}$ 不是规范正交组.

4. 设 $\boldsymbol{A}$ 是 n 阶方阵，λ 是 $\boldsymbol{A}$ 的特征值，证明 λ^2 是 $\boldsymbol{A}^2$ 的特征值.

证　由于 λ 是 $\boldsymbol{A}$ 的特征值，因此存在非零向量 $\boldsymbol{p}$，使得 $\boldsymbol{A}\boldsymbol{p}=\lambda\boldsymbol{p}$，

两端同时左乘 $\boldsymbol{A}$，得 $\boldsymbol{A}^2\boldsymbol{p}=\lambda\boldsymbol{A}\boldsymbol{p}$，即 $\boldsymbol{A}^2\boldsymbol{p}=\lambda^2\boldsymbol{p}$.

由特征值的定义知，λ^2 是 $\boldsymbol{A}^2$ 的特征值.

5. 设 $\boldsymbol{A}$ 与 $\boldsymbol{B}$ 都是 n 阶正交矩阵，证明 $\boldsymbol{AB}$ 也是正交矩阵.

证　由于 $\boldsymbol{A},\boldsymbol{B}$ 都是正交矩阵，因此 $\boldsymbol{A}^{\mathrm{T}}\boldsymbol{A}=\boldsymbol{A}\boldsymbol{A}^{\mathrm{T}}=\boldsymbol{E}$；$\boldsymbol{B}^{\mathrm{T}}\boldsymbol{B}=\boldsymbol{B}\boldsymbol{B}^{\mathrm{T}}=\boldsymbol{E}$，

于是，$(\boldsymbol{AB})^{\mathrm{T}}(\boldsymbol{AB})=\boldsymbol{B}^{\mathrm{T}}\boldsymbol{A}^{\mathrm{T}}\boldsymbol{AB}=\boldsymbol{B}^{\mathrm{T}}(\boldsymbol{A}^{\mathrm{T}}\boldsymbol{A})\boldsymbol{B}=\boldsymbol{B}^{\mathrm{T}}\boldsymbol{B}=\boldsymbol{E}$，

所以 $\boldsymbol{AB}$ 也是正交矩阵.

6. 设 3 阶对称矩阵 $\boldsymbol{A}$ 的特征值分别为 6、3、3，与特征值 6 对应的特征向量为 $\boldsymbol{p}_1=(1,1,1)^{\mathrm{T}}$，求 $\boldsymbol{A}$.

解　由实对称阵的性质可知，特征值 3 对应的特征向量与 $\boldsymbol{p}_1$ 正交

设 3 对应的特征向量为 $\boldsymbol{p}=\begin{pmatrix}x_1\\x_2\\x_3\end{pmatrix}$，由 $[\boldsymbol{p}_1,\boldsymbol{p}]=0$，得 $x_1+x_2+x_3=0$.

解得基础解系为 $\boldsymbol{p}_2=\begin{pmatrix}-1\\1\\0\end{pmatrix},\boldsymbol{p}_3=\begin{pmatrix}-1\\0\\1\end{pmatrix}$,

将 $\boldsymbol{p}_1,\boldsymbol{p}_2,\boldsymbol{p}_3$ 正交规范化得 $\boldsymbol{\eta}_1=\frac{1}{\sqrt{3}}\begin{pmatrix}1\\1\\1\end{pmatrix},\boldsymbol{\eta}_2=\frac{1}{\sqrt{2}}\begin{pmatrix}-1\\1\\0\end{pmatrix},\boldsymbol{\eta}_3=\frac{1}{\sqrt{6}}\begin{pmatrix}-1\\-1\\2\end{pmatrix}$.

取 $\boldsymbol{P}=(\boldsymbol{\eta}_1,\boldsymbol{\eta}_2,\boldsymbol{\eta}_3)$,则 $\boldsymbol{P}$ 为正交矩阵,且有 $\boldsymbol{P}^{-1}\boldsymbol{A}\boldsymbol{P}=\begin{pmatrix}6&&\\&3&\\&&3\end{pmatrix}$.

于是,$\boldsymbol{A}=\boldsymbol{P}\begin{pmatrix}6&&\\&3&\\&&3\end{pmatrix}\boldsymbol{P}^{-1}=\boldsymbol{P}\begin{pmatrix}6&&\\&3&\\&&3\end{pmatrix}\boldsymbol{P}^{\mathrm{T}}=\begin{pmatrix}4&1&1\\1&4&1\\1&1&4\end{pmatrix}$.

7. 设有对称矩阵,求正交矩阵 $\boldsymbol{P}$,使 $\boldsymbol{P}^{-1}\boldsymbol{A}\boldsymbol{P}=\boldsymbol{\Lambda}$ 为对角矩阵.

(1) $\boldsymbol{A}=\begin{pmatrix}2&2&-2\\2&5&-4\\-2&-4&5\end{pmatrix}$; (2) $\boldsymbol{A}=\begin{pmatrix}1&-2&0\\-2&2&-2\\0&-2&3\end{pmatrix}$.

解 (1) 由 $|\boldsymbol{A}-\lambda\boldsymbol{E}|=\begin{vmatrix}2-\lambda&2&-2\\2&5-\lambda&-4\\-2&-4&5-\lambda\end{vmatrix}=-(\lambda-1)^2(\lambda-10)=0$,

得特征值为:$\lambda_1=\lambda_2=1,\lambda_3=10$.

当 $\lambda_1=\lambda_2=1$ 时,解得对应的特征向量为 $\boldsymbol{p}_1=\begin{pmatrix}-2\\1\\0\end{pmatrix},\boldsymbol{p}_2=\begin{pmatrix}2\\0\\1\end{pmatrix}$,

将 $\boldsymbol{p}_1,\boldsymbol{p}_2$ 正交规划化得 $\boldsymbol{\eta}_1=\begin{pmatrix}-2/\sqrt{5}\\1/\sqrt{5}\\1/\sqrt{5}\end{pmatrix},\boldsymbol{\eta}_2=\begin{pmatrix}2/3\sqrt{5}\\4/3\sqrt{5}\\5/3\sqrt{5}\end{pmatrix}$.

当 $\lambda_3=10$ 时,解得对应的特征向量为 $\boldsymbol{p}_3=\begin{pmatrix}-1\\-2\\2\end{pmatrix}$,规范化得 $\boldsymbol{\eta}_3=\begin{pmatrix}-1/3\\-2/3\\2/3\end{pmatrix}$.

令 $\boldsymbol{P}=(\boldsymbol{\eta}_1,\boldsymbol{\eta}_2,\boldsymbol{\eta}_3)=\begin{pmatrix}-2/\sqrt{5}&2/3\sqrt{5}&-1/3\\1/\sqrt{5}&4/3\sqrt{5}&-2/3\\1/\sqrt{5}&5/3\sqrt{5}&2/3\end{pmatrix}$,则 $\boldsymbol{P}$ 为正交矩阵,且有

$$\boldsymbol{P}^{-1}\boldsymbol{A}\boldsymbol{P}=\boldsymbol{P}^{\mathrm{T}}\boldsymbol{A}\boldsymbol{P}=\begin{pmatrix}1&&\\&1&\\&&10\end{pmatrix}.$$

(2) 由 $|\boldsymbol{A}-\lambda\boldsymbol{E}|=\begin{vmatrix}1-\lambda&-2&0\\-2&2-\lambda&-2\\0&-2&3-\lambda\end{vmatrix}=(2-\lambda)(\lambda-5)(\lambda+1)=0$,

得特征值为：$\lambda_1=-1,\lambda_2=2,\lambda_3=5$.

当 $\lambda_1=-1$ 时，解得对应的特征向量为 $\boldsymbol{p}_1=\begin{pmatrix}2\\2\\1\end{pmatrix}$，规范化得 $\boldsymbol{\eta}_1=\begin{pmatrix}2/3\\2/3\\1/3\end{pmatrix}$；

当 $\lambda_2=2$ 时，解得对应的特征向量为 $\boldsymbol{p}_2=\begin{pmatrix}-2\\1\\2\end{pmatrix}$，规范化得 $\boldsymbol{\eta}_2=\begin{pmatrix}-2/3\\1/3\\2/3\end{pmatrix}$；

当 $\lambda_3=5$ 时，解得对应的特征向量为 $\boldsymbol{p}_3=\begin{pmatrix}1\\-2\\2\end{pmatrix}$，规范化得 $\boldsymbol{\eta}_3=\begin{pmatrix}1/3\\-2/3\\2/3\end{pmatrix}$.

令 $\boldsymbol{P}=(\boldsymbol{\eta}_1,\boldsymbol{\eta}_2,\boldsymbol{\eta}_3)=\begin{pmatrix}2/3&-2/3&1/3\\2/3&1/3&-2/3\\1/3&2/3&2/3\end{pmatrix}$，则 $\boldsymbol{P}$ 为正交矩阵，且有

$$\boldsymbol{P}^{-1}\boldsymbol{A}\boldsymbol{P}=\boldsymbol{P}^{\mathrm{T}}\boldsymbol{A}\boldsymbol{P}=\begin{pmatrix}-1&&\\&2&\\&&5\end{pmatrix}.$$

8. 把下列二次型表示成矩阵形式：

(1) $f(x,y,z)=x^2-3z^2-4xy+yz$；

(2) $f(x_1,x_2,x_3)=(x_1+x_2+x_3)^2$.

解　(1) $f=(x,y,z)\begin{pmatrix}1&-2&0\\-2&0&1/2\\0&1/2&-3\end{pmatrix}\begin{pmatrix}x\\y\\z\end{pmatrix}$；

(2) $f=(x_1,x_2,x_3)\begin{pmatrix}1&1&-1\\1&2&0\\-1&0&2\end{pmatrix}\begin{pmatrix}x_1\\x_2\\x_3\end{pmatrix}$.

9. 求正交变换 $\boldsymbol{x}=\boldsymbol{P}\boldsymbol{y}$，化下列二次型为标准形：

(1) $f(x_1,x_2,x_3)=2x_1^2+3x_2^2+4x_2x_3+3x_3^2$；

(2) $f(x_1,x_2,x_3)=x_1^2+2x_2^2+2x_1x_2-2x_1x_3+2x_3^2$.

解　(1) 二次型矩阵为 $\boldsymbol{A}=\begin{pmatrix}2&0&0\\0&3&2\\0&2&3\end{pmatrix}$.

由 $|\boldsymbol{A}-\lambda\boldsymbol{E}|=\begin{vmatrix}2-\lambda&0&0\\0&3-\lambda&2\\0&2&3-\lambda\end{vmatrix}=-(\lambda-1)(\lambda-2)(\lambda-5)=0$

得特征值为：$\lambda_1=1,\lambda_2=2,\lambda_3=5$.

求得对应的特征向量分别为 $\boldsymbol{p}_1=\begin{pmatrix}0\\-1\\1\end{pmatrix}$，$\boldsymbol{p}_2=\begin{pmatrix}1\\0\\0\end{pmatrix}$，$\boldsymbol{p}_3=\begin{pmatrix}0\\1\\1\end{pmatrix}$.

将其规范化得：$\boldsymbol{\eta}_1=\begin{pmatrix}0\\-1/\sqrt{2}\\1/\sqrt{2}\end{pmatrix},\boldsymbol{\eta}_2=\begin{pmatrix}1\\0\\0\end{pmatrix},\boldsymbol{\eta}_3=\begin{pmatrix}0\\1/\sqrt{2}\\1/\sqrt{2}\end{pmatrix}$.

令 $\boldsymbol{P}=(\boldsymbol{\eta}_1,\boldsymbol{\eta}_2,\boldsymbol{\eta}_3)$，则 $\boldsymbol{P}$ 为正交矩阵，且 $\boldsymbol{x}=\boldsymbol{P}\boldsymbol{y}$ 可将二次型化标准型为

$$f=y_1^2+2y_2^2+5y_3^2.$$

（2）二次型矩阵为 $\boldsymbol{A}=\begin{pmatrix}1&1&-1\\1&2&0\\-1&0&2\end{pmatrix}$，

由 $|\boldsymbol{A}-\lambda\boldsymbol{E}|=\begin{vmatrix}1-\lambda&1&-1\\1&2-\lambda&0\\-1&0&2-\lambda\end{vmatrix}=(2-\lambda)\lambda(\lambda-3)=0$，

得特征值为：$\lambda_1=0,\lambda_2=2,\lambda_3=3$.

求得对应的特征向量分别为 $\boldsymbol{p}_1=\begin{pmatrix}2\\-1\\1\end{pmatrix},\boldsymbol{p}_2=\begin{pmatrix}0\\1\\1\end{pmatrix},\boldsymbol{p}_3=\begin{pmatrix}-1\\-1\\1\end{pmatrix}$.

将其规范化得：$\boldsymbol{\eta}_1=\begin{pmatrix}2/\sqrt{6}\\-1/\sqrt{6}\\1/\sqrt{6}\end{pmatrix},\boldsymbol{\eta}_2=\begin{pmatrix}0\\1/\sqrt{2}\\1/\sqrt{2}\end{pmatrix},\boldsymbol{\eta}_3=\begin{pmatrix}-1/\sqrt{3}\\-1/\sqrt{3}\\1/\sqrt{3}\end{pmatrix}$.

令 $\boldsymbol{P}=(\boldsymbol{\eta}_1,\boldsymbol{\eta}_2,\boldsymbol{\eta}_3)$，则 $\boldsymbol{P}$ 为正交矩阵，且 $\boldsymbol{x}=\boldsymbol{P}\boldsymbol{y}$ 可将二次型化标准型为

$$f=2y_2^2+3y_3^2.$$

10. 判定下列二次型的正定性：

（1）$f=-2x_1^2-6x_2^2-4x_3^2+2x_1x_2+2x_1x_3$；

（2）$f=x_1^2+2x_2^2+3x_3^2+2x_1x_2-2x_1x_3-4x_2x_3$.

解 （1）二次型矩阵为 $\boldsymbol{A}=\begin{pmatrix}-2&1&1\\1&-6&0\\1&0&-4\end{pmatrix}$.

$\boldsymbol{A}$ 的顺序主子式分别为：$-2<0,\begin{vmatrix}-1&1\\1&-6\end{vmatrix}=11>0,\begin{vmatrix}-2&1&1\\1&-6&0\\1&0&-4\end{vmatrix}=-38<0$，

故由霍尔维茨定理可知，该二次型为负定二次型.

（2）二次型矩阵为 $\boldsymbol{A}=\begin{pmatrix}1&1&-1\\1&2&-2\\-1&-2&3\end{pmatrix}$.

$\boldsymbol{A}$ 的顺序主子式分别为：$1>0,\begin{vmatrix}1&1\\1&2\end{vmatrix}=1>0,\begin{vmatrix}1&1&-1\\1&2&-2\\-1&-2&3\end{vmatrix}=1>0$，

故由霍尔维茨定理可知，该二次型为正定二次型.

第五节　章节测试

1. 设 $\boldsymbol{\alpha}_1,\boldsymbol{\alpha}_2,\boldsymbol{\alpha}_3$ 是一个规范正交组,求 $\|4\boldsymbol{\alpha}_1-7\boldsymbol{\alpha}_2+4\boldsymbol{\alpha}_3\|$.

2. 将下列各组向量规范正交化:

(1) $\boldsymbol{\alpha}_1=\begin{pmatrix}1\\1\\1\end{pmatrix},\boldsymbol{\alpha}_2=\begin{pmatrix}0\\1\\1\end{pmatrix},\boldsymbol{\alpha}_3=\begin{pmatrix}0\\0\\1\end{pmatrix}$;

(2) $\boldsymbol{\alpha}_1=\begin{pmatrix}1\\1\\0\\0\end{pmatrix},\boldsymbol{\alpha}_2=\begin{pmatrix}0\\1\\1\\0\end{pmatrix},\boldsymbol{\alpha}_3=\begin{pmatrix}1\\0\\1\\1\end{pmatrix}$.

3. 下列矩阵是不是正交矩阵:

(1) $\begin{pmatrix}3&-3&1\\-3&1&3\\1&3&-3\end{pmatrix}$;　　(2) $\begin{pmatrix}2/3&2/3&1/3\\2/3&-1/3&-2/3\\1/3&-2/3&2/3\end{pmatrix}$.

4. 设 $\boldsymbol{A}=\begin{pmatrix}3&2\\0&-1\end{pmatrix},\boldsymbol{\alpha}=\begin{pmatrix}-1\\2\end{pmatrix},\boldsymbol{\beta}=\begin{pmatrix}1\\1\end{pmatrix}$,判断 $\boldsymbol{\alpha}$ 和 $\boldsymbol{\beta}$ 是否为 $\boldsymbol{A}$ 的特征向量.

5. 求下列矩阵的特征值与特征向量:

(1) $\boldsymbol{A}=\begin{pmatrix}3&1\\5&-1\end{pmatrix}$;　　(2) $\boldsymbol{A}=\begin{pmatrix}-2&1&1\\0&2&0\\-4&1&3\end{pmatrix}$.

6. 已知三阶矩阵 $\boldsymbol{A}$ 的特征值为 $1,-2,3$,求

(1) $2\boldsymbol{A}$ 特征值;　　(2) $\boldsymbol{A}^{-1}$特征值.

7. 已知三阶矩阵 $\boldsymbol{A}$ 的特征值为 $1,2,3$,求 $|\boldsymbol{A}^3-5\boldsymbol{A}^2+7\boldsymbol{A}|$.

8. 设 $\boldsymbol{A},\boldsymbol{B}$ 都是 n 阶方阵,且 $|\boldsymbol{A}|\neq0$,证明 $\boldsymbol{AB}$ 与 $\boldsymbol{BA}$ 相似.

9. 对下列矩阵,求可逆矩阵 $\boldsymbol{P}$,使 $\boldsymbol{P}^{-1}\boldsymbol{AP}$ 为对角矩阵:

(1) $\boldsymbol{A}=\begin{pmatrix}-1&-2&2\\0&1&0\\0&0&1\end{pmatrix}$;　　(2) $\boldsymbol{A}=\begin{pmatrix}4&6&0\\-3&-5&0\\-3&-6&1\end{pmatrix}$.

10. 设三阶矩阵 $\boldsymbol{A}$ 的特征值为 $\lambda_1=2,\lambda_2=-2,\lambda_3=1$,对应的特征向量依次为:$\boldsymbol{p}_1=\begin{pmatrix}0\\1\\1\end{pmatrix}$,
$\boldsymbol{p}_2=\begin{pmatrix}1\\1\\1\end{pmatrix},\boldsymbol{p}_3=\begin{pmatrix}1\\1\\0\end{pmatrix}$,求 $\boldsymbol{A}$.

11. 设 $\boldsymbol{A}=\begin{pmatrix}-1&1&0\\-2&2&0\\4&-2&1\end{pmatrix}$,求 $\boldsymbol{A}^{100}$.

12. 将矩阵 $A=\begin{pmatrix}-1&0&2\\0&1&2\\2&2&0\end{pmatrix}$ 用两种方法对角化：

（1）求可逆阵 P，使 $P^{-1}AP=\Lambda$；

（2）求正交阵 Q，使 $Q^{-1}AQ=\Lambda$.

13. 用矩阵记号表示下列二次型：

（1）$f=x^2+4xy+4y^2+2xz+z^2+4yz$；

（2）$f=x^2+y^2-7z^2-2xy-4xz-4yz$.

14. 已知二次型 $5x_1^2+5x_2^2+cx_3^2-2x_1x_2+6x_1x_3-6x_2x_3$ 的秩为 2，求 c.并用正交变换化二次型为标准型.

15. 判别下列二次型的正定性：

（1）$f=x_1^2+3x_2^2+9x_3^2+19x_4^2-2x_1x_2+4x_1x_3+2x_1x_4-6x_2x_4-12x_3x_4$；

（2）$f=5x_1^2+x_2^2+3x_3^2+4x_1x_2-2x_1x_3-2x_2x_3$.

附：章节测试答案

1. 9.

2. （1）$e_1=\frac{1}{\sqrt{3}}\begin{pmatrix}1\\1\\1\end{pmatrix},e_2=\frac{1}{\sqrt{6}}\begin{pmatrix}-2\\1\\1\end{pmatrix},e_3=\frac{1}{\sqrt{2}}\begin{pmatrix}0\\-1\\1\end{pmatrix}$；

（2）$e_1=\frac{1}{\sqrt{2}}\begin{pmatrix}1\\1\\0\\0\end{pmatrix},e_2=\frac{1}{\sqrt{6}}\begin{pmatrix}-1\\1\\2\\0\end{pmatrix},e_3=\frac{1}{\sqrt{21}}\begin{pmatrix}2\\-2\\2\\3\end{pmatrix}$.

3. （1）不是正交矩阵；（2）是正交矩阵.

4. α 是，β 不是.

5. （1）特征值：$\lambda_1=4,\lambda_2=-2$，

$k_1\begin{pmatrix}1\\1\end{pmatrix}(k_1\neq0)$ 是矩阵 A 对应于 $\lambda_1=4$ 的全部特征向量；$k_2\begin{pmatrix}1\\-5\end{pmatrix}(k_2\neq0)$ 是矩阵 A 对应于 $\lambda_2=-2$ 的全部特征向量；

（2）特征值：$\lambda_1=-1,\lambda_2=\lambda_3=2$，

$k_1\begin{pmatrix}1\\0\\1\end{pmatrix}(k_1\neq0)$ 是矩阵 A 对应于 $\lambda_1=-1$ 的全部特征向量；$k_2\begin{pmatrix}1\\4\\0\end{pmatrix}+k_3\begin{pmatrix}1\\0\\4\end{pmatrix}(k_2,k_3$ 不全为 $0)$ 是矩阵 A 对应于 $\lambda_2=\lambda_3=2$ 的全部特征向量.

6. （1）2，−4，6；（2）1，$-\frac{1}{2}$，$\frac{1}{3}$.

7. 18.

8. 证明略.

9. (1) $\boldsymbol{P}=\begin{pmatrix}-1&1&1\\1&0&0\\0&1&0\end{pmatrix}$, $\boldsymbol{P}^{-1}\boldsymbol{A}\boldsymbol{P}=\begin{pmatrix}1&0&0\\0&1&0\\0&0&-1\end{pmatrix}$;

(2) $\boldsymbol{P}=\begin{pmatrix}0&-1&-2\\0&1&1\\1&1&0\end{pmatrix}$, $\boldsymbol{P}^{-1}\boldsymbol{A}\boldsymbol{P}=\begin{pmatrix}1&0&0\\0&-2&0\\0&0&1\end{pmatrix}$.

10. $\boldsymbol{A}=\begin{pmatrix}-2&3&-3\\-4&5&-3\\-4&4&-2\end{pmatrix}$.

11. $\boldsymbol{A}^{100}=\boldsymbol{A}=\begin{pmatrix}-1&1&0\\-2&2&0\\4&-2&1\end{pmatrix}$.

12. (1) $\boldsymbol{P}=\begin{pmatrix}1&2&2\\2&-2&1\\2&1&-2\end{pmatrix}$, $\boldsymbol{\Lambda}=\begin{pmatrix}3&&\\&0&\\&&-3\end{pmatrix}$;

(2) $\boldsymbol{Q}=\begin{pmatrix}1/3&2/3&2/3\\2/3&-2/3&1/3\\2/3&1/3&-2/3\end{pmatrix}$.

13. (1) $f=(x,y,z)\begin{pmatrix}1&2&1\\2&4&2\\1&2&1\end{pmatrix}\begin{pmatrix}x\\y\\z\end{pmatrix}$;

(2) $f=(x,y,z)\begin{pmatrix}1&-1&-2\\-1&1&-2\\-2&-2&-7\end{pmatrix}\begin{pmatrix}x\\y\\z\end{pmatrix}$.

14. $c=3$, $f=4y_1^2+9y_2^2$.

15. (1) f 为正定； (2) f 为正定.